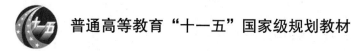普通高等教育"十一五"国家级规划教材

工程制图

第3版

主　编　刘小年　李　玲

副主编　张明军　米承继　向　锋

中国教育出版传媒集团

高等教育出版社·北京

内容提要

本教材是在刘小年、郭克希主编的普通高等教育"十一五"国家级规划教材《工程制图》(第 2 版)的基础上,根据教育部高等学校工程图学课程教学指导分委员会 2019 年制订的《高等学校工程图学课程教学基本要求》及近几年修订的有关制图国家标准,并充分总结近年来各高校教学改革的成果修订而成的。本教材编写除在结构体系上有一定创新外,在内容上注意突出应用型特色,并兼顾适合科技发展的趋势。

本教材除绪论外,内容包括制图的基本知识与技能,正投影基础知识,立体的投影,轴测图,组合体,机件常用的表达方法,标准件与常用件,零件图,装配图,其他工程图样简介和 AutoCAD 计算机绘图基础等共 11 章,以及附录、参考文献。

与本教材配套的刘小年、李玲主编的《工程制图习题集》(第 3 版)同时修订出版,可供选用。

本套教材按照新形态教材模式修订,在部分知识点和典型例题旁附有二维码,通过手机扫码即可观看概念讲解或例题作图视频。登录与本教材配套的数字课程资源网可下载多媒体课件、习题答案等资源。

本教材可作为普通高等学校非机类各专业工程制图课程(48 ~ 72 学时)的教材,亦可供其他类型学校相关专业选用。

图书在版编目(CIP)数据

工程制图 / 刘小年,李玲主编;张明军,米承继,向锋副主编. --3 版. --北京:高等教育出版社,2023.10

ISBN 978 - 7 - 04 - 059996 - 1

Ⅰ.①工…　Ⅱ.①刘…　②李…　③张…　④米…　⑤向…　Ⅲ.①工程制图　Ⅳ.①TB23

中国国家版本馆 CIP 数据核字(2023)第 032506 号

Gongcheng Zhitu

| 策划编辑 | 马　奔 | 责任编辑 | 宋　晓 | 封面设计 | 张　志 | 版式设计 | 杨　树 |
| 责任绘图 | 黄云燕 | 责任校对 | 刘娟娟 | 责任印制 | 存　怡 | | |

出版发行	高等教育出版社	网　　址	http://www.hep.edu.cn
社　　址	北京市西城区德外大街 4 号		http://www.hep.com.cn
邮政编码	100120	网上订购	http://www.hepmall.com.cn
印　　刷	肥城新华印刷有限公司		http://www.hepmall.com
开　　本	787mm×1092mm　1/16		http://www.hepmall.cn
印　　张	16.25	版　　次	2004 年 1 月第 1 版
字　　数	400 千字		2023 年 10 月第 3 版
购书热线	010-58581118	印　　次	2023 年 10 月第 1 次印刷
咨询电话	400-810-0598	定　　价	33.00 元

工程制图
第3版

1 计算机访问 http://abook.hep.com.cn/1238454，或手机扫描二维码、下载并安装 Abook 应用。

2 注册并登录，进入"我的课程"。

3 输入封底数字课程账号（20位密码，刮开涂层可见），或通过 Abook 应用扫描封底数字课程账号二维码，完成课程绑定。

4 单击"进入课程"按钮，开始本数字课程的学习。

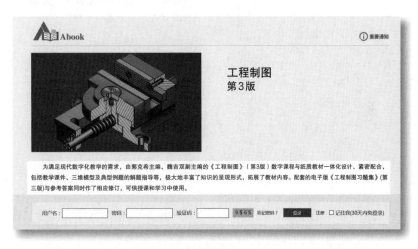

课程绑定后一年为数字课程使用有效期。受硬件限制，部分内容无法在手机端显示，请按提示通过计算机访问学习。

如有使用问题，请发邮件至 abook@hep.com.cn。

扫描二维码
下载 Abook 应用

http://abook.hep.com.cn/1238454

第3版前言

本教材自 2004 年出版以来,受到了广大应用型本科院校的欢迎与好评。本教材第 1 版是教育科学"十五"国家规划课题"21 世纪中国高等学校应用型人才培养体系的创新与实践"项目的研究成果,第 2 版是普通高等教育"十一五"国家级规划教材。鉴于应用型技术人才培养需求的变化和国家标准的更新。许多学校迫切希望本书能尽快修订,为此,我们修订了本教材。

本教材是在第 2 版的基础上,根据教育部高等学校工程图学课程教学指导分委员会 2019 年制订的《高等学校工程图学课程教学基本要求》,为适应先进成图技术的发展和大学生创新创业教育的需要,并融入各兄弟院校近年来教学改革与研究成果,采纳大多数使用学校提出的建议和意见修订而成的。

本教材继续保留前两版的主要特色和风格,主要做了以下几方面修订:

1. 对教材内容进行适当的调整,进一步优化了投影基础、投影作图和表达方法等内容;适当增加了计算机绘图内容;为满足部分高校的教学要求,在其他工程图样简介一章中增加了展开图内容。

2. 对于每一章比较难以理解和掌握的内容,增加了微视频讲解。

3. 教材中的立体图(直观图)均采用统一格式重新制作,更加清楚美观。

4. 更新计算机绘图的内容,引入 AutoCAD 2020 绘图软件。采用案例式编写方式,让学生易于接受,容易理解,方便操作,快速掌握。

5. 各章均采用最新的国家标准《机械制图》与《技术制图》及其他相关标准。

与本教材配套的刘小年、李玲主编的《工程制图习题集》(第 3 版)做了相应修改,由高等教育出版社同期出版。

本套教材按照新形态教材模式修订,在部分知识点和典型例题旁附有二维码,通过手机扫码即可观看概念讲解或例题作图视频。登录与本教材配套的数字课程资源网可下载多媒体课件、习题答案等数字化教学资源,方便教学使用。

本教材主要作为普通高等学校非机类专业工程制图课程(48~72 学时)的教材,也可作为其他类型高校相关专业的教学用书,亦可供有关工程技术人员参考。

本版由刘小年、李玲任主编,张明军、米承继、向锋任副主编。参与修订工作的有湘潭理工学院宋雅婷(第 1 章),湖南城市学院张闻芳(第 2 章),中南林业科技大学李玲(第 3 章)、董欣然(第 5 章),南华大学陈文波(第 4 章),湖南工程学院陈昭莲(第 6 章)、刘小年(第 8、9 章)、向锋(第 11 章),长沙理工大学张明军(第 7 章),湖南工业大学米承继(第 10 章)。

教育部工程图学课程教学指导分委员会中南地区工作委员会主任委员、湖南省图学学会理事长、国防科技大学 尚建忠 教授审阅了全书,并提出了许多宝贵意见和建议,在此表示衷心的感谢。

由于作者水平有限,书中错误在所难免,敬请读者批评指正。

编　者
2023 年 7 月

目　　录

绪论 …………………………………………… 1
第一章　制图的基本知识与技能 ………… 3
　§1-1　《技术制图》与《机械制图》
　　　　国家标准的有关规定 …………… 3
　§1-2　绘图工具及其使用方法 ………… 13
　§1-3　常用几何作图方法 ……………… 17
　§1-4　平面图形的分析与绘图
　　　　方法 ……………………………… 23
第二章　正投影的基础知识 ……………… 28
　§2-1　投影法和三视图的形成 ………… 28
　§2-2　点的投影 ………………………… 31
　§2-3　直线的投影 ……………………… 34
　§2-4　平面的投影 ……………………… 42
第三章　立体的投影 ……………………… 48
　§3-1　平面立体的投影 ………………… 48
　§3-2　回转体的投影 …………………… 51
　§3-3　切割体的投影 …………………… 55
　§3-4　相贯体的投影 …………………… 63
第四章　轴测图 …………………………… 69
　§4-1　轴测图的基本知识 ……………… 69
　§4-2　正等轴测图 ……………………… 71
　§4-3　斜二轴测图 ……………………… 75
第五章　组合体 …………………………… 78
　§5-1　组合体的构造及形体
　　　　分析法 …………………………… 78
　§5-2　组合体视图的画法 ……………… 80
　§5-3　组合体的尺寸标注 ……………… 83
　§5-4　读组合体的视图 ………………… 87
　§5-5　组合体的构型设计 ……………… 91
第六章　机件常用的表达方法 …………… 94
　§6-1　视图 ……………………………… 94

　§6-2　剖视图 …………………………… 97
　§6-3　断面图 …………………………… 105
　§6-4　局部放大图及其他规定与
　　　　简化画法 ………………………… 108
　§6-5　表达方案的综合应用 …………… 111
　§6-6　第三角画法简介 ………………… 112
第七章　标准件与常用件 ………………… 114
　§7-1　螺纹 ……………………………… 114
　§7-2　螺纹紧固件 ……………………… 121
　§7-3　键连接和销连接 ………………… 127
　§7-4　齿轮 ……………………………… 131
　§7-5　滚动轴承 ………………………… 136
　§7-6　弹簧 ……………………………… 139
第八章　零件图 …………………………… 142
　§8-1　零件图的作用与内容 …………… 142
　§8-2　零件表达方案的选择与
　　　　尺寸标注 ………………………… 143
　§8-3　零件的构型设计与工艺
　　　　结构 ……………………………… 150
　§8-4　零件的技术要求 ………………… 152
　§8-5　读零件图 ………………………… 163
第九章　装配图 …………………………… 165
　§9-1　装配图的作用与内容 …………… 165
　§9-2　部件的表达方法 ………………… 166
　§9-3　装配图的画法 …………………… 167
　§9-4　装配结构的合理性
　　　　简介 ……………………………… 171
　§9-5　读装配图 ………………………… 173
第十章　其他工程图样简介 ……………… 179
　§10-1　房屋建筑图 …………………… 179
　§10-2　电气线路图 …………………… 189

§ 10-3　表面展开图 …………… 194

第十一章　AutoCAD 计算机绘图基础 … 199

　　§ 11-1　AutoCAD 的基本操作……… 199

　　§ 11-2　AutoCAD 绘制二维

　　　　　　图形 ……………………… 205

§ 11-3　AutoCAD 绘制视图与

　　　　剖视图 ……………………… 216

§ 11-4　AutoCAD 绘制零件图……… 221

附录 ……………………………………… 231

参考文献 ………………………………… 248

绪　　论

一、本课程的研究对象和任务

在现代工业生产和科学技术中,无论是制造各种机械设备、电气设备、仪器仪表或加工各种通信电子元器件,还是建筑房屋和进行水利工程施工等,都离不开工程图样。所以,工程图样是表达设计意图、进行技术交流和指导生产的重要工具,是生产中重要的技术文件。因此,工程图样常被喻为"工程界共同的技术语言"。作为一名工程技术人员,不掌握这种"语言",就无法从事工程技术工作。

工程制图就是研究如何运用正投影的基本理论和方法,绘制和阅读各种工程图样的课程。本课程是工科院校学生一门必修的重要技术基础课,其主要任务如下所示。

1)学习正投影的基本原理及其应用;

2)学习利用绘图仪器工具、计算机及徒手绘制工程图样的方法与基本技能;

3)培养初步的空间想象力和形体构思能力,能阅读常见的、较简单的零件图和装配图;

4)熟悉《技术制图》与《机械制图》等相关国家标准,具有查阅有关标准与手册的能力;

5)培养学生认真负责的工作态度和严谨细致的工作作风。

二、本课程的特点和学习方法

本课程既有理论又重实践,是一门实践性很强的技术基础课。因此,学习本课程应坚持理论联系实际的学风。在学好基本理论基本方法的基础上,应通过大量的作业练习和绘图、读图及上机实践,加深对课程知识的理解与掌握,尤其是要通过多画图、多读图培养扎实的绘图基本功,提高自己的画图、读图的能力。

此外,由于工程图样是生产的依据,绘图和读图中的任何一点疏忽,都会给生产造成严重的损失,所以,在学习中还应注意养成认真负责、耐心细致、一丝不苟的工作作风,要遵守国家标准的规定,为做一个有创造性的工程师奠定基础。

三、我国工程图学的发展概况

中国是世界文明古国之一,在工程图学方面也有着悠久的历史,积累了很多经验,留下了丰富的历史遗产。

我国在 2 000 多年前就有了正投影法表达的工程图样,20 世纪 70 年代在河北省平山县出土的战国中山王墓,发现在青铜板上用金银线条和文字制成的建筑平面图,这是世界上最早的工程图样之一。该图用 1∶500 的正投影绘制并标注有尺寸。公元 1100 年宋代李诚所著的雕版印刷书《营造法式》中有各种方法画出的约 570 幅图,这些都充分证明了我国工程图学技术在很早以前就已经达到了较高水平。但长期的封建统治和列强侵略,致使我国工程图学的发展停滞不前。

　　改革开放以来,随着工业生产和科学技术突飞猛进的发展,工程图学也随之日益发展完善。特别是计算机技术的发展与普及为古老的工程图学增添了新的篇章。随着科学技术的进步,工程图学在图学理论、图学应用、图学教育、计算机图形学、制图技术与制图标准等方面必将得到更大的发展。

第一章 制图的基本知识与技能

技术图样是产品从市场调研、方案确定、设计、制造、检测、安装、使用到维修整个过程中必不可少的技术资料,是发展和交流科学技术的重要工具。为便于生产、管理和交流,国家标准《技术制图》在图样的画法、尺寸标注方法等方面作出了统一的规定,是绘制和阅读技术图样的准则和依据。

本章主要介绍国家标准《技术制图》对图纸幅面和格式、标题栏、比例、字体、图线和尺寸标注的有关规定,介绍常见的绘图方式和几何作图方法。

需要说明的是,许多行业都有自己的制图标准,如机械制图、土建制图、船舶制图、电气制图等,其技术内容是专业和具体的,但都不能与国家标准《技术制图》的内容相矛盾,只能按照专业的要求进行补充。另外,国家标准《技术制图》在不断修订,应及时贯彻最新标准。

§1-1 《技术制图》与《机械制图》国家标准的有关规定

一、图纸幅面和格式、标题栏

1. 图纸幅面和格式(GB/T 14689—2008)[①]

绘制技术图样时,应优先采用表 1-1 所规定的基本幅面,必要时允许加长幅面,但加长量必须符合(GB/T 14689—2008)的规定。

表 1-1 图 纸 幅 面　　　　mm

幅面代号	A0	A1	A2	A3	A4
$B \times L$	841×1 189	594×841	420×594	297×420	210×297
a	25				
c	10			5	
e	20		10		

图样中的图框有内、外两框,如图 1-1、图 1-2 所示。外框由图纸边界表示,其大小为幅面尺寸。图框格式分留装订边和不留装订边两种,同一产品的图样只能采用一种格式。详见表 1-1。在图纸各边长的中点处,均应以粗实线分别画出对中符号。

读图方向与标题栏文字方向不一致时,可在图纸下边对中符号处用细实线加画一个方向符号,以明确绘图和读图方向,如图 1-3 所示。

---

① GB/T 表示推荐性国家标准,14689 为标准顺序号,2008 表示该国家标准的批准年号。

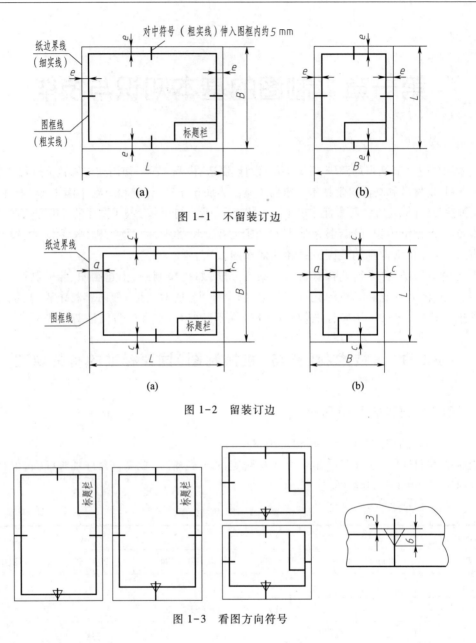

图 1-1　不留装订边

图 1-2　留装订边

图 1-3　看图方向符号

2. 标题栏（GB/T 10609.1—2008）

标题栏位于图纸的右下角,其格式、内容和尺寸如图 1-4 所示。学生制图作业建议使用图 1-5 所示的简化格式。

二、比例（GB/T 14690—1993）

比例是指图中图形与其实物相应要素的线性尺寸之比。比值为 1 的比例,即 1∶1 称为原值比例,比值大于 1 的比例为放大比例,比值小于 1 的比例为缩小比例。绘制技术图样时,一般应从表 1-2 规定的系列值中选取适当比例。

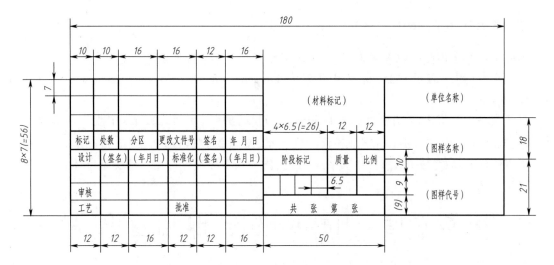

图 1-4　标题栏格式

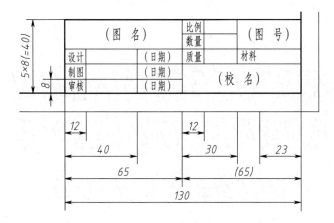

图 1-5　简化标题栏

表 1-2　比 例 系 列

种类		比　　　　例				
原值比例		1：1				
放大比例	优先使用	5：1	2：1	$5×10^n$：1	$2×10^n$：1	$1×10^n$：1
	允许使用	4：1	2.5：1	$4×10^n$：1	$2.5×10^n$：1	
缩小比例	优先使用	1：2	1：5	1：10	1：$2×10^n$　1：$5×10^n$	1：$1×10^n$
	允许使用	1：1.5 1：$1.5×10^n$	1：2.5 1：$2.5×10^n$	1：3 1：$3×10^n$	1：4 1：$4×10^n$	1：6 1：$6×10^n$

注：n 为正整数。

三、字体（GB/T 14691—1993）

图样中书写字体必须做到字体工整、笔画清楚、间隔均匀、排列整齐。

字体高度（用 h 表示）的公称尺寸系列为 1.8 mm、2.5 mm、3.5 mm、5 mm、7 mm、10 mm、14 mm、20 mm。

汉字应写成长仿宋体，并采用国务院正式公布推行的《汉字简化方案》中规定的简化字，字高不小于 3.5 mm，字宽为 $h/\sqrt{2}$；字母和数字分 A 型（笔画宽 $h/14$）和 B 型（笔画宽 $h/10$）两种，可书写成直体和斜体（字头向右斜，与水平成 75°），同一张图样只允许用一种类型字体。

汉字示例：

横平竖直注意起落结构均匀填满
方格机械制图轴旋转技术要求键

字母示例：

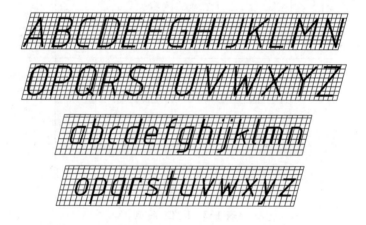

数字示例：

四、图线及其画法（GB/T 17450—1998、GB/T 4457.4—2002）

1. 线型

图线是起点和终点以任意方式连接的一种几何图形，它可以是直线或曲线、连续线或不连续线。国家标准 GB/T 17450—1998 规定了 15 种线型的名称、型式、结构、标记及画法规则等。常用图线型式见表 1-3，各种图线用法如图 1-6 所示。

表 1-3　常用图线型式

名称	型　式	宽度	主要用途及线素长度
粗实线	———————	粗	表示可见轮廓线
细实线	———————	细	表示尺寸线、尺寸界线、通用剖面线、引出线、重合断面的轮廓线、可见过渡线
波浪线	～～～		表示断裂处的边界、局部剖视的分界
双折线	——⌵——⌵——		表示断裂处的边界
细虚线	— — — — —		表示不可见轮廓线,不可见过渡线。画长 12d、短间隔长 3d (d 为粗线宽度)
细点画线	—·—·—·—		表示轴线、圆中心线、对称线
粗虚线	▬ ▬ ▬ ▬	粗	表示限定范围表示线
粗点画线	▬·▬·▬		
细双点画线	—··—··—	细	表示假想轮廓、可动零件(运动件)或极限位置轮廓线、轨迹线

长画长 24d、短间隔长 3d、短画长 6d

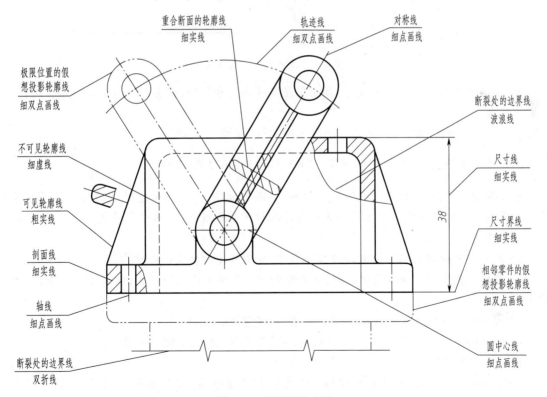

图 1-6　图线及其应用

2. 线宽

机械图样的图线宽度分粗、细两种,比例为 2∶1(土建图样需要用三种线宽,比例为 4∶2∶1)。粗线宽度应根据图样的大小和复杂程度,在 0.5 ~ 2 mm 的范围内选择。线宽的推荐系列为 0.18 mm、0.25 mm、0.35 mm、0.5 mm、0.7 mm、1 mm、1.4 mm、2 mm(考虑图样复制问题,尽量避免采用0.18 mm的线宽)。

3. 画法

画图线时应注意以下几个问题(图 1-7):

1)在同一张图样中,同类图线的宽度应基本一致。虚线、点画线及双点画线的点(或画)、长画和间隔应各自大致相等。

2)绘制圆的中心线时,圆心应为长画的交点。点画线、双点画线、虚线与其他线相交或自身相交时,均应交于长画处。

3)点画线及双点画线的首末两端应是长画而不是点。点画线应超出轮廓线 2~5 mm。

4)在较小图形上画细点画线或细双点画线有困难时,可用细实线代替。

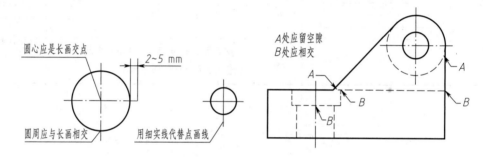

图 1-7　图线画法注意事项

5)当虚线为粗实线的延长线时,虚线在连接处应留有空隙;虚线直线与虚线圆弧相切时,应在画上相切。

6)当图中的线段重合时,其优先次序为粗实线、虚线、点画线。

五、尺寸标注方法(GB/T 4458.4—2003、GB/T 16675.2—2012)

在图样中,除需要表达机件的结构形状外,还需要标注尺寸,以确定机件的大小及各部分间的位置关系。国家标准中对尺寸标注的基本方法有一系列规定,下面介绍规定中的一部分内容。

1. 基本原则

1)图样中所标注的尺寸为机件的实际尺寸,与图样比例无关,与绘图的准确性也无关;

2)图样中的尺寸以 mm 为单位时,不需要标注计量单位符号或名称,如采用其他单位,则必须注明;

3)图样中的尺寸为机件的最终加工尺寸,否则应加以说明;

4)机件中同一尺寸只标注一次,并应标注在反映该结构最清晰的图样上。

2. 尺寸的组成

图样中标注的尺寸一般由尺寸界线、尺寸线、尺寸线终端(箭头或斜线)和尺寸数字四部分组成,其相互关系与正确标注如图 1-8a 所示。常用的尺寸标注示例见表 1-4。

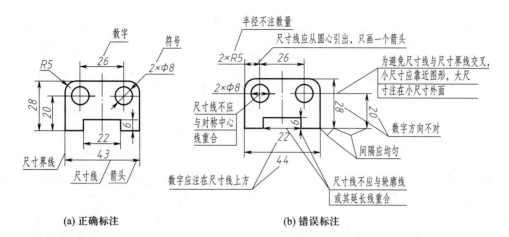

(a) 正确标注　　　　　　　　(b) 错误标注

图 1-8　尺寸的组成与标注

1）尺寸界线　尺寸界线表示尺寸的起止范围,用细实线绘制,并应由图形的轮廓线、轴线、对称中心线引出或由它们代替。尺寸界线一般与尺寸线垂直,且超出尺寸线 2~5 mm。

2）尺寸线　尺寸线表示尺寸度量的方向,用细实线绘制,同方向尺寸线之间的距离应均匀,间隔为 7~10 mm。尺寸线不能用其他图线代替,也不能与其他图线重合或画在其延长线上。尺寸线不能相互交叉,而且要避免与尺寸界线交叉。

3）箭头　箭头表示尺寸线的终端,常用形式和画法见表 1-4。同一张图样中只能采用一种尺寸终端形式,只有狭小部位的尺寸才可用圆点或斜线代替。

4）尺寸数字　尺寸数字为机件的实际大小,一般注写在尺寸线的上方或左方,也允许注写在尺寸线的中断处,但在同一张图样中应采用同一种形式,并应尽可能采用前一种形式。当书写尺寸数字的位置不够或不便书写时,也可以引出标注。

表 1-4　常用的尺寸标注示例

内容	图　例		说明
尺寸线终端形式	$4d$　d 实心三角形箭头	$45°$　h 单边箭头、细斜线	图中 d 为粗线宽度,h 为尺寸数字高度。机械图样采用实心三角形箭头
线性尺寸数字方向	$30°$ 16 16 16 16 16 16 16 16	16　16　16	应尽可能避免在图示网格范围内标注尺寸,无法避免时应采用右图引出标注形式。同一张图样中标注应统一

内容	图 例	说明
线性尺寸标注方法	 （常用标注方法）	竖直尺寸常用第一种标注方法。必要时尺寸界线与尺寸线允许倾斜
角度和弧长尺寸注法		角度的尺寸线为圆弧，角度的数字一律水平书写；弧长的尺寸界线平行于对应弦长的垂直平分线
圆及圆弧尺寸注法		ϕ 表示直径，当其一端无法画出箭头时，尺寸线应超过圆心一段。R 表示半径，尺寸线一般过圆心
狭小尺寸注法		较小图形中，箭头可外移，也可用圆点或斜线代替；尺寸数字可写在尺寸界线外或引出标注
尺寸数字前面符号的含义	 表示正方形边长为 12 mm 表示板厚 2 mm 表示锥度 1:15 表示球直径 20 mm 表示倒角 1.6×45° 表示斜度 1:6 表示沉孔 ϕ8，深 3.2 mm 表示埋头孔 ϕ9.6×90°	机械图样中可加注一些符号，以简化表达一些常见结构

续表

内容	图 例	说明
图线通过尺寸数字时的处理		尺寸数字无法避开图线时,图线应断开($\frac{3\times\phi6}{EQS}$表示 3 个 $\phi6$ 的孔均匀分布)
简化标注示例(GB/T 16675.2—2012)		标注尺寸时,可采用带箭头或不带箭头的指引线
简化标注示例(GB/T 16675.2—2012)		从同一基准出发的线性尺寸和角度尺寸,可按简化形式标注
		一组同心圆弧或圆心位于一条直线上的多个不同心圆弧的尺寸,可用公共的尺寸线箭头依次表示
		一组同心圆或尺寸较多的阶梯孔的尺寸,也可用共同的尺寸线和箭头依次表示

六、机械工程计算机辅助设计制图的基础规则（GB/T 14665—2012）

随着计算机技术的广泛应用,愈来愈多的工程图是用计算机完成的。计算机辅助绘图可以提高绘图速度和图面质量,图样可由自动绘图机或打印机输出,还可存入磁盘,方便交流和保存。

国家标准规定了机械工程中用计算机辅助设计(computer aided design,CAD)时的制图规则,它适用于在计算机及其外围设备中显示、绘制、打印的机械工程图样及有关技术文件。

1. 图线

CAD 中的图线除应遵照 GB/T 17450—1998《技术制图　图线》中的规定外,还应符合以下规定:

（1）组别

CAD 绘图中的图线组别应按表 1-5 的规定选取。

表 1-5　CAD 中图线组别

组别	1	2	3	4	5	一　般　用　途
线宽 /mm	2.0	1.4	1.0	0.7	0.5	粗实线、粗点画线、粗虚线
	1.0	0.7	0.5	0.35	0.25	细实线、波浪线、双折线、细虚线、细点画线、细双点画线

（2）重合图线的优先顺序

当两个以上不同类型的图线重合时应遵守以下优先顺序:

1）可见轮廓线和棱线（粗实线）;

2）不可见轮廓线和棱线（细虚线）;

3）剖切线（细点画线）;

4）轴线和对称中心线（细点画线）;

5）假想轮廓线（细双点画线）;

6）尺寸界线和分界线（细实线）。

（3）图线颜色

屏幕上显示的图线一般应按照表 1-6 中提供的颜色显示,相同类型的图线应采用同样的颜色,并划分图层。

表 1-6　分层标识与颜色表

图层标识号	线型名称	线型颜色
01	粗实线	白色
02	细实线、波浪线、双折线	绿色
03	粗虚线	白色
04	细虚线	黄色
05	细点画线	红色
06	粗点画线	棕色
07	细双点画线	粉色

2. 字体

CAD 中的字体应符合 GB/T 14691—1993《技术制图　字体》中的要求。数字、字母应以斜体输出,汉字用正体,并采用国家正式公布和推行的简化字。小数点、标点符号应占一个字位(省略号和破折号占两个字位)。字高与图幅的关系见表 1-7。

表 1-7　字高与图幅的关系

图幅	A0	A1	A2	A3	A4
字高 h	5 mm		3.5 mm		

注:h 为汉字、字母及数字的高度。

3. 尺寸终端形式

机械工程的 CAD 制图中使用的尺寸终端形式(箭头)有图 1-9 所示的几种选择,其具体尺寸比例一般参照 GB/T 4458.4—2003《机械制图　尺寸注法》中作了规定。图 1-9 中 h 为字高、d 为粗线宽度。

实心箭头　　　　开口箭头、实心箭头　　　　斜线

图 1-9　尺寸终端形式

优先选用实心箭头,同一张图样中一般只采用一种。当尺寸终端采用斜线时,尺寸线与尺寸界线必须垂直。当采用箭头位置不够时,允许用圆点或斜线代替箭头,如图 1-10 所示。

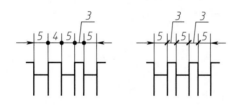

图 1-10　狭小尺寸标注形式

§1-2　绘图工具及其使用方法

正确使用绘图工具和仪器是保证图面质量、提高绘图速度的前提。

一、图板和丁字尺

图板应板面光滑、边框平直,其规格有 0 号(1 200×900)、1 号(900×600)、2 号(600×400)等,以适用于不同幅面的图纸。绘图时宜用胶带将图纸贴于图板上,不用时应竖立保管,保护工作面,避免受潮或暴晒,以防变形。

丁字尺是由尺头和尺身两部分组成,通常与图板配合使用,如图 1-11 所示。绘图时,尺头的内侧边贴紧图板的左导边上下推动,与之相互垂直的尺身工作边用于画水平线。

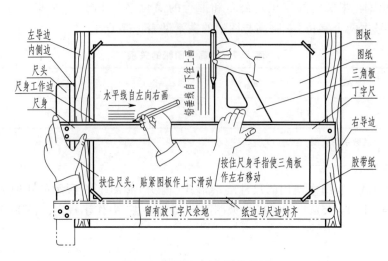

图 1-11　图板、丁字尺的使用

二、直尺和三角板

一副三角板有 45°角和 30°-60°角各一块,常与丁字尺、直尺配合使用,可以方便地画出各种特殊角度的直线,见表 1-8。

表 1-8　绘图工具用法

内容	图　例
画水平线和竖直线	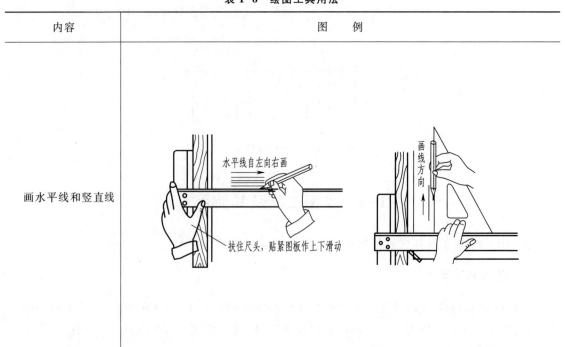

续表

内容	图　例
画各种特殊角度直线	15°　75°　45°　60°
作已知斜线的平行线或垂线	已知斜线　画线方向　三角板移动方向　90°　已知斜线　作垂线

三、圆规和分规

圆规和分规的外形相近,但用途截然不同,应正确使用。

1. 圆规

圆规是画圆或圆弧的仪器,常用的有三用圆规(图 1-12)、弹簧圆规和点圆规(图 1-13)。弹簧圆规和点圆规是用来画小圆的,而三用圆规则可以通过更换插脚来实现多种绘图功能。圆规的用途及用法见表 1-9。

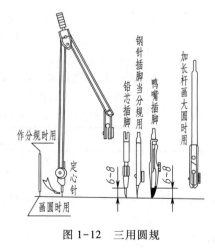

图 1-12　三用圆规

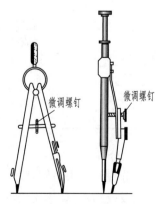

图 1-13　弹簧圆规和点圆规

表 1-9　圆规的用途及用法

用　途	图　例	用　法
圆规头部结构	75° 6-8	圆规使用前要调整针尖,使铅芯与定心针的针尖台阶平齐
画一般圆或圆弧		画圆时,针尖准确放于圆心处,铅芯尽可能垂直于纸面,顺一个方向均匀转动圆规,并使圆规向转动方向倾斜
画大圆或圆弧	加长杆	画大圆时应装加长杆,针尖和铅芯都应垂直纸面,一手按住针尖,另一手转动铅芯转角
画小圆或圆弧		一般用点圆规画 5 mm 以下的小圆。先以拇指和中指提起套管,食指按下针尖对准圆心,然后放下套管使针尖与纸面接触,转动套管即可画出小圆。画完后先要提起套管才能拿走小圆规

2. 分规

　　分规的结构与圆规相近,只是两头都是钢针。分规的用途是量取或截取长度、等分线段或圆弧,具体用法见表 1-10。

　　其他绘图工具还有绘图铅笔、曲线板、比例尺、直线笔等。

绘图铅笔的
使用

表 1-10 分规的用途和用法

用途	图例	用法
量取或截取长度	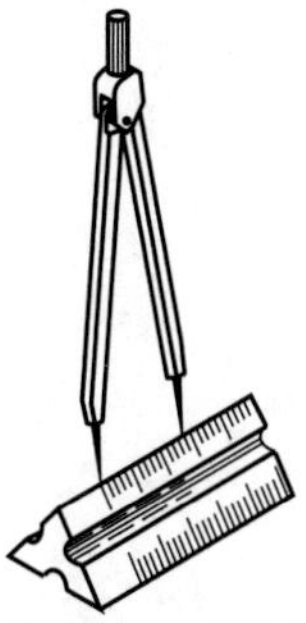	为度量准确,分规的两个针尖应平齐。调整分规的手势应正确(如左图)。用时以两针尖在直尺或比例尺上量取所需长度,也可在直线上截取等长线段
等分已知线段或圆弧	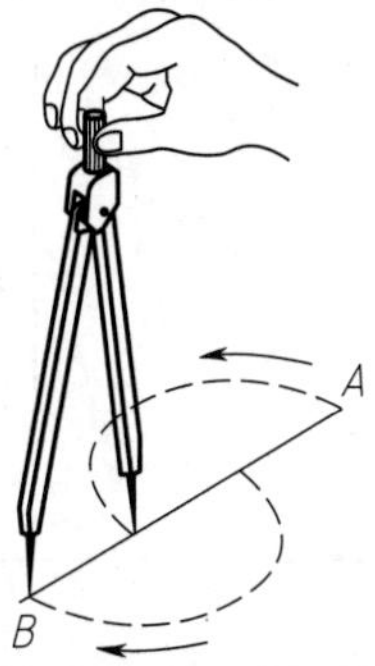	以三等分线段为例。先目测分规两针间距为所分线段的1/3,从一端开始,使两针尖交替画弧试分,根据剩余或超出的距离调整两针尖距,再进行试分,直到等分为止

§1-3 常用几何作图方法

任何平面图形都可以看成是由一些简单几何图形组成的,常用的几何作图有等分线段、等分圆周、斜度与锥度、线段连接和平面曲线等。熟练掌握几何作图方法,迅速准确地画出平面图形,是工程技术人员的基本技能之一。

一、关于直线的作图

工程制图常用到等分线段以及作已知线段的平行线、垂直线等几何作图,这些一般用分规、三角板配合完成,具体作图方法见表1-11。

表 1-11 线 的 作 图

内容	图例	方法和步骤
等分线段(以五等分线段 *AB* 为例)	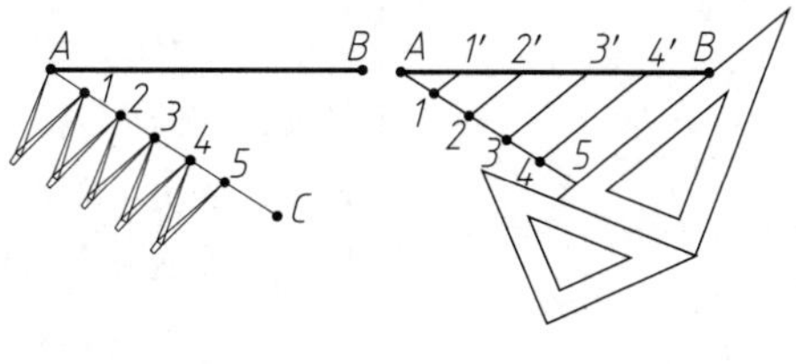	(1)过点 *A* 任意作一直线 *AC*,用分规以任意长度为单位长度,在 *AC* 上截得 *1*、*2*、*3*、*4*、*5* 各个等分点。 (2)连接 *5B*,过 *1*、*2*、*3*、*4* 点分别作 *5B* 的平行线,与 *AB* 交于点 *1'*、*2'*、*3'*、*4'*,即得各等分点

内容	图　例	方法和步骤
过定点 K 作已知直线 AB 的平行线		先使三角板的一边过 AB，以另一个三角板的一边作导边，移动三角板，使一边过点 K，即可过点 K 作 AB 的平行线
过定点 K 作已知直线 AB 的垂线		先使三角板的斜边过 AB，以另一个三角板的一边作导边，将三角板翻转 90°，使斜边过点 K，即可过点 K 作 AB 的垂线

二、等分圆周及作圆的内接正多边形

机件中常见到正多边形结构，如六角头螺栓的头部即为正六边形，画图时就要通过六等分圆周完成作图。常用的等分圆周及正多边形画法见表 1-12。

表 1-12　常用的等分圆周及作圆的内接正多边形画法

内容	图　例	方法和步骤
三等分圆周和作正三角形		先使 30°-60° 三角板的一直角边过直径 AB，用丁字尺作导边，过点 A 用三角板的斜边画直线交圆于点 1，将 30°-60° 三角板翻转 180°；过点 A 用三角板的斜边画直线，交圆于点 2，连接点 1、2，则 △A12 即为圆内接三角形
五等分圆周和作正五边形		以半径 OM 的中点 O_1 为圆心，O_1A 为半径画弧，交 ON 与点 O_2；以 O_2A 为弦长，自点 A 起依次在圆周上截取，得等分点 B、C、D、E，依次连接各点即为正五边形

续表

内容	图 例	方法和步骤
六等分圆周和作正六边形		以已知圆直径的两端点 A、D 为圆心,以已知圆的半径 R 为半径画弧与圆周相交,即得等分点 B、C、E、F,依次连接,即可得圆内接正六边形
		用 $30°$-$60°$三角板与丁字尺(或 $45°$三角板的一边)相配合,即可得圆内接正六边形
任意等分圆周及作圆内接正多边形		将直径 AK 分成与所求正多边形边数相同的等份,以 K 为圆心、AK 为半径画弧,与直径 PQ 的延长线相交于两点 M、N,自 M 或 N 引系列直线与 AK 上双数(或单数)等分点相连,并延长交圆周于 B、C、D、$E\cdots$即为圆周的等分点,依次连接,即可得圆内接正多边形

三、斜度与锥度

1. 斜度

斜度是指一直线(或平面)对另一直线(或平面)的倾斜程度,其大小用两者之间的夹角的正切值来表示(图 1-14a),即

$$斜度 = \frac{H}{L} = \frac{BC}{AC} = \tan \alpha \ (\alpha \ 为倾斜角度)$$

斜度在图样上通常以 $1:n$ 的形式标注,并在前面加注符号"∠"或"⊿",符号斜线的方向应与斜度方向一致。具体标注方法和作图步骤见表 1-13。

2. 锥度

锥度是指正圆锥的底圆直径与圆锥高度之比,如果是圆台,则为两底圆直径之差与锥台高度之比(图 1-14b),即

$$锥度 = \frac{D}{L} = \frac{D-d}{l} = 2\tan \alpha \ (\alpha \ 为圆锥半角)$$

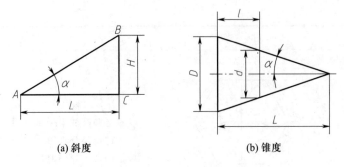

(a) 斜度　　　　　　　　　(b) 锥度

图 1-14　斜度与锥度

锥度在图样中也是以 1：n 的形式标注,标注时,要在前面加注符号"▷",并且符号所示的方向应与锥度方向一致,必要时可在比值后面加注角度。具体标注方法和作图步骤见表 1-13。

表 1-13　斜度和锥度作图方法

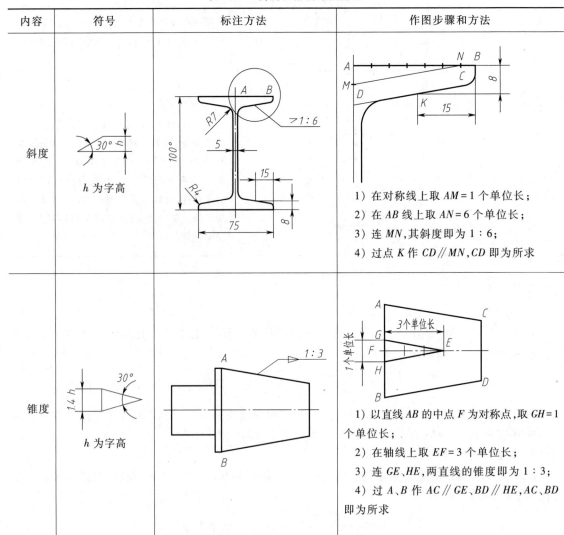

内容	符号	标注方法	作图步骤和方法
斜度	30° h h 为字高		1) 在对称线上取 AM＝1 个单位长; 2) 在 AB 线上取 AN＝6 个单位长; 3) 连 MN,其斜度即为 1：6; 4) 过点 K 作 CD∥MN,CD 即为所求
锥度	30° 1.4h h 为字高		1) 以直线 AB 的中点 F 为对称点,取 GH＝1 个单位长; 2) 在轴线上取 EF＝3 个单位长; 3) 连 GE、HE,两直线的锥度即为 1：3; 4) 过 A、B 作 AC∥GE、BD∥HE,AC、BD 即为所求

四、圆弧连接

画工程图样时,经常要用圆弧光滑连接另外的圆弧或直线,其作图过程叫圆弧连接。在圆弧连接中起连接作用的圆弧称为连接圆弧,常用圆弧连接形式及作图方法见表 1-14,常用圆弧连接画法举例见表 1-15。

表 1-14　常用圆弧连接形式及作图方法

内容	图　例	方法和步骤
用连接圆弧连接两已知直线		分别作与已知两直线相距为 R 的平行线,交点 O 即为连接圆弧的圆心;从点 O 分别向已知直线作垂线,垂足 A、B 即为切点;以点 O 为圆心、R 为半径,在两切点 A、B 之间画连接圆弧,即为所求
用连接圆弧连接已知直线和圆弧		作与已知直线相距为 R 的平行线,再以已知圆弧的圆心 O_1 为圆心,以已知圆弧半径与连接圆弧半径之差(R_1-R)为半径画弧,交点 O 即为连接圆弧的圆心;从点 O 向已知直线作垂线,垂足 A 即为切点;连接已知圆弧圆心和点 O 并延长,与已知圆弧的交点 B 即为另一切点;画出连接圆弧
用连接圆弧连接两已知圆弧		分别以 O_1、O_2 为圆心,以已知圆弧半径与连接圆弧半径之和(R_1+R)、(R_2+R)为半径画弧,交点 O 即为连接圆弧的圆心;连接 OO_1、OO_2,与已知圆弧的交点 A、B 即为切点;画出连接圆弧

续表

内容	图 例	方法和步骤
用连接圆弧连接两已知圆弧	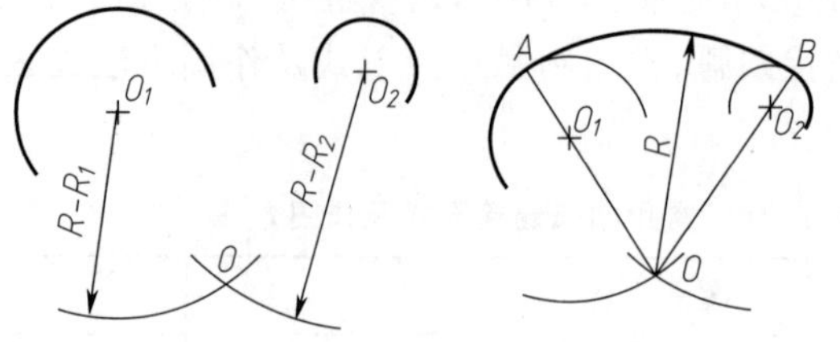	分别以 O_1、O_2 为圆心,以 $(R-R_1)$、$(R-R_2)$ 为半径画弧,交点 O 即为连接圆弧的圆心;连接 OO_1、OO_2,与已知圆弧的交点 A、B 即为切点;画出连接圆弧
	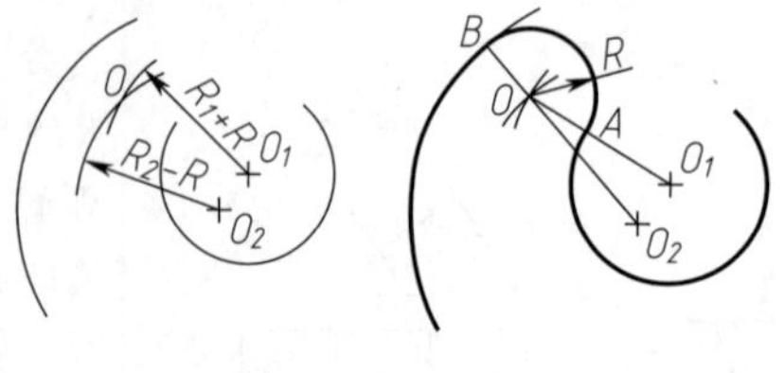	分别以 O_1、O_2 为圆心,以 (R_1+R)、(R_2-R) 为半径画弧,交点 O 即为连接圆弧的圆心;连接 OO_1、OO_2,与已知圆弧的交点 A、B 即为切点;画出连接圆弧

表 1-15   常用圆弧连接画法举例

步骤	图 例	作图过程
1) 分析各线段	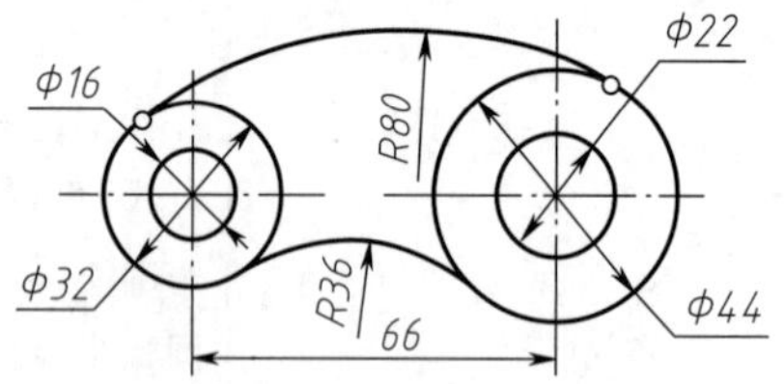	图中 $\phi32$、$\phi16$、$\phi22$、$\phi44$、66 为已知线段,$R36$、$R80$ 为连接圆弧
2) 作 $R36$ 圆弧与 A、B 两圆外切	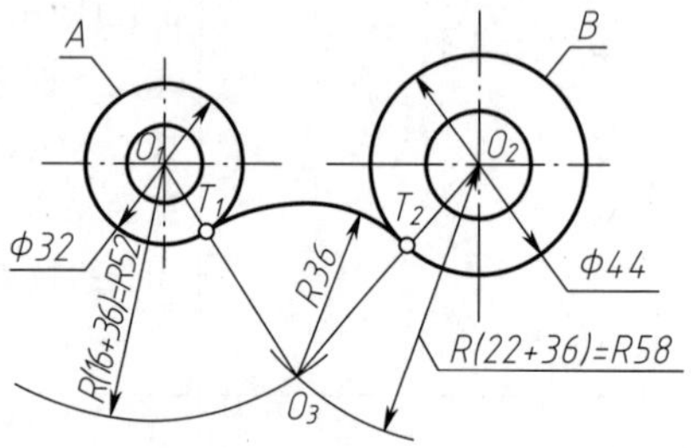	分别以 O_1、O_2 为圆心,以 $(16+36)$、$(22+36)$ 为半径画弧,所得交点 O_3 即为连接圆弧的圆心;连接 O_1O_3、O_2O_3,分别与已知圆交于点 T_1、T_2,即为两切点;以 O_3 为圆心、36 为半径,自点 T_1 至 T_2 画弧
3) 作 $R80$ 圆弧与 A、B 两圆内切	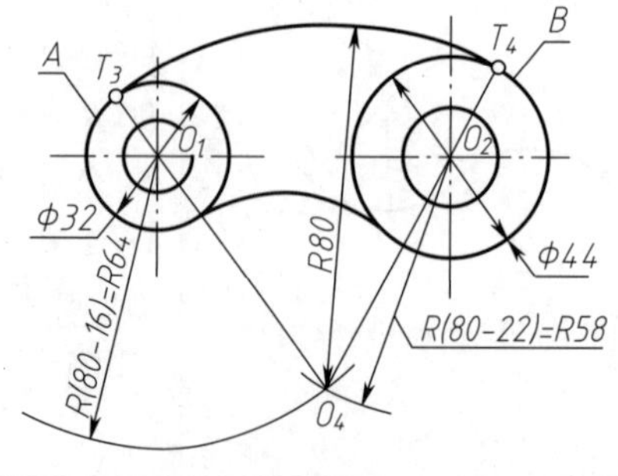	分别以 O_1、O_2 为圆心,以 $(80-16)$、$(80-22)$ 为半径画弧,所得交点 O_4 即为连接圆弧的圆心;连接 O_1O_4、O_2O_4,其延长线分别与已知圆交于点 T_3、T_4,即为两切点;以 O_4 为圆心、80 为半径,自点 T_3 至 T_4 画弧

五、椭圆的画法

工程中常用的曲线有椭圆、圆的渐开线,阿基米德螺旋线等,表1-16为常用的两种椭圆画法。

表1-16 椭圆画法

内　容	图　例	作 图 方 法
同心圆法	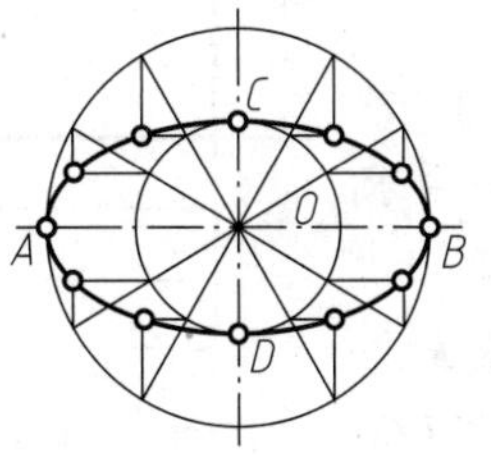	分别以长轴、短轴为直径画同心圆,过圆心作一系列直线且分别与两圆相交,由大圆交点作铅垂线,由小圆交点作水平线,光滑连接两对应直线的交点即得椭圆
四心扁圆法(近似表示椭圆)	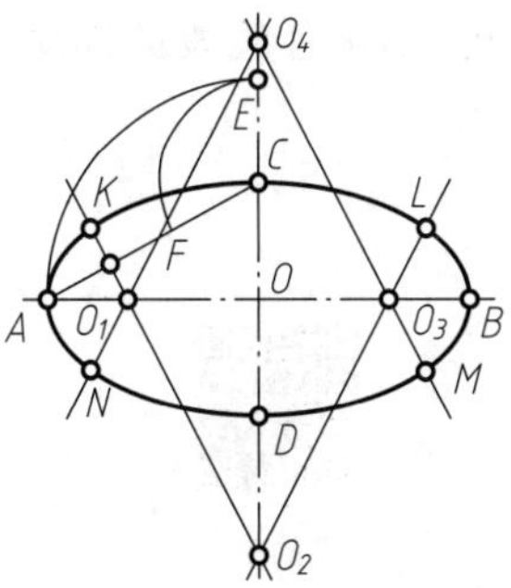	连接长、短轴端点 A、C,以点 O 为圆心、OA 为半径作圆弧,得点 E,再以 C 为圆心、CE 为半径作圆弧,得点 F,作 AF 的中垂线交长轴于 O_1,交短轴于 O_2,找出 O_1、O_2 对称点 O_3、O_4,连接 O_1O_2、O_2O_3、O_4O_1、O_4O_3 并延长,以 O_2、O_4 为圆心,O_2C 为半径作大圆弧,以 O_1、O_3 为圆心,O_1A 为半径作小圆弧,点 K、L、M、N 为大小圆弧的切点,即得四心扁圆,近似表示椭圆

§1-4　平面图形的分析与绘图方法

　　平面图形是由线段组成的,有些线段可根据足够的已知条件直接画出来,而有些线段则必须依据与相邻线段的相互关系才能画出。只有根据图中所给出的尺寸对构成图形的各类线段进行分析,明确其形状、大小及线段之间的相互关系,才能确定正确的作图方法和步骤,提高绘图的质量和速度。

一、平面图形的分析

1. 平面图形的尺寸分析

平面图形的尺寸按其作用可分为定形尺寸和定位尺寸。

1) 定形尺寸　确定图形中各部分形状和大小的尺寸。如图1-15中直线的长度(52)、圆弧的半径($R10$)、圆的直径($\phi30$)以及角度大小等。

2) 定位尺寸　确定图形中各部分之间相互位置关系的尺寸。如圆心位置尺寸(图1-15中 $\phi30$ 的定位尺寸为28;$2\times\phi10$ 的定位尺寸为70、32;$3\times\phi6$ 的圆心定位尺寸为 $\phi44$)。

　　标注尺寸时,必须先选好基准。用以确定尺寸位置所依据的一些点、线、面,称为基准。平面图形中,长度和宽度方向至少各有一个主要基准,还可能有一个或几个辅助基准。通常选择图形的对称线、较大圆的中心线、主要轮廓线为基准。

2. 平面图形的线段分析

平面图形中的线段,通常按所给定的尺寸,分为已知线段、中间线段和连接线段三种。

1)已知线段　定形、定位尺寸齐全,可直接画出的线段,如表 1-17 中的 R11、φ22、28、φ38 等。

2)中间线段　只有定形尺寸和一个定位尺寸,另一个定位尺寸必须根据与相邻已知线段的几何关系求出的线段,如表 1-17 中的 R104 圆弧。

3)连接线段　只有定形尺寸,其位置必须依靠两端相邻的已知线段求出的线段,如表 1-17 中的 R60 圆弧。

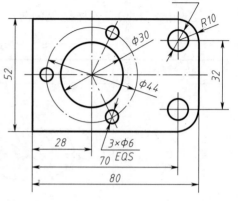

图 1-15　尺寸分析

画平面图形时,应先进行尺寸分析和线段分析,明确各线段的性质,按照已知线段、中间线段、连接线段的顺序依次画出。

二、平面图形的绘图方法与步骤

平面图形的绘图方法与步骤(表 1-17)如下:

1)对平面图形进行尺寸及线段分析;

2)选择适当的比例及图幅;

3)固定图纸,画出基准线(对称线、中心线等);

4)按已知线段、中间线段、连接线段的顺序依次画出各线段;

5)加深图线;

6)标注尺寸、填写标题栏,完成图样。

手柄的绘制

表 1-17　手柄的主要画图步骤

作图步骤	图　例
分析线段	R60　R11　φ52　R104　φ38　φ22　12　28　160
画中心线及已知线段	R11　φ38　φ22　12　28　160

作图步骤	图　例
由已知线段画出中间线段	
根据已画出的线段再画出连接线段	
检查加深	

三、平面图形的尺寸标注

平面图形中尺寸标注是否齐全决定是否能正确画出图形。一般应先选定基准，根据各图线的尺寸要求，注出全部定形尺寸和必要的定位尺寸。表 1-18 列出了几种平面图形的尺寸标注示例，在完整、清晰、合理地标注尺寸方面供参考。

尺寸标注

表 1-18　平面图形尺寸标注示例

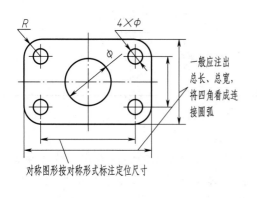

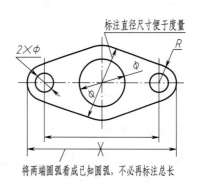

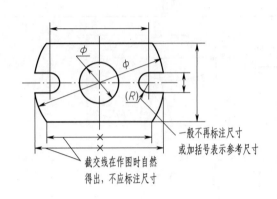

一般不再标注尺寸
或加括号表示参考尺寸

截交线在作图时自然
得出，不应标注尺寸

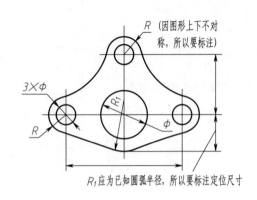

R（因图形上下不对
称，所以要标注）

R_1应为已知圆弧半径，所以要标注定位尺寸

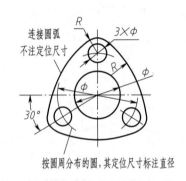

连接圆弧
不注定位尺寸

按圆周分布的圆，其定位尺寸标注直径

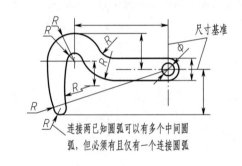

尺寸基准

连接两已知圆弧可以有多个中间圆
弧，但必须有且仅有一个连接圆弧

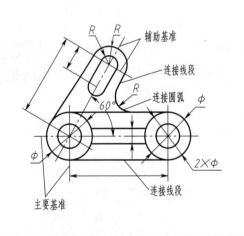

辅助基准

连接线段

连接圆弧

主要基准

连接线段

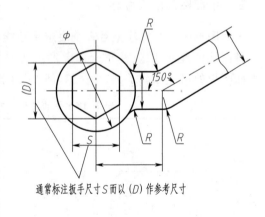

通常标注扳手尺寸S而以(D)作参考尺寸

四、徒手绘图简介

徒手绘图是不借助绘图仪器，凭目测按大致比例徒手画出草图的绘图方式。草图并非"潦草的图"，它同样要求图形正确、线型分明、比例匀称、字体工整、图面整洁。徒手绘图是工程技术人员的基本技能之一，要通过训练不断提高徒手绘图的能力，常用徒手绘图方法见表1-19。

表 1-19 常用徒手绘图方法

内容	图 例	画 法
画水平线、竖直线		手腕不动,用手臂带动握笔的手水平移动或竖直移动
画各特殊角度斜线		根据两直角边的比例关系定出端点,然后连接
画大圆和小圆		先画出中心线,目测半径,在中心线上截得四点,再将各点连接成圆。画大圆时,可多作几条过圆心的线
画平面图形		先按目测比例作出已知圆弧,再作连接圆弧与已知圆弧的光滑连接

第二章　正投影的基础知识

工程中的各种技术图样都是按一定的投影方法绘制的,机械工程图样通常是用正投影法绘制。本章首先介绍投影法的基本知识和物体三视图,再讨论点、线、面等几何元素的投影原理,为学习后面的内容奠定基础。

§2-1　投影法和三视图的形成

一、投影法的基本知识

1. 投影法

用灯光或日光照射物体,在地面或墙面上便会产生物体的影子。人们从这一现象中得到启示,并经过科学抽象,概括出用物体在平面上的投影表示其形状的投影方法。如图 2-1 所示,S 为投射中心,A 为空间点,平面 P 为投影面,投射中心 S 与点 A 的连线称为投射线,SA 的延长线与平面 P 的交点 a 称为点 A 在平面 P 上的投影,这种产生图像的方法称为投影法。

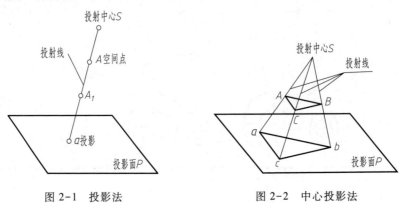

图 2-1　投影法　　　　　　　　　　　图 2-2　中心投影法

2. 常用投影法

常用的投影法分为中心投影法和平行投影法两大类。

（1）中心投影法

当投射中心 S 位于有限距离内时,投射线均由投射中心 S 出发,称为中心投影法。图 2-2 是三角板 ABC 用中心投影法在投影面上得到投影 $\triangle abc$ 的例子。

这种投影法具有较强的直观性,立体感好,厂房、建筑物常采用这种投影法绘制透视图。但用这种投影法绘制图像的缺点是作图较为复杂,且不能反映物体的真实形状和大小。如改变图 2-2 中的三角板与投射中心 S 和投影面 P 的相对位置和距离,所得到的图形大小和形状便会改变。

（2）平行投影法

当投射中心与投影面的距离为无穷远时,投射线相互平行,这种投射线相互平行的投影法称
为平行投影法。按照平行投影法作出的投影称为平行投影,如
图2-3所示。

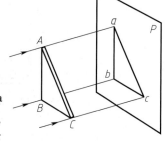

平行投影法又分为两种,如图2-4所示。

正投影法——投射线与投影面相垂直的平行投影法（图2-4a）。

斜投影法——投射线与投影面相倾斜的平行投影法（图2-4b）。

用正投影法绘制的投影图直观性不强,但其度量性好,如图2-4a
所示的三角板与投影面平行,即使改变三角板与投影面之间的距离,
其图像仍反映三角板的真实形状和大小。所以,机械制图多采用正
投影法绘制图样。

图 2-3 平行投影法

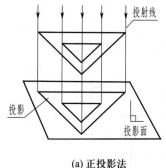

(a) 正投影法

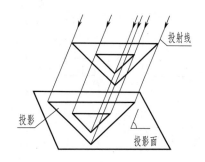

(b) 斜投影法

图 2-4 平行投影法的种类

二、三视图及其对应关系

1. 三视图的形成和投影规律

在绘制机械图样时,在三面投影体系中,将机件向投影面正投射所得的图形称为视图。如
图 2-5a所示,机件由前向后投射所得的图形（即正面投影）称为主视图,它通常反映机件形体的
主要特征;机件由上向下投射所得的图形（即水平投影）称为俯视图;机件由左向右投射所得的
图形（即侧面投影）称为左视图。

在视图中,规定物体表面的可见轮廓线的投影用粗实线表示,不可见轮廓线的投影用细虚线
表示,如图 2-5a 的主视图所示。

为了使三个视图能画在一张图纸上,规定正面保持不动,水平面向下旋转 90°,侧面向右旋
转 90°,如图 2-5b 所示。这样,就得到在同一平面上的三面视图,通常简称三视图,如图 2-5c 所
示。为了便于画图和看图,在三视图中不画投影面的边框线,视图之间的距离可根据具体情况确
定,视图的名称也不必标出,如图 2-5d 所示。

2. 三视图之间的对应关系

（1）度量对应关系

物体有长、宽、高三个方向的尺寸,取 X 轴方向为长度尺寸,Y 轴方向为宽度尺寸,Z 轴方向

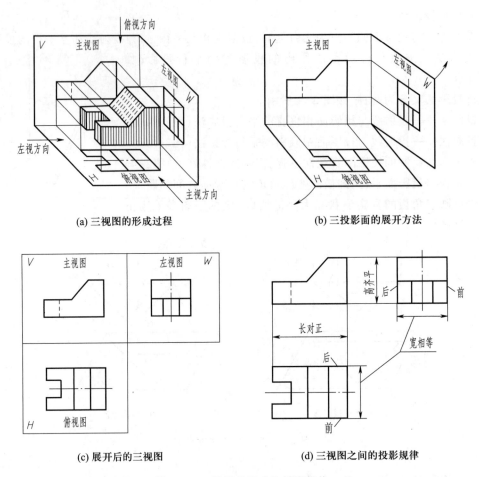

(a) 三视图的形成过程　　　　　　(b) 三投影面的展开方法

(c) 展开后的三视图　　　　　　(d) 三视图之间的投影规律

图 2-5　三视图的形成和投影规律

为高度尺寸。

由图 2-6 可看出,主视图反映物体的长度和高度,俯视图反映物体的长度和宽度,左视图反映物体的高度和宽度,故三视图间的度量有以下对应关系:

主视图和俯视图长度相等且对正;

主视图和左视图高度相等且平齐;

左视图和俯视图宽度相等且对应。

在画图时,应特别注意三视图之间"长对正、高平齐、宽相等"的"三等"对应关系。

(2) 方位对应关系

物体有上、下、左、右、前、后六个方位,由图 2-6 可以看出:

主视图反映物体的上、下和左、右方位;

俯视图反映物体的前、后和左、右方位;

左视图反映物体的上、下和前、后方位。

若以主视图为中心来看俯视图和左视图,则靠近主视图的一侧表示物体的后面,远离主视图的一侧表示物体的前面。

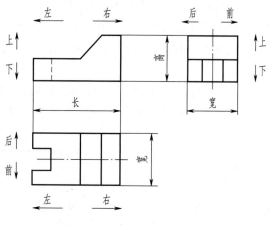

图 2-6 三视图间的对应关系

§2-2 点 的 投 影

一、点的一个投影

如图 2-7a 所示,过空间点 A 的投射线与投影面 P 的交点 a 称为点 A 在投影面 P 上的投影。

当点的空间位置确定后,它在一个投影面上的投影是唯一确定的。但是,若只有点的一个投影,则不能唯一确定点的空间位置(图 2-7b),因此工程上多采用多面正投影。

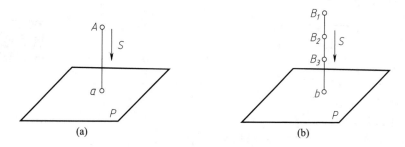

图 2-7 点的单面投影

二、点的三面投影及投影特性

1. 三投影面体系

以相互垂直的三个平面作为投影面,便组成了三投影面体系,如图 2-8 所示。正立放置的投影面称为正立投影面,用 V 表示;水平放置的投影面称为水平投影面,用 H 表示;侧立放置的投影面称为侧立投影面,用 W 表示。相互垂直的三个投影面的交线称为投影轴,分别用 OX、OY、OZ 表示。

平面可以无限延伸,如图 2-9 所示,V 面和 H 面分别向下、向后扩展,将空间划分为 4 个区域,每个区域称为一个分角。将物体置于第Ⅰ分角内,使其处于观察者与投影面之间而得到正投影的方法称为第一角画法。将物体置于第Ⅲ分角内,使投影面处于物体与观察者之间而得到正投影的方法称为第三角画法。国家标准规定工程图样主要采用第一角画法。

2. 点的三面投影

如图 2-10a 所示,将空间点 A 分别向 H、V、W 三个投影面投射,得到点 A 的三个投影 a、a'、a'',分别称为点 A 的水平投影、正面投影和侧面投影。展开后如图 2-10b 所示,画图时不必画出投影面的边框。

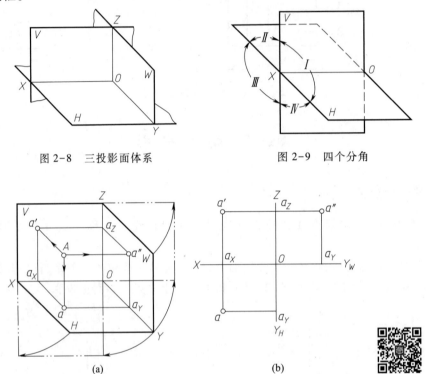

图 2-8　三投影面体系　　　　　　　图 2-9　四个分角

图 2-10　点的三面投影

3. 点的三面投影的投影特性

由图 2-10b 不难证明,点的三面投影具有下列特性:

1) 点的正面投影与水平投影的连线垂直于 OX 轴,即 $a'a \perp OX$;点的正面投影与侧面投影的连线垂直于 OZ 轴,即 $a'a'' \perp OZ$。

2) 点的水平投影到 OX 轴的距离等于点的侧面投影到 OZ 轴的距离。即

$$aa_X = a''a_Z$$

$a'a_X = a''a_Y$ 表示点 A 到 H 面的距离

$aa_X = a''a_Z$ 表示点 A 到 V 面的距离

$aa_Y = a'a_Z$ 表示点 A 到 W 面的距离

根据上述投影特性,在点的三面投影中,只要知道其中任意两个面的投影,就可以很方便地求出第三面的投影。

[例 2-1] 如图 2-11a 所示,已知点 A 的正面投影和水平投影,求其侧面投影。

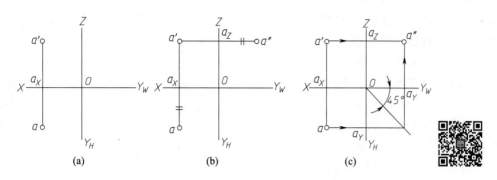

(a) (b) (c)

图 2-11 已知点的两个投影求第三投影

解:由点的投影特性可知,$a'a'' \perp OZ$,$a''a_z = aa_x$,故过 a' 作直线垂直于 OZ 轴,交 OZ 轴于 a_z,在 $a'a_z$ 的延长线上量取 $a''a_z = aa_x$(图 2-11b)。也可以采用作 45° 斜线的方法转移宽度(图 2-11c)。

4. 点的投影与坐标之间的关系

如图 2-12 所示,在三投影面体系中,三根投影轴可以构成一个空间直角坐标系,空间点 A 的位置可以用三个坐标值(x_A, y_A, z_A)表示,则点的投影与坐标之间的关系为

$$aa_Y = a'a_Z = x_A, \quad aa_X = a''a_Z = y_A, \quad a'a_X = a''a_Y = z_A$$

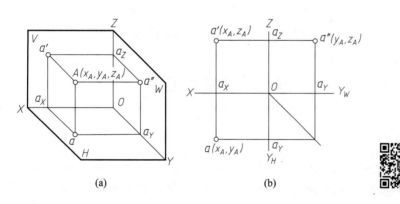

(a) (b)

图 2-12 点的投影与坐标之间的关系

三、两点的相对位置与重影点

1. 两点的相对位置

两点的相对位置指空间两点的上下、前后、左右位置关系。这种位置关系可以通过两点的同面投影(在同一个投影面上的投影)的相对位置或坐标的大小来判断,即 x 坐标大的在左,y 坐标大的在前,z 坐标大的在上。

如图 2-13 所示,由于 $x_A > x_B$,故点 A 在点 B 的左方,同理可判断出点 A 在点 B 的上方、后方。

2. 重影点

如图 2-14 所示,点 C 与点 D 位于垂直于 H 面的同一条投射线上,它们的水平投影重合。

若空间两点在某个投影面上的投影重合,则此两点称为对该投影面的重影点。

重影点的两对同名坐标相等。在图 2-14 中,点 C 与点 D 是对 H 面的重影点,$x_C = x_D$,$y_C = y_D$。由于 $z_C > z_D$,故点 C 在点 D 的上方。沿投射线方向进行观察,看到者为可见,被遮挡者为不可见。为了表示点的可见性,被挡住的点的投影要加括号表示(图 2-14b)。

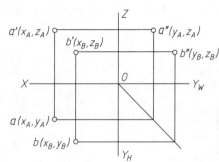

图 2-13　两点的相对位置

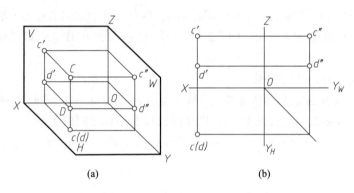

(a)　　　　　　　　　　(b)

图 2-14　重影点及其可见性的判别

§2-3　直线的投影

一、直线

由平面几何得知,两点确定一条直线,故直线的投影可由直线上两点的投影确定。如图 2-15 所示,分别将两点 A、B 的同面投影用直线相连,则得到直线 AB 的投影。

二、直线的投影特性

1. 直线对一个投影面的投影特性

直线对单一投影面的投影特性取决于直线与投影面的相对位置,如图 2-16 所示。

(1)直线垂直于投影面(图 2-16a)

其投影重合为一个点,而且位于直线上的所有点的投影都重合在这一点上。投影的这种特性称为积聚性。

(2)直线平行于投影面(图 2-16b)

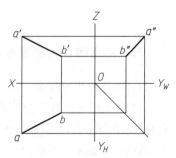

图 2-15　直线的投影

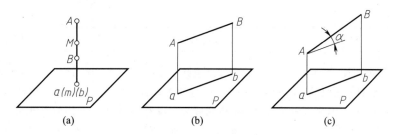

图 2-16 直线对一个投影面的投影特性

其投影的长度反映空间线段的实际长度,即 $ab=AB$。投影的这种特性称为实长性。

（3）直线倾斜于投影面（图 2-16c）

其投影仍为直线,但投影的长度比空间线段的实际长度缩短了,$ab=AB\cos\alpha$。

2. 直线在三投影面体系中的投影特性

直线在三投影面体系中的投影特性取决于直线与三个投影面之间的相对位置。根据直线与三个投影面之间的相对位置不同可将直线分为三类:投影面平行线、投影面垂直线和一般位置直线。投影面平行线和投影面垂直线又称为特殊位置直线。

（1）投影面平行线

平行于某一投影面而与其余两投影面倾斜的直线称为该投影面平行线。其中,平行于 H 面的直线称为水平线,平行于 V 面的直线称为正平线,平行于 W 面的直线称为侧平线。它们的投影特性见表 2-1。

从表 2-1 可知,投影面平行线的投影特性如下:

1）在其平行的投影面上的投影反映实长,且投影与投影轴的夹角分别反映直线对另外两个投影面的倾角的实际大小。

2）另外两个投影面上的投影分别平行于相应的投影轴,且长度比空间直线段短。

表 2-1 投影面平行线的投影特性

名称	水平线	正平线	侧平线
立体图			
投影图			

续表

名称	水平线	正平线	侧平线
投影特性	$ab = AB$,反映实长; ab 与 OX 轴的夹角反映 AB 对 V 面的倾角 β,ab 与 OY 轴的夹角反映 AB 对 W 面的倾角 γ; $a'b' /\!/ OX$,$a''b'' /\!/ OY_W$	$a'b' = AB$,反映实长; $a'b'$ 与 OX 轴的夹角反映 AB 对 H 面的倾角 α,$a'b'$ 与 OZ 轴的夹角反映 AB 对 W 面的倾角 γ; $ab /\!/ OX$,$a''b'' /\!/ OZ$	$a''b'' = AB$,反映实长; $a''b''$ 与 OY 轴的夹角反映 AB 对 H 面的倾角 α,$a''b''$ 与 OZ 轴的夹角反映 AB 对 V 面的倾角 β; $ab /\!/ OY_H$,$a'b' /\!/ OZ$

（2）投影面垂直线

垂直于某一投影面,而与其余两个投影面平行的直线称为该投影面垂直线。其中,垂直于 V 面的直线称为正垂线,垂直于 H 面的直线称为铅垂线,垂直于 W 面的直线称为侧垂线。它们的投影特性见表 2-2。

表 2-2 投影面垂直线的投影特性

名称	铅垂线	正垂线	侧垂线
立体图			
投影图			
投影特性	水平投影积聚为一点; $a'b' = a''b'' = AB$,反映实长,$a'b' \perp OX$,$a''b'' \perp OY_W$	正面投影积聚为一点; $ab = a''b'' = AB$,反映实长,$ab \perp OX$,$a''b'' \perp OZ$	侧面投影积聚为一点; $ab = a'b' = AB$,反映实长,$ab \perp OY_H$,$a'b' \perp OZ$

从表 2-2 可知,投影面垂直线的投影特性如下:

1）在其垂直的投影面上的投影积聚为一点。

2）另外两个投影面上的投影反映空间线段的实长,且分别垂直于相应的投影轴。

（3）一般位置直线

与三个投影面都倾斜的直线称为一般位置直线（图2-17a）。

如图2-17b所示，一般位置直线的投影特性如下：

三个投影都倾斜于投影轴，其与投影轴的夹角并不反映空间线段对投影面的倾角，且三个投影的长度均比空间线段短，即都不反映空间线段的实长。

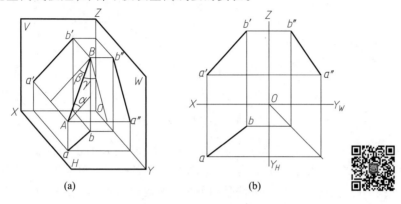

(a)   (b)

图 2-17　一般位置直线

三、直线上的点

如图2-18所示，直线与其上的点有如下关系：

1）若点在直线上，则点的投影一定在直线的同面投影上。反之亦然。

2）若点在直线上，则点的投影分割直线的同面投影的比例与该点分割空间直线的比例相同。反之亦然。即

$$ac : cb = a'c' : c'b' = a''c'' : c''b'' = AC : CB$$

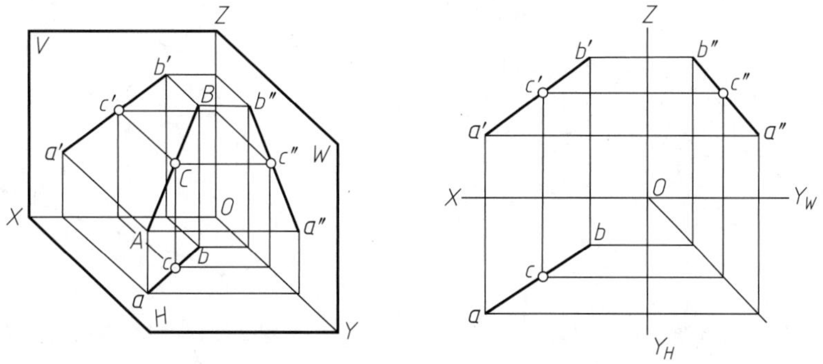

(a)   (b)

图 2-18　直线上的点

1. 求直线上点的投影

［例2-2］　如图2-19a所示，已知点 K 在直线 AB 上，求作它们的三面投影。

解：由于点 K 在直线 AB 上，所以点 K 的各个投影一定在直线 AB 的同面投影上。如图2-19b所示，求出直线 AB 的侧面投影 $a''b''$ 后，即可在 ab 和 $a''b''$ 上确定点 K 的水平投影 k 和侧面投影 k''。

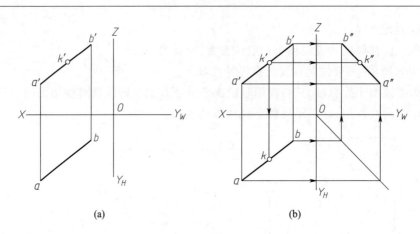

图 2-19 求直线上点的投影

［例 2-3］ 如图 2-20a 所示,已知点 K 在直线 CD 上,求点 K 的正面投影。

解:点 K 的正面投影 k' 一定在 $c'd'$ 上,需确定 k' 在 $c'd'$ 上的位置。可采用两种方法:一种方法是求出它们的侧面投影(作图略),另一种方法是用分割线段成定比的方法作图(图 2-20b)。

2. 判断点是否在直线上

判断点是否在直线上,一般只需判断两个投影面上的投影即可。如图 2-21 所示,可以判断出点 C 在直线 AB 上,而点 D 不在直线 AB 上(因 d 不在 ab 上)。但是当直线为投影面平行线,且给出的两个投影又都平行于投影轴时,则还需求出第三个投影进行判断,或用点分线段成定比的方法判断。

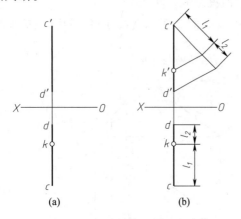

图 2-20 求直线上点的投影

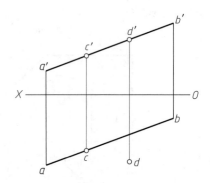

图 2-21 判断点是否在直线上(一)

［例 2-4］ 如图 2-22a 所示,已知侧平线 AB 及点 M 的正面投影和水平投影,判断点 M 是否在直线 AB 上。

解:判断方法有以下两种:

1)求出它们的侧面投影。

如图 2-22b 所示,由于 m'' 不在 $a''b''$ 上,故点 M 不在直线 AB 上。

2)用线段的定比分点方法判断。

由于 $am:mb \neq a'm':m'b'$,故点 M 不在直线 AB 上。

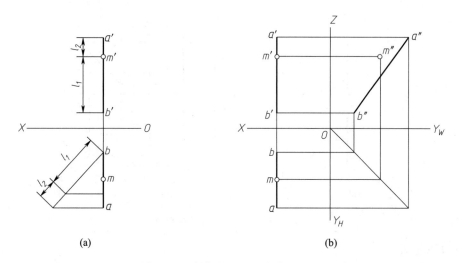

(a)   (b)

图 2-22   判断点是否在直线上(二)

四、两直线的相对位置

空间两直线的相对位置有三种:平行、相交和交叉(异面)。

1. 两直线平行

若空间两直线相互平行,则其同面投影必相互平行;若两直线的三个同面投影分别相互平行,则空间两直线必相互平行(图 2-23)。

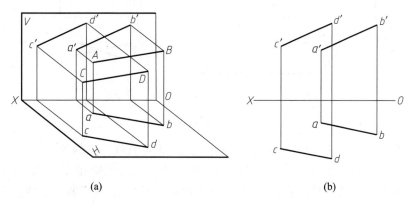

(a)   (b)

图 2-23   两直线平行

判断空间两直线是否平行,一般情况下,只需判断两直线的任意两对同面投影是否分别平行,如图 2-23b 所示。但是当两直线均平行于某一投影面时,只有当所平行的投影面上的投影平行时,才能判断其相互平行。如图 2-24a 所示(CD、EF 为侧平线),虽然 $cd \parallel ef$、$c'd' \parallel e'f'$,但求出侧面投影(图 2-24b)后,由于 $c''d''$ 不平行于 $e''f''$,故直线 CD、EF 不平行。在这种情况下,一种方法是求出它们在与其平行的投影面上的投影进行判断;另一种方法是利用平行两直线共面,其投影保持定比的特性进行判断。

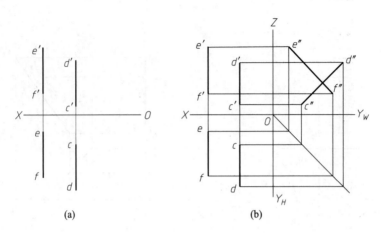

图 2-24　判断两直线是否平行

2. 两直线相交

若空间两直线相交,则其同面投影必相交,且其交点必符合空间点的投影特性,反之亦然。如图 2-25 所示,直线 *AB*、*CD* 相交于点 *K*,其投影 *ab* 与 *cd*、*a'b'* 与 *c'd'* 分别相交于 *k*、*k'*,且 *kk'* ⊥ *OX* 轴。

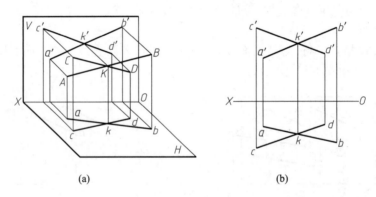

图 2-25　两直线相交

相交两直线的交点是两直线的共有点,因此交点应满足直线上点的投影特性。

判断空间两直线是否相交,一般情况下,只需判断两组同面投影相交,且交点符合任何一条点的投影特性即可。但是,当两条直线中有一条为投影面平行线,只有相对另两投影面的两组同面投影相交时,空间两直线不一定相交。

[例 2-5]　判断直线 *AB*、*CD* 是否相交(图 2-26a)。

解:由于 *AB* 是一条侧平线,所以根据所给的两组同面投影还不能确定两条直线是否相交。可用下列两种方法判断。

1) 求出侧面投影。如图 2-26b 所示,虽然 *a"b"*、*c"d"* 亦相交,但其交点不是点 *K* 的侧面投影,即点 *K* 不是两直线的共有点,故 *AB*、*CD* 不相交。

2) 很明显,*ak* : *kb* ≠ *a'k'* : *k'b'*,故点 *K* 不在直线 *AB* 上,点 *K* 不是两直线的共有点,故 *AB*、*CD* 不相交。

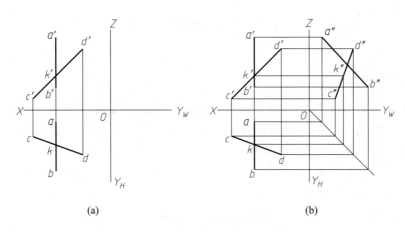

(a)　　　　　　　　　　　(b)

图 2-26　判断两直线是否相交

3. 两直线交叉

既不平行又不相交的两条直线称为两交叉直线。

如图 2-27 所示,直线 AB 和 CD 为两交叉直线,虽然它们的同面投影也相交了,但其交点不符合点的投影特性。

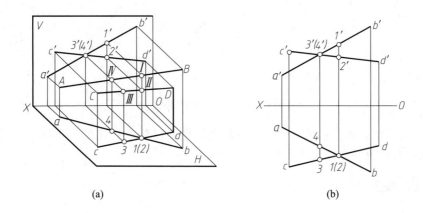

(a)　　　　　　　　　　　(b)

图 2-27　两交叉直线

两交叉直线同面投影的交点是直线上一对重影点的投影,用它可以判断空间两直线的相对位置。在图 2-27 中,直线 AB、CD 的水平投影的交点是直线 AB 上的点 Ⅰ 和直线 CD 上的点 Ⅱ(对 H 面的重影点)的水平投影 1(2),由正面投影可知,点 Ⅰ 在上,点 Ⅱ 在下,故在该处直线 AB 在直线 CD 的上方。同理,直线 AB 和直线 CD 的正面投影的交点是直线 AB 上的点 Ⅳ 和直线 CD 上的点 Ⅲ(对 V 面的重影点)的正面投影 3'(4'),由水平投影可知,点 Ⅲ 在前,点 Ⅳ 在后,故在该处直线 CD 在直线 AB 的前方。

§2-4　平面的投影

一、平面的表示法

在投影图上,通常用图 2-28 所示的以下五组几何要素中的任意一组表示一个平面的投影:

1)不在同一直线上的三点(图 2-28a);

2)一直线及直线外一点(图 2-28b);

3)两平行直线(图 2-28c);

4)两相交直线(图 2-28d);

5)平面几何图形,如三角形、四边形、圆等(图 2-28e)。

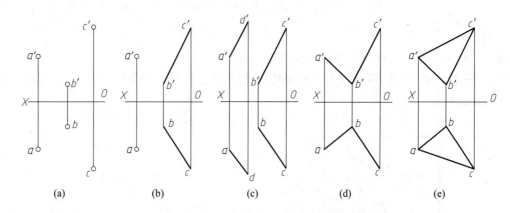

(a)　　　　(b)　　　　(c)　　　　(d)　　　　(e)

图 2-28　平面的五种表示法

以上用几何元素表示平面的五种形式彼此之间是可以相互转化的。实际上,第一种表示法是基础,后几种都可由它转化而来。

二、平面的投影特性

1. 平面对一个投影面的投影特性

平面对一个投影面的投影特性取决于平面与投影面的相对位置,可分为以下三种:

(1)平面垂直于投影面

如图 2-29a 所示,△ABC 垂直于投影面 P,它在面 P 上的投影积聚成一条直线,平面内的所有几何元素在面 P 上的投影都重合于这条直线上。这种投影特性称为积聚性。

(2)平面平行于投影面

如图 2-29b 所示,△ABC 平行于投影面 P,它在面 P 上的投影反映△ABC 的实形。这种投影特性称为实形性。

(3)平面倾斜于投影面

如图 2-29c 所示,△ABC 倾斜于投影面 P,它在面 P 上的投影与△ABC 是类似的。这种投影特性称为类似性。

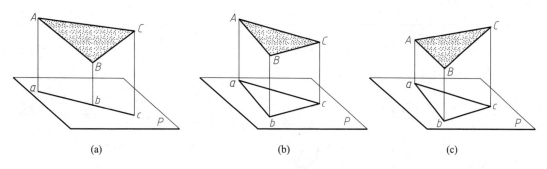

图 2-29 平面对一个投影面的投影特性

2. 平面在三投影面体系中的投影特性

平面在三投影面体系中的投影特性取决于平面对三个投影面的相对位置。根据平面与三个投影面的相对位置不同可将平面分为三类：投影面垂直面、投影面平行面和一般位置平面。投影面垂直面和投影面平行面又称特殊位置平面。

（1）投影面垂直面

垂直于某一投影面而与其余两投影面都倾斜的平面称为投影面垂直面。其中，垂直于 H 面时称为铅垂面，垂直于 V 面时称为正垂面，垂直于 W 面时称为侧垂面。它们的投影特性见表 2-3。

从表 2-3 可知，投影面垂直面的投影特性如下：

1）在其垂直的投影面上的投影积聚成与该投影面内的两根投影轴都倾斜的直线，该直线与投影轴的夹角反映空间平面对另两个投影面的倾角的实际大小。

2）在另两个投影面上的投影与平面形状相类似。

（2）投影面平行面

平行于某一投影面从而垂直于其余两个投影面的平面称为投影面平行面。其中，平行于 H 面时称为水平面，平行于 V 面时称为正平面，平行于 W 面时称为侧平面。它们的投影特性见表 2-4。

从表 2-4 可知，投影面平行面的投影特性如下：

1）在其平行的投影面上的投影反映平面的实形。

2）另外两个投影面上的投影均积聚成直线，且平行于相应的投影轴。

表 2-3　投影面垂直面的投影特性

名称	正垂面	铅垂面	侧垂面
立体图			

续表

名称	正垂面	铅垂面	侧垂面
投影图			
投影特性	正面投影积聚为直线,它与 OX、OZ 轴的夹角反映平面对 H 面、W 面的倾角 α_1、γ_1; 水平投影与侧面投影为类似形	水平投影积聚为直线,它与 OX、OY 轴的夹角反映平面对 V 面、W 面的倾角 β_1、γ_1; 正面投影与侧面投影为类似形	侧面投影积聚为直线,它与 OY、OZ 轴的夹角反映平面对 H 面、V 面的倾角 α_1、β_1; 水平投影与正面投影为类似形

表 2-4 投影面平行面的投影特性

名称	正平面	水平面	侧平面
立体图			
投影图			
投影特性	正面投影反映实形; 水平投影和侧面投影积聚成直线,并分别平行于 OX、OZ 轴	水平投影反映实形; 正面投影和侧面投影积聚成直线,并分别平行于 OX、OY_W 轴	侧面投影反映实形; 正面投影和水平投影积聚成直线,并分别平行于 OZ、OY_H 轴

（3）一般位置平面

与三个投影面都倾斜的平面称为一般位置平面。一般位置平面的投影特性为三个投影面的投影均为缩小的类似形。如图 2-30 所示，△ABC 与三个投影面都倾斜，它的三个投影的形状相类似，但都不反映 △ABC 的实形。

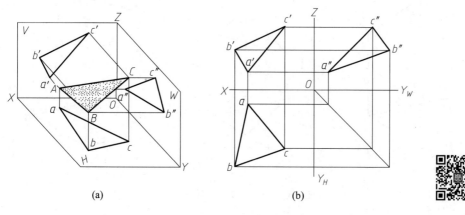

图 2-30　一般位置平面

［例 2-6］　△ABC 为一正垂面，已知其水平投影及顶点 B 的正面投影（图 2-31a），且 △ABC 对 H 面的倾角 $\alpha = 45°$，求 △ABC 的正面投影及侧面投影。

解：△ABC 为一正垂面，它的正面投影应积聚成直线，且该直线与 OX 轴的夹角为 45°。

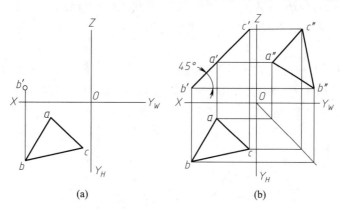

图 2-31　求作正垂面

作图：如图 2-31b 所示，过 b′ 作与 OX 轴成 45° 的直线，再分别过 a、c 作 OX 轴的垂线与其相交于 a′、c′，则得 △ABC 的正面投影。分别求出各顶点的侧面投影并连接，便得 △ABC 的侧面投影。

三、平面内的直线与点

1. 平面内取直线

具备下列条件之一的直线必位于给定的平面内：

1）直线通过一平面内的两个点；

2）直线通过平面内的一个点且平行于平面内的某条直线。

［例 2-7］ 已知平面由相交两直线 AB、AC 给出,在平面内任意作一条直线(图 2-32a)。

解:可用下面两种作图方法:

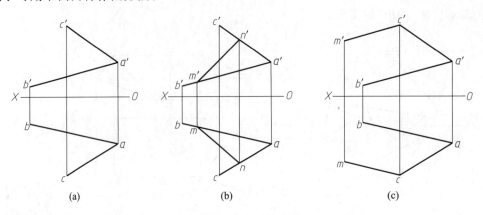

图 2-32 平面内取任意直线

1）在平面内任找两个点连线(图 2-32b)。

在直线 AB 上任取一点 $M(m,m')$,在直线 AC 上任取一点 $N(n,n')$,用直线连接 M、N 的同面投影,直线 MN 即为所求。

2）过面内一点作面内已知直线的平行线(图 2-32c)。

过点 C 作直线 $CM /\!/ AB$($cm /\!/ ab$,$c'm' /\!/ a'b'$),直线 CM 即为所求。

［例 2-8］ 已知平面由 $\triangle ABC$ 给出,在平面内作一条正平线,并使其到 V 面的距离为 10 mm (图 2-33a)。

解:平面内的投影面平行线应同时具有投影面平行线和平面内直线的投影特性。因此,所求直线的水平投影应平行于 OX 轴,且到 OX 轴的距离为 10 mm,其与直线 ab、ac 分别交于 m 和 n。过 m、n 分别作 OX 轴的垂线与 $a'b'$、$a'c'$ 交于 m'、n',连接 mn、$m'n'$,即为所求。

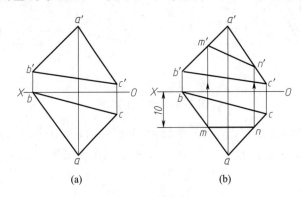

图 2-33 在平面内取正平线

2. 平面内取点

点位于平面内的几何条件是点位于平面内的某条直线上,因此点的投影也必须位于平面内该条直线的同面投影上。所以,在平面内取点应首先在平面内取直线,然后再在该直线上取符合要求的点。

［例 2-9］ 已知点 K 位于 $\triangle ABC$ 内,求点 K 的水平投影(图 2-34a)。

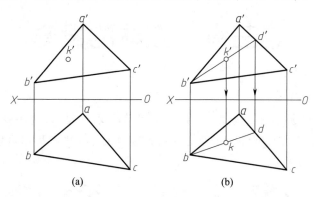

图 2-34 平面内取点

解:在平面内过点 K 任意作一条辅助直线,点 K 的投影必在该直线的同面投影上。

作图:如图 2-34b 所示,连接 $b'k'$ 与 $a'c'$ 交于 d',求出直线 AC 上点 D 的水平投影 d,按投影关系在 bd 上求得点 K 的水平投影 k。

［例 2-10］ 已知 $\triangle ABC$ 的两面投影,在 $\triangle ABC$ 内取一点 M,并使其到 H 面和 V 面的距离均为10 mm(图 2-35a)。

解:平面内的正平线是平面内与 V 面等距离的点的轨迹,故点 M 位于平面内距 V 面为 10 mm 的正平线上。点的正面投影到 OX 轴的距离反映点到 H 面的距离。

作图:如图 2-35b 所示,在 $\triangle ABC$ 内取距 V 面 10 mm 的正平线 DE,在正面投影面上作与 OX 轴相距为 10 mm 直线与 $d'e'$ 交于 m',即得点 M 的正面投影,按投影关系在 de 上确定点 M 的水平投影 m。

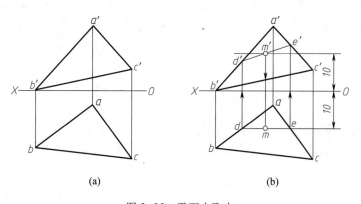

图 2-35 平面内取点

第三章　立体的投影

生产中的机械零件,尽管种类繁多、形状各异,但都可看作是由一些基本体经过切割、相交等组合而成的,如图 3-1 所示的机件。本章着重介绍基本体、切割体及相贯体的投影及其三视图的画法。

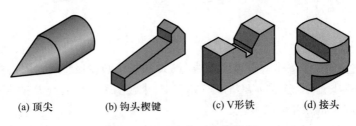

(a) 顶尖　　(b) 钩头楔键　　(c) V形铁　　(d) 接头

图 3-1　由基本体组成的机件

§3-1　平面立体的投影

表面由平面所围成的实体称为平面立体。平面立体上两相邻平面的交线称为棱线。平面立体包含棱柱和棱锥两类。

由于平面立体表面是平面,故画平面立体的三视图可归结为画出各平面间的交线(棱线)和各顶点的投影,然后判别可见性,将可见棱线的投影画成粗实线,不可见的投影画成细虚线。

为了便于画图和看图,在绘制平面立体三视图时,应尽可能地将它的一些棱面或棱线放置于与投影面平行或垂直的位置。

一、棱柱

常见的棱柱为直棱柱,它的顶面和底面是两个全等且互相平行的多边形,称为特征面,各侧面为矩形,侧棱垂直于底面。顶面和底面为正多边形的直棱柱,称为正棱柱。

1. 棱柱的投影

如图 3-2a 所示,正六棱柱的顶面和底面为正六边形的水平面,前、后两个矩形侧面为正平面,其他侧面为矩形的铅垂面。

如图 3-2b 所示,水平投影的正六边形线框是六棱柱顶面和底面的重合投影,反映实形,为六棱柱的特征面,称为特征视图。六边形的边和顶点是六个侧面和六条侧棱的积聚投影。

正面投影的三个矩形线框是六棱柱六个侧面的投影,中间的矩形线框为前、后侧面的重合投影,反映实形。左、右两矩形线框为其余四个侧面的重合投影,是类似形。而正面投影中上、下两条图线是顶面和底面的积聚投影,另外四条图线是六条侧棱的投影。

2. 棱柱表面上点的投影

由于直棱柱的表面都处于特殊位置,所以棱柱表面上点的投影均可利用平面投影的积聚性来作图。

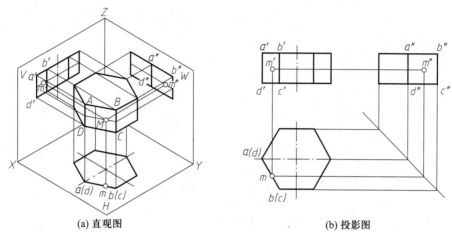

(a) 直观图　　　　　　　　(b) 投影图

图 3-2　正六棱柱的投影

在判别可见性时,若平面处于可见位置,则该面上点的同面投影也是可见的;反之,为不可见。在平面积聚投影上的点的投影,不必判别其可见性。

如图 3-2b 所示,已知六棱柱侧面 *ABCD* 上点 *M* 的 *V* 面投影 *m'*,求该点的 *H* 面投影 *m* 和 *W* 面投影 *m"*。

由于点 *M* 所属棱柱面 *ABCD* 为铅垂面,因此点 *M* 的 *H* 面投影 *m* 必在该棱柱面的 *H* 面投影 *abcd*(积聚为一条直线)上,再根据 *m'* 和 *m* 求出 *W* 面投影。由于 *ABCD* 面的 *W* 面投影为可见,故 *m"* 也为可见。

二、棱锥

棱锥的底面为多边形,各侧面为若干具有公共顶点的三角形。从棱锥顶点到底面的距离称为锥高。当棱锥底面为正多边形,各侧面是全等的等腰三角形时,称为正棱锥。

1. 棱锥的投影

图 3-3a 所示为一个正三棱锥的三面投影直观图。该三棱锥的底面为等边三角形,三个侧面为全等的等腰三角形,图中将其放置成底面平行于 *H* 面,并有一个侧面垂直于 *W* 面。

图 3-3b 所示为该三棱锥的投影图。由于锥底面 △*ABC* 为水平面,所以它的 *H* 面投影 △*abc* 反映了底面的实形,*V* 面和 *W* 面分别积聚成平行 *X* 轴和 *Y* 轴的直线段 *a'b'c'* 和 *a"(c")b"*。锥体的后侧面 △*SAC* 为侧垂面,它的 *W* 面投影积聚为一段斜线 *s"a"(c")*,它的 *V* 面和 *H* 面投影分别为类似形 △*s'a'c'* 和 △*sac*,前者为不可见,后者为可见。左、右两个侧面为一般位置平面,它在三个投影面上的投影均是类似形。

画棱锥投影时,一般先画底面的各个投影,然后定锥顶 *S* 的各个投影,同时将它与底面各顶点的同面投影连接起来,即可完成。

2. 棱锥表面上点的投影

凡属于特殊位置表面上的点,可利用投影的积聚性直接求得其投影;而属于一般位置表面上

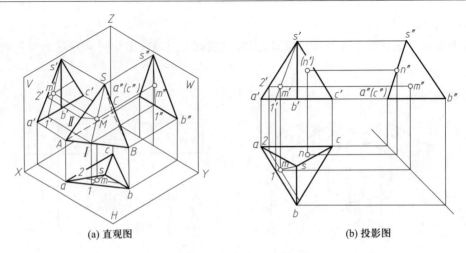

(a) 直观图　　　　　　　　　　(b) 投影图

图 3-3　正三棱锥的投影

的点,可通过在该面上作辅助线的方法求得其投影。

如图 3-3b 所示,已知棱面 △SAB 上点 M 的 V 面投影 m′和棱面 △SAC 上点 N 的 H 面投影 n,求作 M、N 两点的其余投影。

由于点 N 所在棱面 △SAC 为侧垂面,可借助该平面在 W 面上的积聚投影求得 n″,再由 n 和 n″求得 n′。由于点 N 所属棱面 △SAC 的 V 面投影看不见,所以 n′为不可见。

点 M 所在平面 △SAB 为一般位置平面,如图 3-3a 所示,过锥顶 S 和点 M 引一直线 SI,作出 SI 的有关投影,根据点在直线上的从属性质求得点的相应投影。具体作图方法如图 3-3b 所示,过 m′作 s′1′,由 s′1′求作 H 面投影 s1,再由 m′作投影连线交于 s1 上点 m,最后由 m 和 m′求得 m″。

另一种作图方法是过点 M 作 M II 线平行于 AB,也可求得点 M 的 m 和 m″,具体作图方法如图 3-3b 所示。由于点 M 所属棱面 △SAB 在 H 面和 W 面上的投影是可见的,所以点 m 和 m″也是可见的。

3. 棱锥台

棱锥台可看成是由平行于棱锥底面的平面截去锥顶一部分而形成的,由正棱锥截得的棱台称为正棱台。其顶面与底面为互相平行的相似多边形,侧平面为等腰梯形。

图 3-4b 所示为四棱锥台投影图。四棱锥台的顶面和底面为水平面,H 面投影为两矩形线框,反映实形。V 面、W 面投影分别积聚为横向直线段。左、右侧面为正垂面,V 面投影积聚成两条斜线,H 面和 W 面的投影为等腰梯形,是类似形。前、后侧面及四条侧棱的投影,分析方法相同。

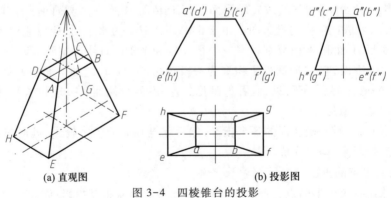

(a) 直观图　　　　　　　　　　(b) 投影图

图 3-4　四棱锥台的投影

§3-2 回转体的投影

回转体的曲表面是由一母线绕定轴旋转而成的回转面。常见的回转体有圆柱、圆锥、圆环和球等。由于回转体的侧面是光滑曲面,因此画投影图时,仅画曲面上可见面和不可见面的分界线的投影,这种分界线称为转向轮廓线。

一、圆柱

1. 形成和投影分析

圆柱的表面是圆柱面和上、下底面。圆柱面可以看成是由一直线绕与它平行的轴线回转而成,如图 3-5a 所示。因此,圆柱面上的素线都是平行于轴线的直线。

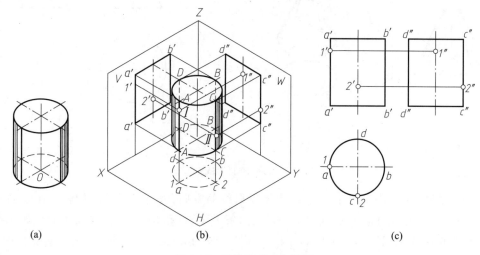

图 3-5 圆柱的形成和投影

从图 3-5b 可以看出,圆柱的水平投影是圆,是上、下底圆面的水平投影,也是圆柱面积聚性投影;正面投影和侧面投影这两个矩形的四条直线,分别是圆柱的上、下底面和圆柱面对正面和侧面的转向轮廓线的投影。图 3-5c 中的点 Ⅰ、Ⅱ,分别位于对正面和侧面的一条转向轮廓线上。要注意的是,任何回转体的投影中,必须用细点画线画出轴线和圆的对称中心线。

2. 圆柱面上取点

图 3-6 表示已知圆柱面上两点 Ⅰ 和 Ⅱ 的正面投影 1′ 和 2′,求作其余两投影的方法。

由于圆柱面的水平投影积聚为圆,因此利用"长对正"即可求出点的水平投影 1 和 2,再根据点的正面投影和水平投影,求得侧面投影 1″ 和 2″。由于点 Ⅱ 在圆柱面的右半部,其侧面投影为不可见。

二、圆锥

1. 形成和投影分析

圆锥的表面包含圆锥面和底面两部分。圆锥面是由直线绕

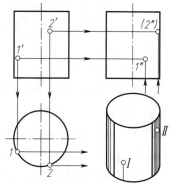

图 3-6 圆柱面上取点的作图方法

与它相交的轴线回转一周而成的,如图 3-7a 所示。因此,圆锥面的素线都是通过锥顶的直线。

图 3-7c 所示是轴线垂直于水平面的圆锥的三面投影,其正面投影和侧面投影是相同的等腰三角形,水平投影为圆。

从图 3-7b 可知,在正面投影中,等腰三角形的两腰是圆锥面上最左和最右两条素线 SA 和 SB 的投影,通过这两条线上所有点的投射线都与圆锥面相切,称为转向轮廓线。回转面的转向轮廓线的性质和投影特点如下:

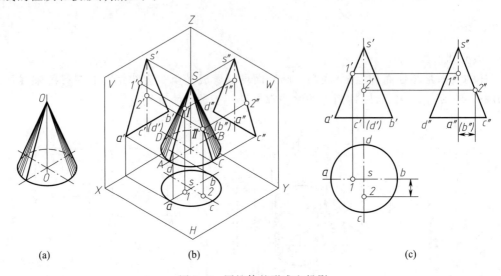

图 3-7　圆锥体的形成和投影

1) 转向轮廓线在回转面上的位置取决于投射线的方向,因而是对某一投影面而言的。素线 SA 和 SB 是对 V 面的转向轮廓线,而最前和最后两条素线 SC 和 SD 则是对 W 面的转向轮廓线。

2) 转向轮廓线是回转面上可见部分和不可见部分的分界线。当轴线平行于投影面时,转向轮廓线所决定的平面与相应投影面平行,并且是回转面的对称面。例如素线 SA 和 SB 与 V 面平行,它们所决定的平面将圆锥分成前、后两半。因此,对于母线与轴线处于同一平面内形成的回转面,转向轮廓线的投影反映母线的实形及母线与轴线的相对位置。

3) 转向轮廓线的三面投影应符合投影面平行线(或面)的投影特性,其余两投影与轴线或圆的对称中心线重合。

初学者在掌握转向轮廓线空间概念的基础上,必须熟悉它们的投影关系,为以后的学习打下基础。图 3-7c 所示的点 I 和点 II 的三个投影,主要目的是表明圆锥面上转向轮廓线 SA 和 SC 的投影关系。

2. 圆锥面上取点

图 3-8 为圆锥面上取点的作图原理。由于圆锥面的各个投影都不具有积聚性,因此取点时必须先作辅助线,再在辅助线上取点,这与在平面内取点的作图方法类似。对于轴线垂直于投影面的回转面,通用的辅助线是纬圆。圆锥面还可以采用素线作为辅助线。

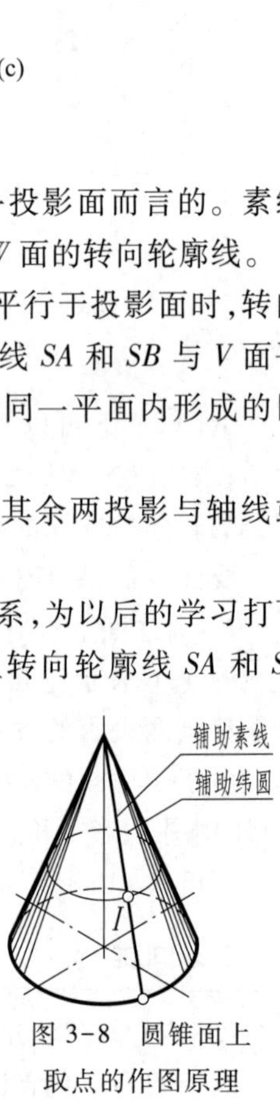

如图 3-9 所示,已知圆锥面上点 I 的正面投影 1′,应用辅助纬圆求其余两投影的作图步骤。

图 3-8　圆锥面上取点的作图原理

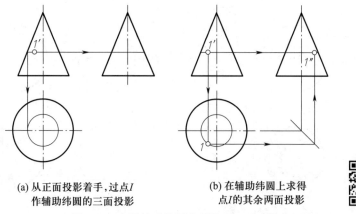

(a) 从正面投影着手,过点*I*
　　作辅助纬圆的三面投影

(b) 在辅助纬圆上求得
　　点*I*的其余两面投影

图 3-9　应用辅助纬圆在圆锥面上取点的作图方法

三、圆球(简称球)

1. 形成和投影分析

球的表面是球面。球面可以看成由半圆绕其直径回转一周而成,如图 3-10a 所示。

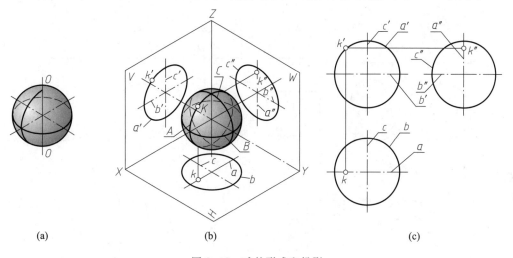

(a)　　　　　　　　　　(b)　　　　　　　　　　(c)

图 3-10　球的形成和投影

图 3-10c 是球的三面投影,它们都是大小相同的圆,圆的直径都等于球的直径。从图 3-10b 可以看出,球面对三个投影面的转向轮廓线都是平行于相应投影面的最大的圆,它们的圆心就是球心。例如,球对 *V* 面的转向轮廓线就是平行于 *V* 面的最大圆 *A*,其正面投影 *a'* 确定了球的正面投影范围,水平投影 *a* 与相应圆的水平中心线重合,侧面投影 *a''* 与相应圆的铅垂中心线重合。球对 *H* 面和 *W* 面的转向轮廓线也可作类似分析。图 3-10c 画出了对 *V* 面转向轮廓线上点 *K* 的三个投影。

2. 球面上取点

图 3-11 表示已知球面上点 *I* 的正面投影 *1'*,求作其水平投影 *1* 和侧面投影 *1''* 的方法。由于通过球心的直线都可以看作球的轴线,在这个图中,辅助纬圆平行于 *H* 面。作图方法和步骤与图 3-9 的作图方法和步骤完全相同。

图 3-12 则是利用平行于 *V* 面的辅助纬圆来作图(可和图 3-11 进行比较)。

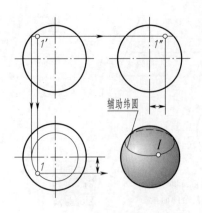
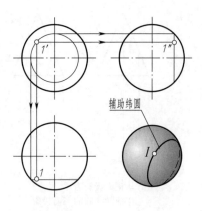

图 3-11 利用平行于 *H* 面的辅助   图 3-12 利用平行于 *V* 面的辅助纬圆
            纬圆取点的作图方法   取点的作图方法

四、不完整曲面立体的投影

图 3-13 所示是工程上常见的几种不完整曲面立体的投影。

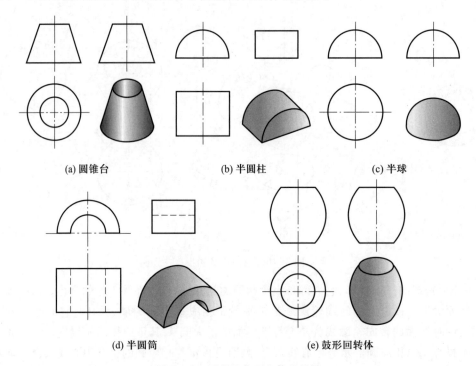

(a) 圆锥台   (b) 半圆柱   (c) 半球

(d) 半圆筒   (e) 鼓形回转体

图 3-13   不完整曲面立体的投影

五、基本体的尺寸标注

任何立体都有长、宽、高三个方向的尺寸。在视图上标注立体的尺寸时,应将其三个方向的尺寸标注齐全,但每一尺寸在图上只能注一次。

1. 平面立体的尺寸注法

平面立体一般应标注其长、宽、高三个方向的尺寸,常见平面立体的尺寸标注方法如图 3-14 所示。

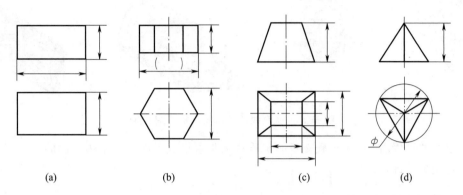

(a)　　　　　(b)　　　　　(c)　　　　　(d)

图 3-14　几种常见平面立体的尺寸标注方法

2. 曲面立体的尺寸注法

曲面立体的直径一般应注在投影为非圆的视图上,并在尺寸数字前加注直径符号"ϕ",球面直径应加注"$S\phi$"。常见的几种曲面立体的尺寸标注方法如图 3-15 所示。

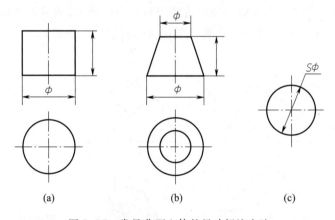

(a)　　　　　(b)　　　　　(c)

图 3-15　常见曲面立体的尺寸标注方法

§3-3　切割体的投影

一、切割体及截交线的概念

基本体被平面截切后的部分称为切割体,截切基本体的平面称为截平面,基本体被截切后的断面称为截断面,截平面与立体表面的交线称为截交线,如图 3-16 所示。

截交线的形状与基本体表面性质及截平面的位置有关,但任何截交线都具有下列两个基本性质:

1)任何基本体的截交线都是一个封闭的平面图形(平面折线、平面曲线或两者的组合);

2)截交线是截平面与立体表面的共有线。

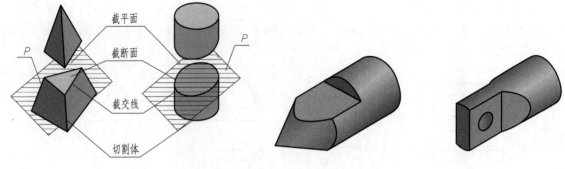

图 3-16　截交线的基本概念及零件示例

　　由以上性质可以看出,求画截交线的实质就是要求出截平面与基本体表面的一系列共有点,然后依次连接各点即可。

二、平面切割体的投影

　　由于平面立体的表面都是由平面所组成的,所以它的截交线是由直线围成的封闭的平面多边形。多边形的各个顶点是截平面与平面立体的棱线或底边的交点,多边形的每一条边是平面立体表面与截平面的交线。因此,求平面立体切割后的投影,首先要求出平面立体的截交线的投影,即求出截平面与平面立体上被截各棱线或底边的交点的投影,然后依次相连。

　　[例 3-1]　试求正四棱锥被一正垂面 P 截切后的投影(图 3-17)。

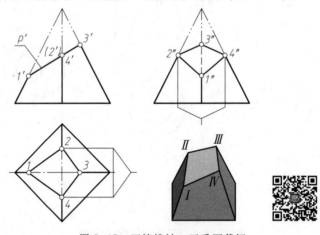

图 3-17　四棱锥被一正垂面截切

　　解:(1)空间及投影分析

　　因截平面 P 与四棱锥四个侧面相交,所以截交线为四边形,它的四个顶点即为四棱锥的四条棱线与截平面 P 的交点。

　　截平面垂直于 V 面,而倾斜于 W 面和 H 面。所以,截交线的正面投影积聚在 p' 上,而其侧面投影和水平投影则具有类似形。

　　(2)作图

　　先画出完整正四棱锥的三个投影。

　　因截平面 P 的正面投影具有积聚性,所以截交线四边形的四个顶点 Ⅰ、Ⅱ、Ⅲ、Ⅳ 的正面投影 $1'$、$2'$、$3'$、$4'$ 可直接得出,据此即可在水平投影上和侧面投影上分别求出 1、2、3、4 和 $1''$、$2''$、$3''$、$4''$。将顶点的同面投影依次连接起来,即得截交线的投影。在三个投影上擦去被截平面 P 截去的投影,即完成作图,注意侧面投影上的细虚线不要遗漏。具体作图请参考图 3-17。

　　[例 3-2]　试求四棱锥被两平面截切后的投影(图 3-18)。

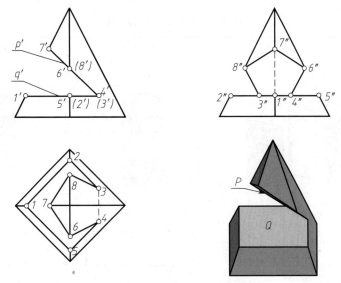

图 3-18　四棱锥被两平面截切

　　解:(1)空间及投影分析

　　四棱锥被两平面截切。截平面 P 为正垂面,其与四棱锥的四个侧面的交线与前例相似。截平面 Q 为水平面,与四棱锥底面平行,所以其与四棱锥的四个侧面的交线平行于底面四边形的对应边,利用平行线的投影特性很容易求得。此外,还应注意两平面 P、Q 相交亦会有交线,所以平面 P 和平面 Q 截出的截交线均为五边形。

　　平面 P 为正垂面,其截交线投影特性同前例分析;平面 Q 为水平面,其截交线正面投影和侧面投影皆具有积聚性,水平投影则反映截交线的实形。

　　(2)作图

　　画出完整四棱锥的三个投影。

　　先求平面 Q 截四棱锥后的截交线。可由正面投影 $1'$ 在俯视图上求 1,由 1 作四边形与底面四边形对应边平行可得点 1、2、5,由平面 Q 与平面 P 的交线 Ⅲ Ⅳ 的正面投影 $3'(4')$ 可在俯视图上求得 34。所求 12345 即为截交线在水平投影面上的投影。其正面投影和侧面投影分别为 $1'2'3'4'5'$ 和 $1''2''3''4''5''$。再求平面 P 截四棱锥后的截交线,可按前例方法求出 $6'7'8'$、$6''7''8''$ 及 678。将各点 Ⅲ、Ⅳ、Ⅵ、Ⅶ、Ⅷ 的同面投影依次连接起来,即得截交线在三个投影面上的投影。

　　注意:平面 Q 与平面 P 交线的水平投影 34 应为细虚线。在侧面投影上的细虚线也不要遗漏。

三、回转切割体的投影

　　回转体的表面是曲面或曲面加平面,它们切割后的截交线一般是封闭的平面曲线或平面曲线与直线围成的平面图形。求截交线的实质,就是要求出截平面与回转体上各被截素线的交点,然后依次光滑相连。

1. 圆柱切割体

根据截平面与圆柱轴线的相对位置不同,圆柱切割后其截交线有三种不同的形状,见表 3-1。

表 3-1 平面与圆柱的交线

截平面的位置	平行于轴线	垂直于轴线	倾斜于轴线
截交线的形状	矩 形	圆	椭 圆
立体图			
投影图			

当截平面与圆柱轴线垂直相交时,其截交线为圆;当截平面与圆柱轴线倾斜相交时,其截交线为椭圆;当截平面与圆柱轴线平行时,其截交线为矩形(其中两对边为圆柱面的素线)。

[例 3-3] 求一正垂面 P 斜切圆柱的截交线的投影(图 3-19)。

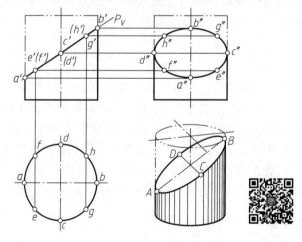

图 3-19 斜切圆柱的投影

解：圆柱被正垂面 P 截断，由于截平面 P 与圆柱轴线倾斜，故所得的截交线是一椭圆，它既位于截平面 P 上，又位于圆柱面上。因截平面 P 在 V 面上的投影有积聚性，故截交线的 V 面投影应与 P_v 重合。圆柱面的 H 面投影有积聚性，截交线的 H 面投影与圆柱面的 H 面投影重合。所以，只需求出截交线的 W 面投影。如图 3-19 所示，其作图过程如下：

1）作截交线的特殊点。特殊点通常指截交线上一些能确定截交线形状和范围的特殊位置点，如最高、最低、最前、最后、最左和最右点，以及轮廓线上的点。对于椭圆首先应求出长、短轴的四个端点。因长轴的端点 A、B 是椭圆的最低点和最高点，位于圆柱的最左、最右两素线上；短轴两端点 C、D 是椭圆最前点和最后点，位于圆柱的最前、最后两素线上。这四点在 H 面上的投影分别是 a、b、c、d，在 V 面上的投影分别是 a'、b'、c'、d'。根据对应关系，可求出在 W 面上的投影 a''、b''、c''、d''。求出了这些特殊点，就确定了椭圆的大致范围。

2）求一般点。为了准确地作出截交线，在特殊点之间还需求出适当数量的一般点。如图 3-19 所示，在截交线的水平投影上，取对称于中心线的四点 e、f、g、h，按投影关系可找到其正面投影 e'、f'、g'、h'，再求出侧面投影 e''、f''、g''、h''。

3）依次光滑连接各点，即可得截交线的侧面投影。

［例 3-4］ 在圆柱体上开出一方形槽，已知其正面投影和侧面投影，求作水平投影（图 3-20）。

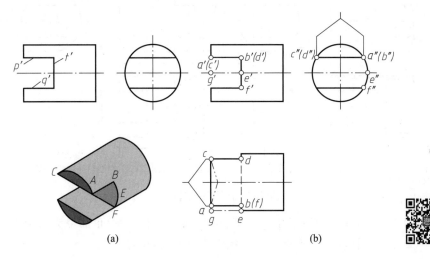

图 3-20 求圆柱上开一方形槽的投影

解：（1）空间及投影分析

由图中可以看出，方形槽是由两个与轴线平行的平面 P、Q 和一个与轴线垂直的平面 T 切出的。前者与圆柱面的交线是两条平行直线，后者与圆柱面的交线是圆弧。截平面 P 和 Q 为水平面，所以截交线的正面投影分别积聚在 p' 和 q' 上。同时，由于圆柱面的侧面投影具有积聚性，所以截交线的侧面投影都积聚在圆上。截平面 T 是一侧平面，所以截交线的正面投影积聚在 t' 上，侧面投影则积聚在圆上。

（2）作图

先画出完整圆柱的水平投影，再画出截交线的水平投影。根据 a'、b'、a''、b'' 和 c'、d'、c''、d'' 画

出 a、b 和 c、d。再根据 b'、e'、f' 和 b''、e''、f'' 画出 b、e、f。

作图时应注意圆柱的轮廓 GE 一段被截去(与之对称的一段轮廓未画,其情况相同),所以在 $g'e'$ 和 ge 一段没有轮廓线的投影。具体作图可见图 3-20。

［例 3-5］　求作圆柱切割后的投影(图 3-21)。

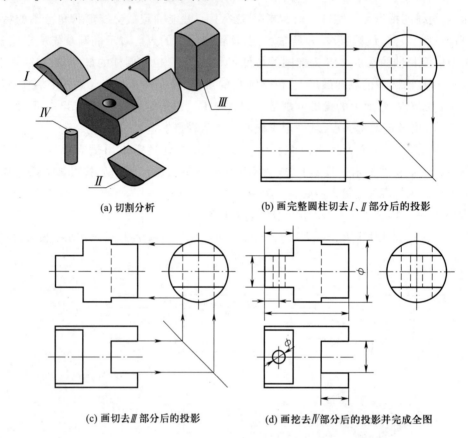

(a) 切割分析　　　　　　　　(b) 画完整圆柱切去 I、II 部分后的投影

(c) 画切去 III 部分后的投影　　　　(d) 画挖去 IV 部分后的投影并完成全图

图 3-21　求圆柱切割后的投影

从图中可以看出,该圆柱被切去了 I、II、III、IV 四部分形体。I、II 部分为由两平行于圆柱轴线的平面和一垂直于圆柱轴线的平面切割圆柱而成,切口为矩形。

III 部分是由两平行于轴线的平面和一垂直于轴线的平面切割圆柱而成的,即在圆柱右端开一个槽,切口亦为矩形。IV 部分是在切割 I、II 部分的基础上再挖去的一个小圆柱。如图 3-21 所示,其作图过程如下:

1) 画出整个圆柱的三个投影,并切去 I、II 部分(图 3-21b);

2) 画切去 III 部分后的投影(图 3-21c);

3) 画挖去 IV 部分后的投影,并完成全图(图 3-21d)。

2. 圆锥切割体

截平面切割圆锥时,根据截平面与圆锥轴线位置的不同,与圆锥面的交线有五种情形,见表 3-2。

表 3-2 平面与圆锥的交线

截平面的位置	过锥顶	不 过 锥 顶			
		$\theta = 90°$	$\theta > \alpha$	$\theta = \alpha$	$\theta < \alpha$
截交线的形状	相交两直线	圆	椭圆	抛物线	双曲线
立体图	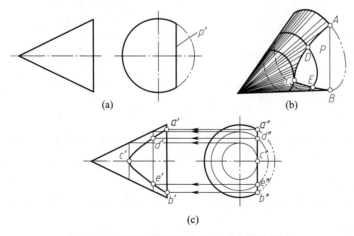				
投影图					

下面举例说明平面与圆锥面的交线投影的作图方法。

[例 3-6] 求作圆锥切割后的投影(图 3-22)。

解:(1)空间及投影分析

从侧面投影可以看出,平面 P 是平行于轴线的正平面,它与圆锥面的交线为双曲线,与圆锥底面的交线为直线段,如图 3-22b 所示。

图 3-22 平面与圆锥轴线平行时交线的画法

(2)作图(图 3-22c)

1)作特殊点。特殊点为 A、B、C 三点。点 C 是双曲线的顶点,在圆锥对 H 面的转向轮廓线上;点 A 和点 B 为双曲线的端点,在圆锥底圆上,这三点也是极限点。a'、b'可直接由 a''、b''求得。由于未画水平投影, c' 必须通过辅助纬圆求得,这个纬圆的侧面投影应通过 c'',并与直线 $a''b''$ 相切。

2) 求一般点。从双曲线的侧面投影入手,用在圆锥面上取点的方法。图中示出了在侧面投影上任取一点 d'',利用辅助纬圆求得 d' 的方法,同时还得到了与 d' 对称的另一点 e'。

3) 依次光滑连接各共有点的正面投影,完成作图。

3. 球切割体

平面与球面的交线总是圆。图 3-23 所示是球面与投影面平行面(水平面 Q 和侧平面 P)相交时交线投影的基本作图方法。

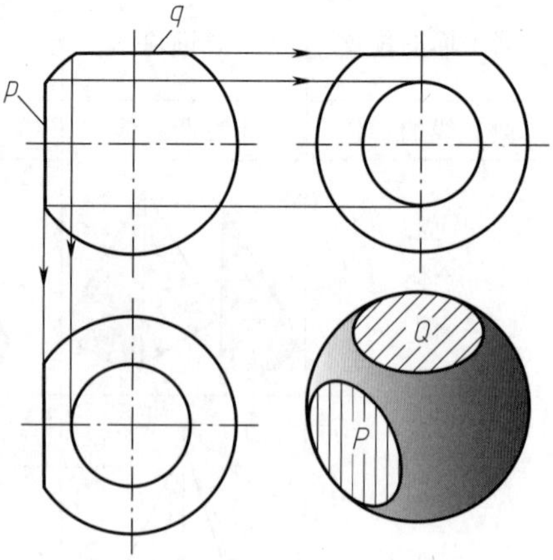

[例 3-7]　画出图 3-24a 所示立体的投影。

解:(1)空间分析

该立体是在半个球的上部开出一个方槽后形成的。左右对称的两个侧平面 P 和水平面 Q 与球面的交线都是圆弧, P 和 Q 彼此相交于直线段。

图 3-23　平面与球面交线的基本作图

(2)作图

先画出立体的三个投影,再根据方槽的正面投影作出其水平投影和侧面投影。

1) 完成侧平面 P 的投影(图 3-24b)。由分析可知,平面 P 的边界由平行于侧面的圆弧和直线组成。先由正面投影作出侧面投影(要注意圆弧半径的求法,可与图 3-23 中的截平面 P 的求法进行对照),其水平投影的两个端点应由其余两个投影来确定。

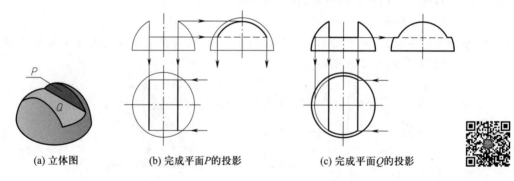

(a) 立体图　　　　(b) 完成平面 P 的投影　　　　(c) 完成平面 Q 的投影

图 3-24　球上开槽的画法

2) 完成水平面 Q 的投影(图 3-24c)。由分析可知,平面 Q 的边界是由相同的两段水平圆弧和两段直线组成的对称形。作水平投影时,也要注意圆弧半径的求法(可与图 3-23 中的截平面 Q 的求法进行对照)。

还应注意,球面对 W 面的转向轮廓线在开槽时已切去,在侧面投影上已不存在。

四、切割体的尺寸标注

切割体除了要标注基本体的尺寸外,还要标注切口(截切)位置尺寸。因为截平面与立体的相对位置确定后,截交线已完全确定,所以不能标注截交线形状大小的尺寸。常见切割体的尺寸标注如图 3-25 所示。

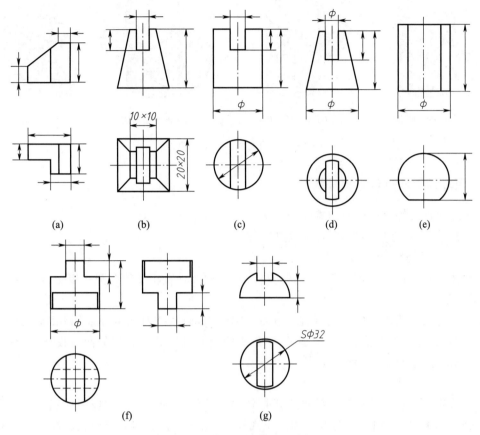

(a)   (b)   (c)   (d)   (e)

(f)   (g)

图 3-25　常见切割体的尺寸标注

§3-4　相贯体的投影

两个相交的立体称为相贯体,相交两立体表面产生的交线称为相贯线。本节着重介绍两立体相贯线的性质和作图方法(图 3-26)。

一、相贯线的几何性质及其求法

两立体的相贯线有以下性质:

1)由于相交两立体总有一定大小的限制,所以相贯线一般为封闭的空间曲线(图 3-27a)。特殊情况下可能是不封闭的(图 3-27b),也可能是平面曲线或直线(图 3-27c、d)。

2)由于相贯线是两立体表面的交线,故相贯线是两立体表面的共有线,相贯线上的点是立体表面上的共有点。求画相贯线的实质,就是要求出两立体表面一系列的共有点。常采用以下方法:立体表面取点法、辅助平面法和辅助球面法,这里只介绍前两种方法。

图 3-26　相贯线及零件示例

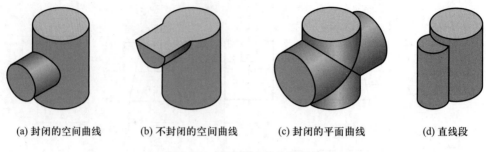

|(a) 封闭的空间曲线|(b) 不封闭的空间曲线|(c) 封闭的平面曲线|(d) 直线段|

图 3-27　两曲面立体的相贯线

二、用表面上取点法求相贯线

1. 两圆柱轴线垂直相交时相贯线的画法

图 3-28 所示为两轴线互相垂直的两圆柱相交。

（1）空间及投影分析

1）形体分析。由图中可以看出，这是直径不同、轴线垂直相交的两圆柱相交，相贯线为一封闭的空间曲线。

2）投影分析。大圆柱的轴线垂直于 H 面，小圆柱的轴线垂直于 W 面，所以相贯线的水平投影和大圆柱的水平投影重合，为一段圆弧，相贯线的侧面投影和小圆柱的侧面投影重合，为一个圆。要求作的是相贯线的正面投影。

（2）作图

1）作特殊点。相贯线上的特殊点主要是转向轮廓线上的共有点和极限位置点。大圆柱的左转向轮廓线和小圆柱相交于两点 Ⅰ、Ⅲ，小圆柱的上、下、前、后四条转向轮廓线和大圆柱交于四点 Ⅰ、Ⅲ、Ⅱ、Ⅳ，因此相贯线在轮廓线上的共有点有 Ⅰ、Ⅲ、Ⅱ、Ⅳ四个，也是极限位置点，其水平投影和侧面投影都已知，利用面上取点的方法，由已知投影 1、2、3、4 和 1″、2″、3″、4″，求得 1′、2′、3′、4′，如图 3-28a 所示。

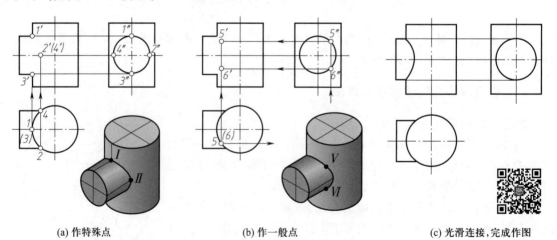

|(a) 作特殊点|(b) 作一般点|(c) 光滑连接，完成作图|

图 3-28　两圆柱轴线垂直相交时的相贯线

2）作一般点。根据需要作出适当数量的一般点,图 3-28b 中表示了作一般点 V、Ⅵ 的方法,即先在相贯线的已知投影如水平投影中取重影点 5、(6),根据"宽相等"求出侧面投影 5″、6″,然后作出 5′、6′。

3）顺次光滑连接,判别可见性。根据具有积聚性投影的顺序,依次光滑连接各点的正面投影,即完成作图,由于相贯线前后对称,因而其正面投影虚、实线重合,如图 3-28c 所示。

（3）近似画法

当两圆柱的直径差别较大,并对相贯线形状的准确度要求不高时,允许采用近似画法。即用圆心位于小圆柱的轴线上,且半径等于大圆柱半径的圆弧代替相贯线的投影。画图过程如图 3-29所示。

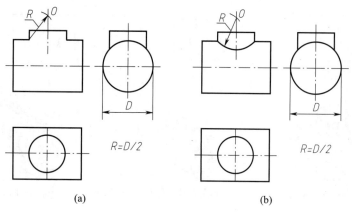

(a)　　　　　　　(b)

图 3-29　相贯线的近似画法

2. 两圆柱垂直相交时直径对相贯线的影响

两圆柱垂直相交时,相贯线的形状取决于它们直径的相对大小和轴线的相对位置。图 3-30 表示相交两圆柱的直径相对变化,相贯线的形状和位置也随之变化。

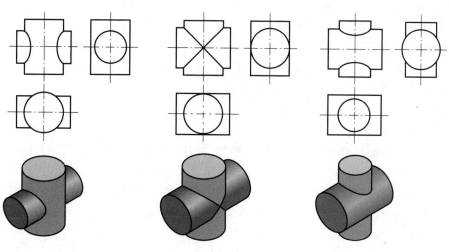

(a) 垂直圆柱的直径较大,相贯线为左、右两条空间曲线　　(b) 两圆柱直径相等,相贯线为两个相互垂直的椭圆　　(c) 垂直圆柱的直径较小,相贯线为上、下两条空间曲线

图 3-30　垂直相交两圆柱的直径变化时对相贯线的影响

3. 两圆柱相交的三种形式

两圆柱相交可能是外圆柱面相交,也可能是内圆柱面相交,也可能是外圆柱面与内圆柱面相交,图 3-31 所示为两圆柱相交的三种情况。图 3-31a 为两外圆柱面相交,图 3-31b 为外圆柱面与内圆柱面相交,图 3-31c 为两内圆柱面相交,它们虽有内、外表面的不同,但由于两圆柱面的直径大小和轴线相对位置不变,因此它们交线的形状和特殊点是完全相同的。

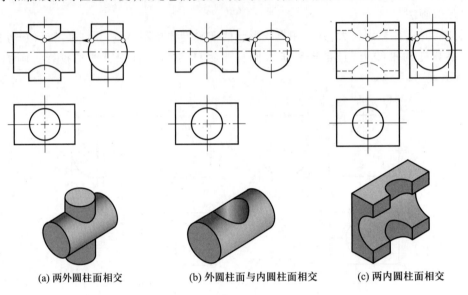

(a) 两外圆柱面相交　　　　(b) 外圆柱面与内圆柱面相交　　　　(c) 两内圆柱面相交

图 3-31　两圆柱相交的三种情况

三、用辅助平面法求相贯线

所谓辅助平面法,就是根据三面共点的原理,利用辅助平面求出两曲面体表面上若干共有点,从而画出相贯线的投影的方法。

辅助平面法的作图步骤:

1)作辅助平面与两相贯的立体相交。

为了作图简便,一般取特殊位置平面为辅助平面(通常为投影面平行面),并使辅助平面与相贯立体表面的交线的投影简单易画(圆或直线)。

2)分别求出辅助平面与相贯的两个立体表面的交线。

3)求出交线的交点即得相贯线上的点。

[例 3-8] 已知圆柱与圆锥的轴线垂直相交,试完成相贯线的投影(图 3-32a)。

解:(1)空间及投影分析

相贯线为一封闭的空间曲线。由于圆柱面的轴线垂直于 W 面,它的侧面投影积聚成圆,因此相贯线的侧面投影也积聚在该圆上,为两体共有部分的一段圆弧。相贯线的正面投影和水平投影没有积聚性,应分别求出。

(2)作图求特殊点

如图 3-32b 所示,点 Ⅰ、Ⅱ 为相贯线上的最高点,也是最左、最右点,点 Ⅲ、Ⅳ 为最低点,也是最前、最后点,根据点的投影规律可直接求出它们的投影。

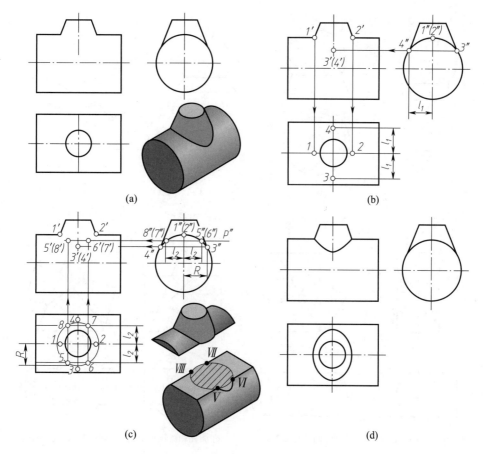

图 3-32　求圆柱与圆锥正交的相贯线

（3）求一般点

采用辅助平面法。如图 3-32c 所示,用水平面 P 作为辅助平面,它与圆锥面的交线为圆,与圆柱的交线为两平行直线。两直线与圆交于四个点 Ⅴ、Ⅵ、Ⅶ、Ⅷ,先求出它们的水平投影,然后再求其正面投影。

（4）完成作图

将这些特殊点和中间点光滑地连接起来,即得相贯线的投影,其结果如图 3-32d 所示。

四、回转体相交的特殊情况

两回转体相交时,在特殊情况下,相贯线可能是平面曲线或直线段。它们常常可根据两相交回转体的性质、大小和相对位置直接判断,可以简化作图。

两曲面立体的相贯线为平面曲线的常见情况有以下两种:

1）两相交回转体同轴时,它们的相贯线一定是和轴线垂直的圆。这些圆在与回转体轴线平行的投影面上的投影为垂直于轴线的直线段,相贯线就可直接求得。

图 3-33 所示为轴线都平行于 V 面的同轴回转体相交的例子。

2）当轴线相交的两圆柱或圆柱与圆锥公切于一个球面时,相贯线是椭圆。椭圆所在的平面垂直于两条轴线所决定的平面,如图 3-34 所示。

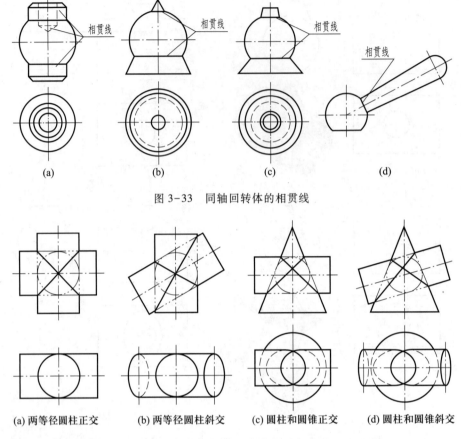

图 3-33　同轴回转体的相贯线

(a) 两等径圆柱正交　　(b) 两等径圆柱斜交　　(c) 圆柱和圆锥正交　　(d) 圆柱和圆锥斜交

图 3-34　公切于一球的圆柱和圆柱、圆锥和圆柱的相贯线

五、相交回转体的尺寸注法

两回转体相交产生相贯线,由于相贯线的形状取决于相交两回转体的几何性质、相对大小和相对位置,所以对于相贯部分的尺寸注法,只需注出参与相贯的各回转体的定形尺寸及其相互间的定位尺寸,而不注相贯线本身的定形尺寸,如图 3-35 所示。图中尺寸线上有小圆的是定位尺寸。

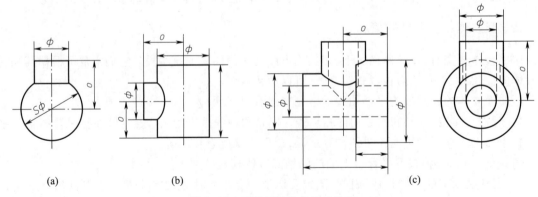

(a)　　　　　　(b)　　　　　　　　　　　(c)

图 3-35　相交回转体的尺寸注法

第四章 轴 测 图

图 4-1a 是物体的三面投影图,它不仅能够反映物体的形状和大小,而且画图简便。但这种图立体感不强,缺乏读图能力的人很难看懂。

图 4-1b 是物体的轴测图,它能在一个投影面上同时反映出物体长、宽、高三个方向的尺度,比三面投影图形象生动,立体感强。但由于它不反映物体各个表面的实形,作图比正投影图复杂。因此在工程上,常用轴测图作为辅助图样来表达物体的结构形状,以帮助人们看懂正投影图。本章主要介绍几种常用轴测图的画法。

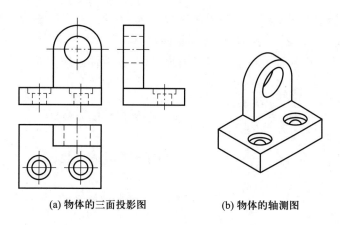

(a) 物体的三面投影图   (b) 物体的轴测图

图 4-1　三面投影图与轴测图的对比

§4-1　轴测图的基本知识

一、轴测图的形成

在图 4-2 中,将长方体上彼此垂直的棱线分别与直角坐标系的三个坐标轴重合,该直角坐标系称为长方体的参考坐标系。在适当位置设置一个投影面 P,并选取不平行于任一坐标面的投射方向,在 P 面上作出长方体以及参考坐标系的平行投影,就得到一个能同时反映长方体长、宽、高三个方向尺度的投影图,该图称为轴测图。平面 P 称为轴测投影面。

由此可知,轴测图就是将物体连同其参考直角坐标系一起,沿不平行于任一坐标面的方向,用平行投影法将其平行投射在单一投影面上所得到的图形。

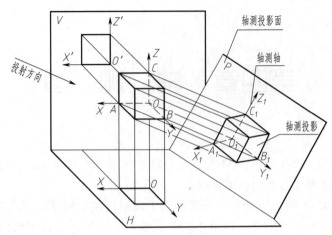

图 4-2　轴测投影的形成

二、轴间角和轴向伸缩系数

在图 4-2 中,坐标轴 OX、OY、OZ 的轴测投影 O_1X_1、O_1Y_1、O_1Z_1[①] 称为轴测轴。相邻两轴测轴的夹角 $\angle X_1O_1Y_1$、$\angle X_1O_1Z_1$、$\angle Y_1O_1Z_1$ 称为轴间角。

轴测轴上的线段与坐标轴上对应的线段的长度比,称为轴向伸缩系数。各轴的轴向伸缩系数分别为

$$p_1 = \frac{O_1A_1}{OA} \qquad\qquad 即\ OX\ 轴向伸缩系数;$$

$$q_1 = \frac{O_1B_1}{OB} \qquad\qquad 即\ OY\ 轴向伸缩系数;$$

$$r_1 = \frac{O_1C_1}{OC} \qquad\qquad 即\ OZ\ 轴向伸缩系数。$$

轴间角和轴向伸缩系数决定轴测图的形状和大小,是画轴测图的基本参数。

三、轴测图的分类

根据投射方向对轴测投影面的相对位置不同,轴测图可分为两大类:

1) 正轴测图　投射方向垂直于轴测投影面的轴测投影(即由正投影法得到的轴测投影);

2) 斜轴测图　投射方向倾斜于轴测投影面的轴测投影(即由斜投影法得到的轴测投影)。

根据三个轴的轴向伸缩系数是否相同,而将两类轴测图又分为三种。

1) 正(或斜)等轴测图($p_1 = q_1 = r_1$);

2) 正(或斜)二轴测图($p_1 = q_1 \neq r_1$ 或 $q_1 = r_1 \neq p_1$ 或 $r_1 = p_1 \neq q_1$);

3) 正(或斜)三轴测图($p_1 \neq q_1 \neq r_1$)。

国家标准《机械制图》推荐使用正等轴测图、一种正二轴测图和一种斜二轴测图。这里只介绍工程上应用较多的正等轴测图和斜二轴测图的画法。

[①]　为了区别空间直角坐标系中的坐标轴和轴测投影体系中的轴测轴,本书中把轴测轴加下脚标 1,即 O_1X_1、O_1Y_1、O_1Z_1。

四、轴测图的基本性质

由立体几何可知,与投射方向不平行的两平行线段,它们的平行投影仍然平行,且各线段的平行投影与原线段的长度比相等。由此可得出,在轴测图中,空间几何形体上平行于坐标轴的线段仍与相应的轴测轴平行,且与轴测轴平行的线段在轴测图中的长度与原线段的长度比相等。

§4-2　正等轴测图

一、正等轴测图的形成

如图 4-3a 所示,投射方向垂直于轴测投影面,而且参考坐标系的三根坐标轴对投影面的倾角都相等,在这种情况下画出的轴测图称为正等轴测图,简称正等测。

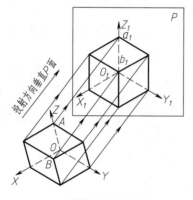
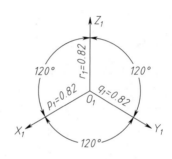

(a) 正等轴测图的形成　　　　　(b) 轴间角和轴向伸缩系数

图 4-3　正等轴测图的形成及参数

二、正等轴测图的画图参数

可以证明,正等轴测图的轴间角都相等,如图 4-3b 所示,即

$$\angle X_1 O_1 Y_1 = \angle X_1 O_1 Z_1 = \angle Y_1 O_1 Z_1 = 120°$$

各轴向的伸缩系数都相等,即 $p_1 = q_1 = r_1 \approx 0.82$。在实际作图中,为了作图简便,避免计算,常采用简化伸缩系数,即

$$p = q = r = 1$$

采用简化伸缩系数作图时,沿各轴向的所有尺寸都用实长量度,比较简便。用简化伸缩系数画出的图形比按真实投影(伸缩系数约为 0.82)画出的图形沿各轴向的长度都放大了约 1.22 倍($1/0.82 \approx 1.22$)。

三、正等轴测图的画法

1. 平行于坐标面的圆的正等轴测图画法

图 4-4 所示为平行于各坐标面圆的正等轴测图。因为三个坐标面或其平行面都不平行于其轴测投影面,所以三个坐标面内或平行于坐标面的圆的正等轴测图均为椭圆。

（1）椭圆长、短轴的方向及大小

可以证明,在坐标面 XOY 上的圆或与坐标面 XOY 平行的圆,其轴测投影椭圆的长轴垂直于 O_1Z_1 轴;在坐标面 XOZ 上的圆或与坐标面 XOZ 平行的圆,其轴测投影椭圆的长轴垂直于 O_1Y_1 轴;在坐标面 YOZ 上的圆或与坐标面 YOZ 平行的圆,其轴测投影椭圆的长轴垂直于 O_1X_1 轴。而各椭圆的短轴均与其长轴垂直。用简化伸缩系数作图时,长轴约等于 $1.22d$（d 为圆的直径）,短轴约等于 $0.7d$。

（2）椭圆的近似画法

为了简化作图,通常采用四段圆弧组成的扁圆代替椭圆。图 4-5 所示为 $X_1O_1Y_1$ 面上椭圆的近似画法。而 $X_1O_1Z_1$ 和 $Y_1O_1Z_1$ 面上的椭圆,只是长、短轴的位置不同,其画法与画 $X_1O_1Y_1$ 面上的椭圆相同。

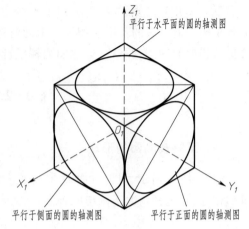

图 4-4 平行于各坐标面圆的正等轴测图

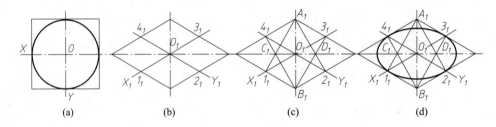

图 4-5 近似椭圆的作法

作图步骤:

1）过圆心 O 作坐标轴 OX、OY 和外切正方形,如图 4-5a 所示。

2）作轴测轴 O_1X_1、O_1Y_1 和切点的轴测投影 1_1、2_1、3_1、4_1,过这些点作外切正方形的轴测投影（菱形）,并作对角线,如图 4-5b 所示。

3）过 1_1、2_1、3_1、4_1 作对角线的垂线,得交点 A_1、B_1、C_1、D_1,而 A_1、B_1 即为短对角线的端点,C_1、D_1 在长对角线上,如图 4-5c 所示。

4）分别以 A_1、B_1 为圆心,以 $A_1 1_1$ 为半径作弧 $\widehat{1_1 2_1}$、弧 $\widehat{3_1 4_1}$,分别以 C_1、D_1 为圆心,以 $C_1 1_1$ 为半径,作弧 $\widehat{1_1 4_1}$、弧 $\widehat{2_1 3_1}$,得近似椭圆,如图 4-5d 所示。

2. 画图举例

因为采用简化伸缩系数作正等轴测图比较方便,所以常用正等轴测图来绘制物体的轴测图。特别是当物体具有平行于两个或三个坐标面的圆时,由于平行于坐标面的圆的正等轴测投影是椭圆,其作图方法相同,而且比较简便,所以选用正等轴测图更合适。

[例 4-1] 作出图 4-6a 所示的正六棱柱的正等轴测图。

作图步骤:

1）在视图上确定坐标轴,如图 4-6a 所示,因为正六棱柱顶面和底面都是处于水平位置的正六边形,取顶面正六边形的中心为坐标原点 O,通过顶面中心 O 的轴线为 OX 轴、OY 轴,高度方

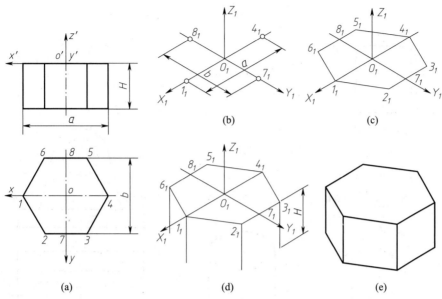

图 4-6 画正六棱柱的正等轴测图

向取为 OZ 轴。

2）作轴测轴 O_1X_1、O_1Y_1、O_1Z_1，在 O_1X_1 轴上沿原点 O_1 的两侧分别取 $a/2$，得到 1_1 和 4_1 两点。在 O_1Y_1 轴上 O_1 点两侧分别取 $b/2$，得到 7_1 和 8_1 两点，如图 4-6b 所示。

3）过 7_1 和 8_1 作 O_1X_1 轴的平行线，并在其上定出 2_1、3_1、5_1、6_1 各点，最后连成顶面六边形，如图 4-6c 所示。

4）由 6_1、1_1、2_1、3_1 各点向下作 O_1Z_1 轴的平行线段，使其长度为 H，得六棱柱底面可见的各端点，如图 4-6d 所示。

5）用直线连接六棱柱底面各点，并描深六棱柱各边，完成正六棱柱的正等轴测图，如图 4-6e 所示。

［例 4-2］　作图 4-7a 所示的圆柱的正等轴测图。

作图步骤：

1）确定参考坐标系，如图 4-7a 所示。

2）作轴测轴，定出上、下端面中心的位置，如图 4-7b 所示。

3）画上、下端面的近似椭圆，作两个椭圆的外公切线，即圆柱正等轴测投影的转向轮廓线，如图 4-7c 所示。

4）整理并描深，得圆柱的正等轴测图，如图 4-7d 所示。

［例 4-3］　作出图 4-8 所示支架的正等轴测图。

作图步骤：

1）确定参考坐标系，如图 4-8 所示。

2）作轴测轴，画底板的轮廓，确定竖板后孔口的圆心 B_1，再确定前孔口的圆心 A_1，画竖板顶部圆柱面的正等轴测投影（近似椭圆弧），如图 4-9a 所示。

3）在底板上作出点 1_1、2_1、3_1、4_1 再由各点作近似椭圆弧的切线。作近似椭圆弧的两条公切线，连接 $2_1 3_1$，作竖板上的圆柱孔的轴测图，完成竖板的正等轴测图，如图 4-9b 所示。

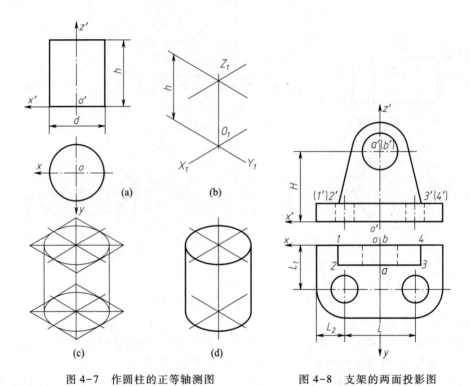

图 4-7 作圆柱的正等轴测图   图 4-8 支架的两面投影图

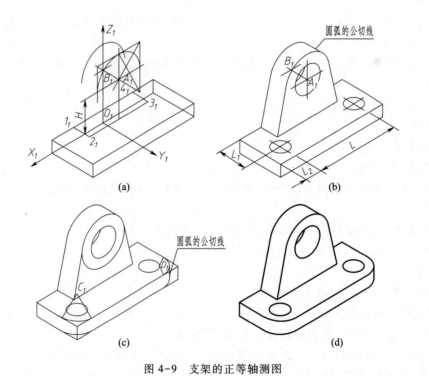

图 4-9 支架的正等轴测图

4）作底板圆角。先从底板顶面上圆角的切点作切线的垂线,得交点 C_1 和 D_1,再以点 C 和点 D_1 为圆心,分别在切点间作圆弧,得底板上表面圆角的正等轴测投影,然后作底板下表面圆角的正等轴测投影,最后作右边两圆弧的公切线,如图 4-9c 所示。

5）整理并描深,完成支架的正等轴测图,如图 4-9d 所示。

§ 4-3　斜二轴测图

一、斜二轴测图的形成

如图 4-10 所示,将物体上参考坐标系的 OZ 轴铅垂放置,并使坐标面 XOZ 平行于轴测投影面,当投射方向与三个坐标面都不平行时,形成正面斜轴测投影。在这种情况下,轴间角 $\angle X_1 O_1 Z_1 = 90°$,X、Z 轴向的伸缩系数 $p_1 = r_1 = 1$。而轴测轴 $O_1 Y_1$ 的方向和轴向伸缩系数 q_1 可随着投射方向的改变而变化。这里取 $q_1 = 0.5$、$\angle Y_1 O_1 Z_1 = 135°$,就得到常用的正面斜二轴测投影,又称斜二轴测图。

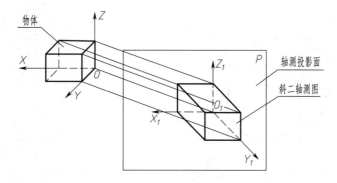

图 4-10　斜二轴测图的形成

二、斜二轴测图的画图参数

图 4-11 所示为斜二轴测图的轴间角和轴向伸缩系数,即

$$\angle X_1 O_1 Z_1 = 90°, \quad \angle X_1 O_1 Y_1 = \angle Y_1 O_1 Z_1 = 135°$$

$$p_1 = r_1 = 1, \quad q_1 = 0.5$$

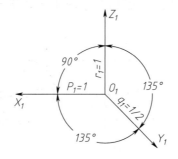

图 4-11　斜二轴测图的画图参数

三、斜二轴测图的画法

1. 平行于各坐标面的圆的斜二轴测图画法

图 4-12 所示为立方体表面上的三个内切圆的斜二轴测图。平行于坐标面 $X_1O_1Z_1$ 圆的斜二轴测投影仍是大小相同的圆,平行于坐标面 $X_1O_1Y_1$ 和 $Y_1O_1Z_1$ 圆的斜二轴测投影是椭圆。各椭圆的长轴长度为 $1.06d$,短轴长度为 $0.33d$。其长轴分别与 O_1X_1 和 O_1Z_1 轴倾斜约为 $7°$,短轴与长轴垂直。

2. 画法举例

因为物体上平行于坐标面 XOZ 的直线、曲线和平面图形在正面斜轴测中都反映实长和实形,所以在作轴测投影时,当物体上有比较多的平行于坐标面 XOZ 的圆或曲线时,选用斜二轴测图作图比较方便。

[例 4-4]   作出图 4-13 所示的带孔圆台的斜二轴测图。

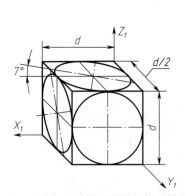 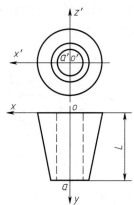

图 4-12　平行于坐标面的圆的斜二轴测图　　图 4-13　带孔圆台的两面投影

作图步骤:

1) 确定参考坐标系,如图 4-13 所示。

2) 作轴测轴,并在 O_1Y_1 轴上量取 $L/2$ 的长度,定出前端面圆的圆心 A_1,如图 4-14a 所示。

3) 画出前、后两个端面圆的斜二轴测投影,为反映实形的圆,如图 4-14b 所示。

4) 作两端面圆的公切线及前、后孔口圆的可见部分,如图 4-14c 所示。

5) 整理并描深,完成该圆台的斜二轴测图,如图 4-14d 所示。

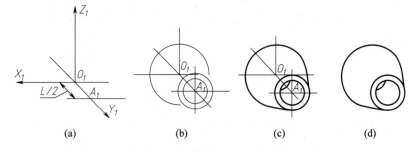

(a)　　　　　(b)　　　　　(c)　　　　　(d)

图 4-14　作带孔圆台的斜二轴测图

［例4-5］ 作出图4-15所示的物体的斜二轴测图。

作图步骤：

1）确定参考坐标系，如图4-15所示。

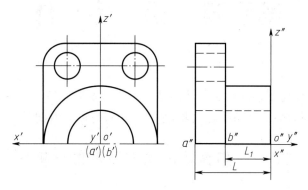

图4-15 物体的两面投影

2）画轴测轴及实心半圆柱，如图4-16a所示。

3）画竖板外形长方体，并画半圆柱槽（该槽深为$L/2$），如图4-16b所示。

4）画竖板的圆角和小孔，如图4-16c所示。

5）整理并描深，完成零件的斜二轴测图，如图4-16d所示。

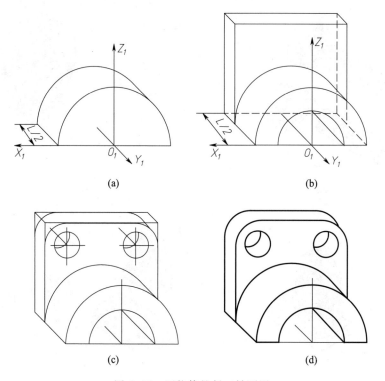

图4-16 画物体的斜二轴测图

第五章　组　合　体

从形体角度上看,任何复杂的机器零件都是由一些基本形体组合而成的。这种由基本形体组合而成的物体称为组合体。本章将进一步讨论组合体的画图、看图及尺寸标注等问题。

§5-1　组合体的构造及形体分析法

一、组合体及其构造

通常,组合体的组合形式可划分为堆积、挖切和综合三类。图 5-1a 所示物体是堆积式组合体,图 5-1b 所示物体是挖切式组合体,图 5-1c 所示物体是综合式组合体。

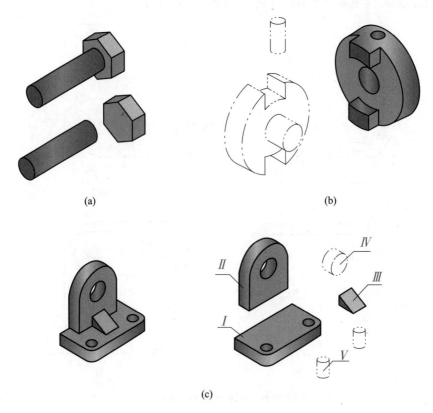

(a)

(b)

(c)

图 5-1　组合体的组合形式

二、组合体各形体相邻表面之间的连接关系及画法

在组合体的基本组合形式中,相邻表面连接关系可分为以下三种:

1）对齐　如图 5-2 所示,该形体上、下两部分的长度相等,左、右端面对齐,且位于同一平面上。因此,在此端面连接处不应该再画线(见左视图)。

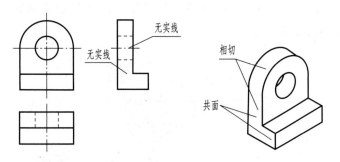

图 5-2　对齐和相切的画法

2）相交　当两形体表面相交时,在相交处应画出交线,如图 5-3 和图 5-4 所示。

3）相切　当两形体表面相切时,两表面光滑地连接在一起,相切处不应该画出轮廓线,如图 5-2 所示。

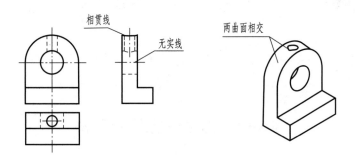

图 5-3　形体表面交线的画法(一)

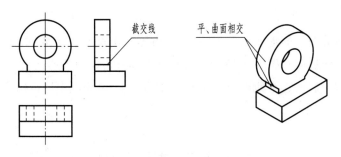

图 5-4　形体表面交线的画法(二)

三、组合体的形体分析法

形体分析法是假想把组合体分解为若干个基本体,并确定形体间的组合形式及其相邻表面间相对位置关系的一种分析方法。如图 5-5 所示,轴承座是由凸台 Ⅰ、水平圆筒 Ⅱ、支承板 Ⅲ、肋板Ⅳ和底板 Ⅴ等五部分组成。它们的组合形式及相邻表面之间的连接关系为支承板和肋板堆积在底板之上。支承板的左、右两侧与水平圆筒的外表面相切,肋板两侧面与水平圆筒的外表面相交,凸台与水平圆筒相贯。

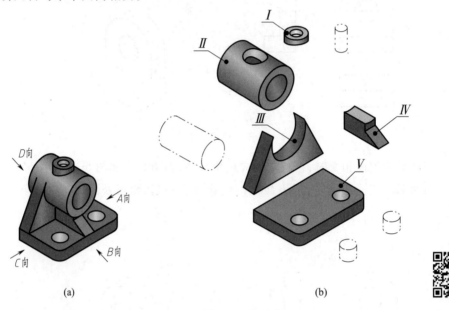

图 5-5　轴承座

§5-2　组合体视图的画法

下面以图 5-5 所示的轴承座为例,介绍画组合体三视图的方法和步骤。

一、形体分析

拿到物体后,先分析它的形状和结构特点,是由哪几个基本体组成的,再分析它们之间的相互位置关系,然后选择视图。图 5-5 所示的轴承座形体分析如前节所述。

在形体分析的基础上,逐个地画出每个基本体的投影,叠加起来即得组合体的视图。

二、视图选择

在选择视图时,首先要选好主视图。确定主视图一般应按照以下原则:

1)符合自然安放位置。

2)反映形体特征,也就是在主视图上能清楚地表达组成该组合体的各基本体的形状及它们之间的相对位置关系。

　　3）尽量减少其他视图中的虚线。

　　根据以上原则,按图5-5中箭头所指的方向 A、B、C、D 作为投射方向画出视图进行比较（图5-6）,确定主视图。D 向视图出现较多虚线,显然没有 B 向视图清楚,C 向视图与 A 向视图相同,但如果以 C 向视图作为主视图,则左视图上会出现较多虚线,所以不如 A 向视图好。再将 B 向视图与 A 向视图进行比较,对反映各部分的形状特征和相对位置来说,虽各有优、缺点,但都比较好,均可选择作为主视图。这里选 B 向视图作为主视图。

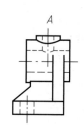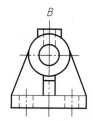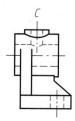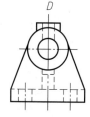

图5-6　分析主视图的投射方向

　　主视图选定后,根据组合体结构的复杂程度再确定其他视图。增加其他视图的原则是在完整、清晰地表达组合体各部分形状的前提下,力求制图简便,视图数量最少。为表达轴承座各形体间左右、前后相对位置关系及底板端面形状,除了主视图外,还需增加俯视图和左视图。

三、画图

　　（1）选比例、定图幅

　　视图确定以后,要根据物体的大小选定作图比例,根据组合体的长、宽、高计算三视图所占面积,并在视图之间留出标注尺寸的位置和适当的间距,据此选用合适的标准图幅。

　　（2）布图、画基准线

　　图纸固定后,根据各视图的大小和位置,画出基准线。基准线是指画图时测量尺寸的基准,每个视图需要确定两个方向的基准线。通常用对称中心线、轴线和大端面作为基准线,如图5-7a所示。

　　（3）逐个画出各形体的三视图

　　画形体的顺序一般为先实(实形体)后空(挖去的形体),先大(大形体)后小(小形体),先画轮廓后画细节。同时要注意,三个视图要配合画,从反映形体特征的视图画起,再按投影规律画出其他两个视图,如图5-7b~e所示。

　　（4）检查底稿、描深

　　各部分的底稿画好后,要认真检查,然后按规定线型描深,如图5-7f所示。

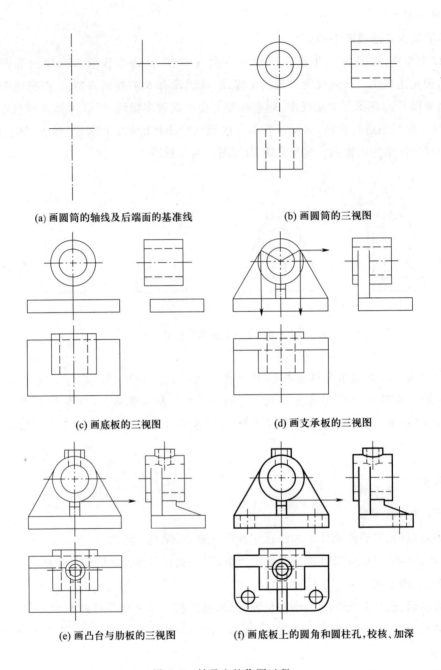

(a) 画圆筒的轴线及后端面的基准线   (b) 画圆筒的三视图

(c) 画底板的三视图   (d) 画支承板的三视图

(e) 画凸台与肋板的三视图   (f) 画底板上的圆角和圆柱孔,校核、加深

图 5-7　轴承座的作图过程

　　轴承座的组合形式基本上可以看成堆积。下面以图 5-8a 为例,说明以挖切形成的组合体的画图过程。

　　形体分析如图 5-8b、c 所示。

　　画图过程如图 5-8d~i 所示。

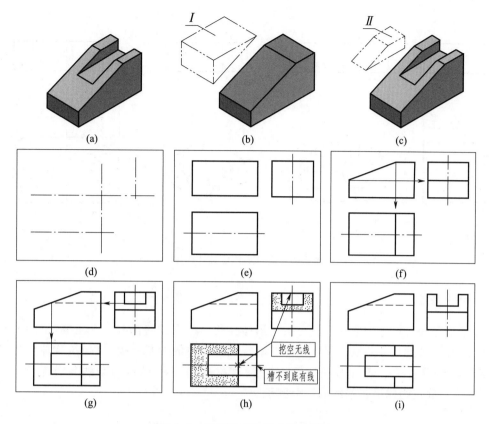

图 5-8　挖切形成的组合体的画法

§5-3　组合体的尺寸标注

组合体的尺寸标注应达到如下三点要求：

正确——符合国家标准关于尺寸标注的有关规定；

完整——所注尺寸既不多余，也不遗漏；

清晰——尺寸布置整齐合理，便于阅读。

一、尺寸种类

1. 定形尺寸

确定形体形状及大小的尺寸称为定形尺寸。图 5-9 中的直径、半径及形体的长、宽、高等尺寸都是定形尺寸。

2. 定位尺寸

确定形体上各部分结构相对位置的尺寸称为定位尺寸，如图 5-9 中注"＊"的尺寸。

3. 总体尺寸

表示组合体总长、总宽和总高的尺寸称为总体尺寸。在标注总体尺寸时，一般不用圆弧切线作为尺寸界线。

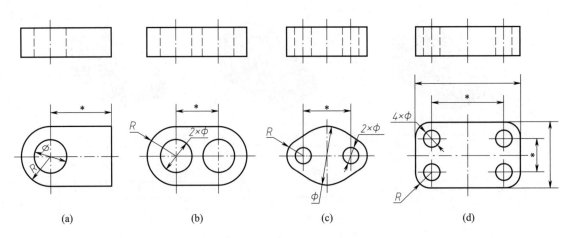

图 5-9　简单形体的尺寸标注

二、尺寸基准

尺寸基准是确定尺寸位置的几何元素。形体在长、宽、高方向都有一个主要尺寸基准,还往往有一个或几个辅助尺寸基准。尺寸基准的确定既与物体的形状有关,也与该物体的加工制造要求、工作位置等有关。通常选用底面、端面、对称平面及回转体的轴线等作为尺寸基准。图 5-10 所示为确定物体尺寸基准的一个例子。

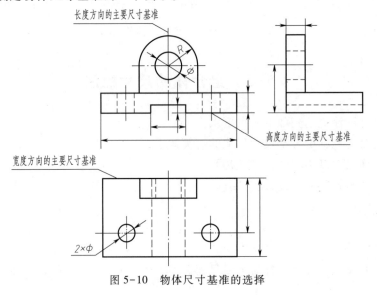

图 5-10　物体尺寸基准的选择

三、尺寸标注综合举例

如图 5-11a 所示的物体,由于其左右对称,故可将左右对称面定为长度方向主要尺寸基准,靠齐的后端面为较大的平面,故定为宽度方向的主要尺寸基准,底平面为高度方向的主要尺寸基准。图 5-11 所示为该物体的尺寸标注过程。

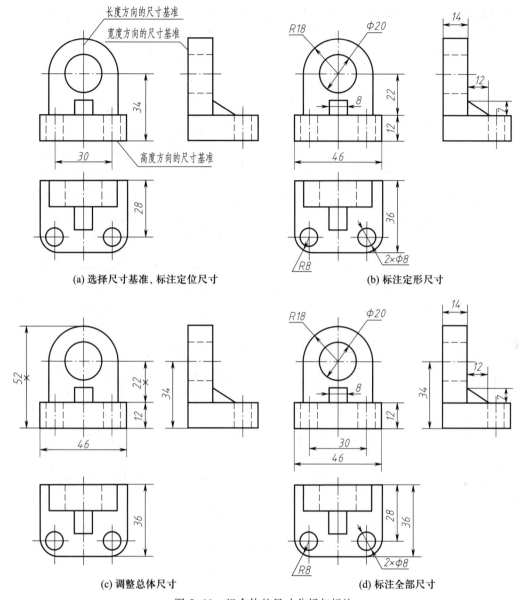

(a) 选择尺寸基准、标注定位尺寸

(b) 标注定形尺寸

(c) 调整总体尺寸

(d) 标注全部尺寸

图 5-11 组合体的尺寸分析与标注

四、尺寸标注的注意点

1）尺寸标注必须在形体分析的基础上，按分解的各组成形体定形和定位，切忌片面地按视图中的线框或线条来标注尺寸，如图 5-12 所示。

2）尺寸应标注在表示该形体特征最明显的视图上，并尽量避免在虚线上标注尺寸。同一形体的尺寸应尽量集中标注。

3）形体上的对称尺寸应以对称中心线为尺寸基准标注，如图 5-13 所示。

4）尽量避免在相贯线和截交线上标注尺寸。由于形体与截平面的相对位置确定后，截交线已定，因此不应在截交线上标注尺寸。同样地，两形体相交后相贯线自然形成，因此除了标注两形体各自的定形尺寸以及相对位置尺寸外,不应在相贯线上标注尺寸,如图 5-14 所示。

  5)当形体的外轮廓为曲面时,总体尺寸应标注到该曲面的中心线位置,同时加注该曲面的半径,如图 5-15 所示。

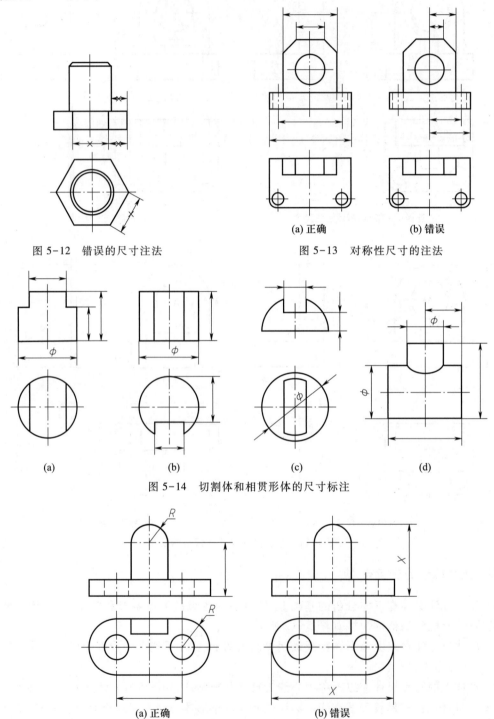

图 5-12 错误的尺寸注法

图 5-13 对称性尺寸的注法
(a) 正确   (b) 错误

图 5-14 切割体和相贯形体的尺寸标注
(a)   (b)   (c)   (d)

图 5-15 轮廓为曲面时的总体尺寸注法
(a) 正确   (b) 错误

§5-4　读组合体的视图

视图的阅读是对给定的视图进行分析,想象形体的实际形状,故读图可看作绘图的逆过程。

一、读图的基本知识

1. 弄清各视图间的投影关系,几个视图应联系起来看

一个视图一般不能确定物体形状,有时两个视图也不能确定物体的形状。如图 5-16a 所示的几个物体,虽然它们的主视图是相同的,由于俯视图、左视图不同,其形状差别很大;如图 5-16b所示的物体,虽然主、俯视图均相同,由于左视图不同,它们的形状同样各不相同。

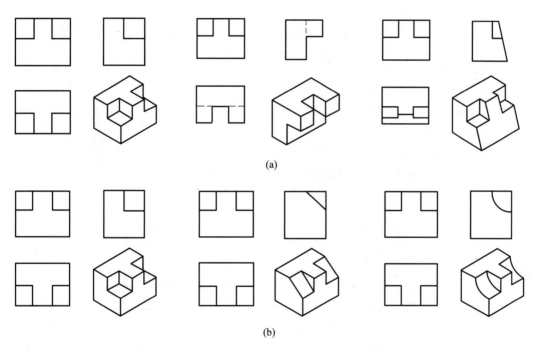

(a)

(b)

图 5-16　一个视图相同或两个视图相同的不同物体

因此,在读图时只有把几个视图联系起来看,才能想象物体的正确形状。当一个物体由若干个单一形体组成时,还应根据投影关系准确地确定各部分在每个视图中的对应位置,然后将几个投影联系起来想象,得出与实际相符的形状,如图 5-17a 所示。否则结果将与真实形状大相径庭,如图 5-17b 所示。

2. 认清视图中线条和线框的含义

视图是由线条组成的,同时线条又组成一个个封闭的"线框"。识别视图中线条及线框的空间含义,是读图的基本知识。

视图中的轮廓线(实线或虚线,直线或曲线)通常有三种含义(图 5-18):

1——表示物体上具有积聚性的平面或曲面;

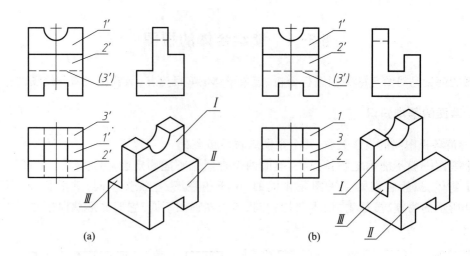

图 5-17　视图间投影联系正、误的两种结果

2——表示物体上两个表面的交线；

3——表示曲面的转向轮廓素线。

视图中的封闭线框通常有以下四种含义（图 5-19）：

1——表示一个平面；

2——表示一个曲面；

3——表示平面与曲面相切的组合面；

4——表示一个空腔。

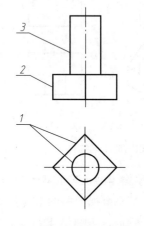

图 5-18　视图中线条的各种含义

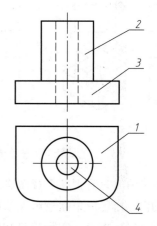

图 5-19　视图中线框的各种含义

视图中相邻两个线框必定是物体上相交的两个表面或同向错位的两个表面的投影。

二、读图的方法

1. 形体分析法

形体分析法是读图的一种基本方法。其基本思路是根据已知视图,将图形分解成若干组成部分,然后按照投影规律和各视图间的联系,分析出各组成部分所代表的空间形状及所在位置,最终想象整体形状。

[例 5-1] 读懂图 5-20 所示支座的视图。

1）分解视图 从主视图着手,将图形分解成若干部分。

2）投影联系 根据视图间投影规律,找出分解后各组成部分在各视图中的投影,如图 5-21 所示。

3）单个想象 根据分解后各组成部分的视图想象各自的空间形状,如图 5-21 所示。

4）综合想象 在认清各组成部分形状和位置的基础上,分析它们之间的构成形式,最后综合想象该视图所表示的支座的完整形状,如图 5-22 所示。

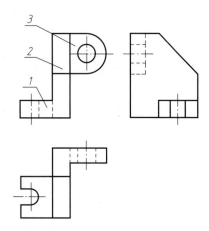

图 5-20 形体分析法读图图例

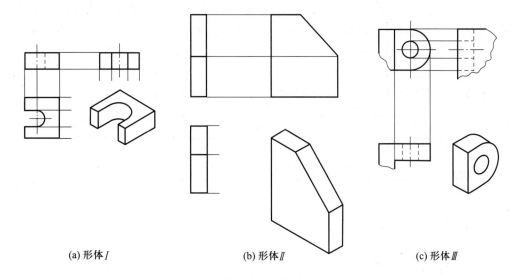

(a) 形体 *I*   (b) 形体 *II*   (c) 形体 *III*

图 5-21 分解后各组成部分的投影联系

2. 线面分析法

线面分析法是形体分析法读图的补充。当阅读形体被切割、形体不规则或视图投影关系相重合的视图时,尤其需要这种辅助手段。由于物体由许多不同几何形状的线面所组成,这时通过对各种线和线框含义的分析来想象物体的形状和位置,就比较容易构思出物体的整体形状。

[例 5-2] 分析阅读图 5-23 所示压块的视图。

根据物体被切割后仍保持原有物体投影特征的规律,由已知三个视图分析可知,该物体可以看成由一个长方体切割而成。从主视图可看出长方体的左上方切去一个角,从俯视图可看出左前方也切去一个角,而从左视图可看出物体的前上方切去一个长方体。切割后物体的三个视图为何成这样,这就需要进一步进行线面分析。

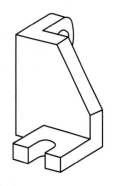

图 5-22 支座形状

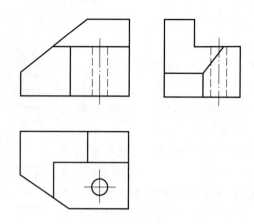

图 5-23　线面分析法读图图例(压块)

　　先分析主视图的线框,如图 5-24a 所示,线框 p' 在俯视图上投影关系只能对应一斜线 p,而在左视图上对应一类似形 p'',可知平面 P 是一铅垂面;又如图 5-24b 所示线框 r' 在俯视图上也只能对应一水平线 r,在左视图上对应着一垂直线 r'',可知平面 R 为一正平面,主视图另一线框也是一正平面。

　　用同样的方法分析俯视图线框,如图 5-24c 所示,Q 为正垂面。

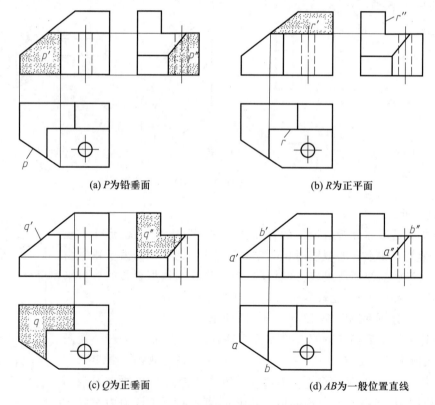

(a) P为铅垂面　　　　　　　　　　　　(b) R为正平面

(c) Q为正垂面　　　　　　　　　　　　(d) AB为一般位置直线

图 5-24　读压块图时的线面分析

再如,在左视图中为什么有一斜线 $a''b''$?分别找出它们的正面投影 $a'b'$ 和水平投影 ab,可知直线 AB 为一般位置直线,它是铅垂面 P 和正垂面 Q 的交线,如图 5-24d 所示。

通过上述线面分析,可以弄清视图中各线和线框的含义,也就有利于想象由这些线面围成的物体的真实形状,如图 5-25 所示。

工程上物体的形状是千变万化的,所以在读图时不能局限于某一种方法。

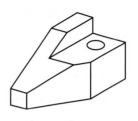

图 5-25 压块的立体图

§5-5 组合体的构型设计

一、构型设计的基本原则

根据不同的结构要求,将某些基本体按照一定的组合形式组合起来,构成一个新形体并用三视图表示出来的过程,称为组合体的构型设计。

组合体的构型设计不同于"照物""照图"画图,而是在一定基础上"想物""造物"画图,是发挥学生创造力和想象力的过程。构型设计的目的是进一步提高空间想象力,培养创新思维。

二、构型设计的方法

1. 准备工作

(1)实物分析

在构型设计前应多观察、分析实物或模型,仔细研究其组合形式、连接方式并能进行物、图相互转化。对一些典型结构要求记住而且能默画。通过观察分析所获取的素材可通过记忆存储起来,以备构型时灵活运用。

(2)典型图例分析

为开阔视野和思路,在观察、分析、记忆实物的基础上,可选择一些新颖、独特、造型美观、重点突出的设计进行具体分析。图 5-26 所示是构型设计的一个实例。

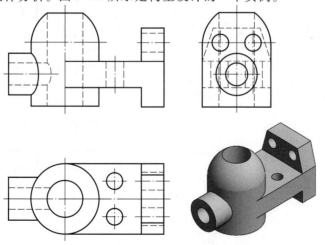

图 5-26 构型设计图例

从三视图可以看出,该组合体由空心半球、空心大圆柱、空心小圆柱、横板、带孔立板组合而成。其中空心半球与空心大圆柱同轴,直径相等,即相切,内孔与半球是同轴回转体相交。空心大圆柱与空心小圆柱相交,内孔也相交。横板与空心大圆柱相切又相交,立板与横板相交且立板下半部前、后表面与横板前、后表面对齐。

此设计图的新颖之处是将相当于底板的横板移到中间,靠右端又加个立板,既起平衡、支承作用,又使整个构型新颖独特。

2. 构思新形体

在§5-4中,曾提到物体的一个视图往往不能唯一确定物体的形状。也就是说,根据一个视图可以想象多种形体。例如,图5-27中给出的是同一个主视图,根据该主视图可想象多种不同形体,此例中仅举出其中几例。这种一补二的练习就是较简单的构型设计。构思新形体可以在规定基本形体的种类、数目、组合、连接方式的基础上进行,也可以不限定任何条件,自由构型,这样思路更加开阔。在构型过程中,除要求结构合理、组合关系正确外,还应提倡创新,使造型新颖美观。

图 5-27 由相同的主视图,构思出不同的形体

3. 画设计图

先画出新形体三视图的草图,经修改完善后,再按画组合体三视图的步骤画出该形体的三视图。

三、构型设计实例

[例5-3]　根据已知形体进行构型设计(图5-28)。

由三个基本体组合而成,组合形式为综合式,各基本体表面有相切、相交。

1)选取素材　取底板、支承板和圆筒三个基本体。各基本体都有挖切,如图5-28所示。

2)三个基本体堆积后形成新形体,其立体图如图5-29所示。

3)按画图步骤画出新形体的三视图,如图5-30所示。

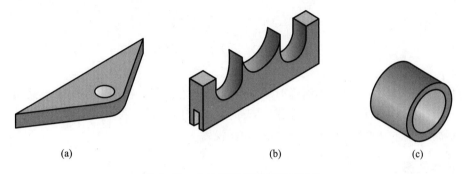

(a)　　　　　　　　　　　　(b)　　　　　　　　　　(c)

图5-28　由已知形体进行构型设计

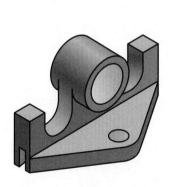

图5-29　新形体的立体图

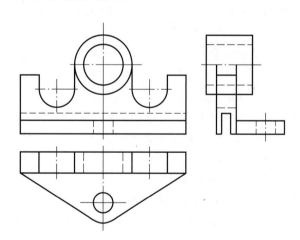

图5-30　新形体的三视图

第六章　机件常用的表达方法

在生产实际中,机件的结构形状往往是多种多样的,为将机件的内、外形状和结构表达清楚,国家标准规定了表达机件的各种方法。本章主要介绍 GB/T 17451—1998、17452—1998、GB/T 17453—2005 和 GB/T 4457.5—2013、GB/T 4458.1—2002 中的视图、剖视图、断面图等一些常用表达方法。

§6-1　视　　图

国家标准规定,将机件向投影面投射所得的图形称为视图。视图主要用于表达机件的外部结构和形状,一般只画出机件的可见部分,必要时才用细虚线画出其不可见部分。

视图通常有基本视图、向视图、局部视图和斜视图。

一、基本视图

机件向基本投影面投射所得的视图称为基本视图。

国家标准规定采用正六面体的六个面作为基本投影面,将机件放置在正六面体中(图 6-1a),分别从前、后、左、右、上、下六个方向向六个基本投影面投射,所得到的图形即为六个基本视图(图 6-1b)。六个基本视图的名称和投射方向为

主视图　　由前向后投射所得的视图;

俯视图　　由上向下投射所得的视图;

左视图　　由左向右投射所得的视图;

右视图　　由右向左投射所得的视图;

仰视图　　由下向上投射所得的视图;

后视图　　由后向前投射所得的视图。

为使六个基本视图处于同一平面上,将六个基本投影面连同其投影按图 6-1b 所示的形式展开,即规定 V 面不动,其余各面按箭头所指方向展开至与 V 面在同一平面上。

若六个基本视图在同一图纸上且按图 6-1c 配置,不标注视图的名称,否则可按向视图标注的方法进行标注。

六个基本视图之间仍保持"长对正、高平齐、宽相等"的"三等"投影关系,即

主、俯、仰、后,长对正;

主、左、右、后,高平齐;

俯、左、仰、右,宽相等。

六个基本视图也反映了机件的上下、左右和前后的位置关系。应注意的是,左、右、俯、仰四

个视图靠近主视图的一侧反映机件的后面,远离主视图的一侧反映机件的前面。

实际绘图时,不是任何机件都要选用六个基本视图,除主视图外,其他视图的选取由机件的结构特点和复杂程度而定,通常优先采用主、俯、左三个视图。并且在正确、完整、清楚地表达机件的前提下,应使图形的数量为最少。

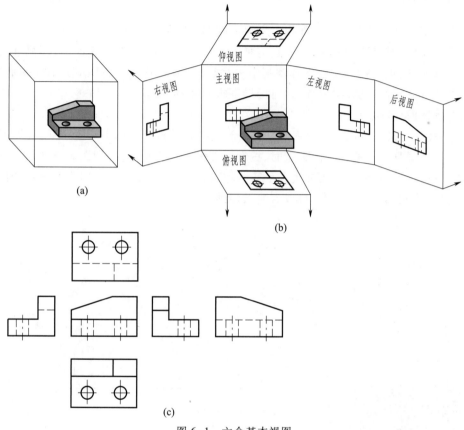

图 6-1　六个基本视图

二、向视图

向视图是可以自由配置的视图。当基本视图不能按投影关系配置或不能画在同一张图纸上时,可将其配置在适当位置,并称这种视图为向视图,如图6-2所示。

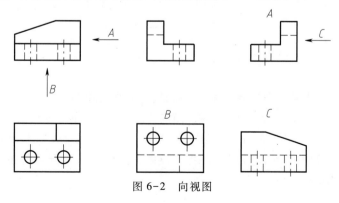

图 6-2　向视图

向视图应进行下列标注(图 6-2):

1) 在向视图的上方标注"×"("×"为大写拉丁字母);

2) 在相应视图的附近用箭头指明投射方向,并标注相应的字母。

三、局部视图

将机件的某一部分向基本投影面投射所得的视图称为局部视图。

当机件的主体结构已由基本视图表达清楚,还有部分结构未表达完整时,可用局部视图来表达。如图 6-3 所示的机件,用主视图和俯视图表达后,在表达右边凸起和左边结构的形状时,若再画出左视图和右视图,则显得繁琐,这时用局部视图 *A* 和 *B* 即可。

画局部视图时应注意:

1) 局部视图可按基本视图或向视图配置。当局部视图按基本视图配置,中间又无图形隔开时,可不标注;当局部视图按向视图配置时,按向视图的标注方法标注,如图 6-3 中的 *A*、*B* 两图。

2) 局部视图中用波浪线或双折线表示其范围,如图 6-3 中的 *A* 图。但当所表示的局部结构是完整的,其外形轮廓线又封闭时,可以省略波浪线,如图 6-3 中的 *B* 图。

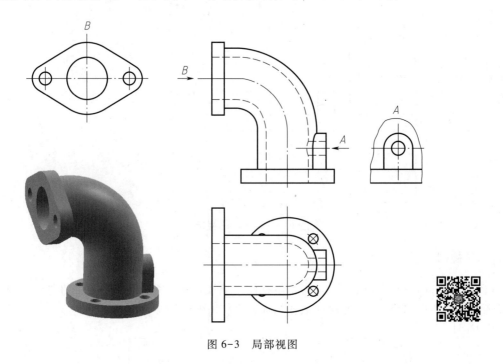

图 6-3　局部视图

四、斜视图

斜视图是机件向不平行于基本投影面的平面投射所得的视图。

当机件的某部分与基本投影面处于倾斜位置时(图 6-4a),在基本视图上不能够反映其真实形状。这时,可设立一个与倾斜部分平行且垂直于某一基本投影面(如 *V* 面)的新投影面,将倾斜部分向该面进行正投射,即得斜视图。再将新投影面连同投影展开至与主视图在同一平面上(图 6-4b)。

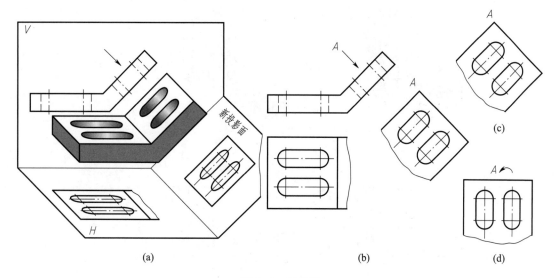

(a)　　　　　　　　　　(b)　　　　　　(c)

(d)

图 6-4　斜视图

画斜视图时应注意以下几点：

1）斜视图应进行标注。一般用带字母的箭头指明投射方向，并在斜视图上方标注相应的字母（图6-4b）。

2）斜视图只用来表示倾斜部分的局部结构，故其断裂边界画波浪线或双折线。应注意：若画波浪线，波浪线不能超出图形的轮廓线；若画双折线，双折线的两端应超出图形的轮廓线。

3）斜视图一般配置在箭头所指的方向，并保持投影关系。必要时也可配置在其他位置（图6-4c），还可将斜视图旋转配置（图6-4d），这时应在斜视图名称后加注旋转符号，旋转符号的画法如图6-5所示。

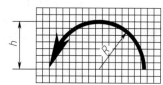

h=符号与字体高度

$h=R$

符号笔画宽度=$\dfrac{1}{10}h$或$\dfrac{1}{14}h$

图 6-5　旋转符号的
尺寸和比例

§6-2　剖　视　图

当机件的内部结构比较复杂时，若用视图表示，则图中细虚线较多，这样图形既不清晰也不便于标注尺寸。因此，常采用剖视的方法表达机件的内部结构形状。

一、剖视图的基本概念

1. 剖视图的形成

假想用剖切面剖开机件，将处在观察者和剖切面之间的部分移去，而将其余部分向投影面投射所得的图形称为剖视图，简称剖视。

如图6-6a所示的机件，假想用剖切面将其沿前后对称面剖开，将观察者和剖切面之间的部分移去，如图6-6b所示，并将剩余的部分向垂直于剖切面的平面投射，即得到一个剖视的主视图，如图6-6c所示。

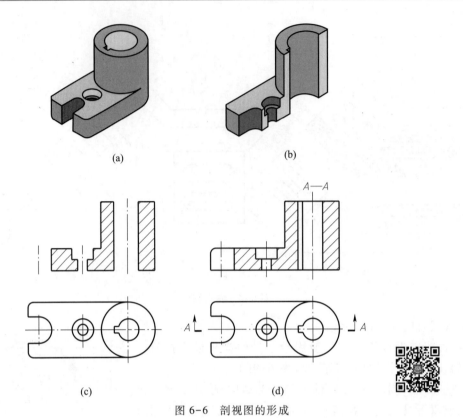

(a)　　　　　　　　　　(b)

(c)　　　　　　　　　　(d)

图 6-6　剖视图的形成

2. 剖面符号

剖切平面与机件接触的部分（实心部分）称为剖面区域。为了区分机件的实心和空心部分，国家标准规定在剖面区域上应画上规定的剖面符号，不同材料的剖面符号不同，表 6-1 列出了各种材料的剖面符号。其中金属材料的剖面符号为与机件主要轮廓线成 45°（左、右倾斜均可）互相平行且间距相等的细实线，也称剖面线，如图 6-6 所示。同一机件各个视图中的剖面线方向相同、间隔相等。

当剖视图中的主要轮廓线与水平方向成 45°或接近 45°时，剖面线应与水平方向成 30°或 60°，如图 6-7 所示。

3. 剖视图的画法

1）确定剖切平面的位置。一般用平行或垂直于某一投影面的平面沿机件内部孔、槽的对称面剖开机件，将观察者与剖切面之间的部分移去，再将剩余的部分向投影面投射（图 6-6a、b），用粗实线画出剖切面与机件相接触的断面图形，并在实体部分画上剖面符号，如图 6-6c 所示。同时作出其他必要的图形。

2）画出剖切平面后的可见和必要的不可见轮廓线（图 6-6d）。

3）按照规定的方法进行标注。

4. 剖视图的标注

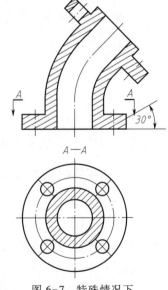

图 6-7　特殊情况下
剖面线的画法

表 6-1 各种材料的剖面符号

材料名称	剖面符号	材料名称	剖面符号
金属材料、通用剖面线 （已有规定剖面符号者除外）	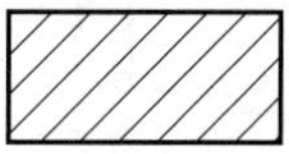	木质胶合板 （不分层数）	
线圈绕组元件	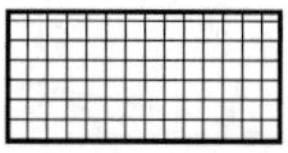	基础周围的泥土	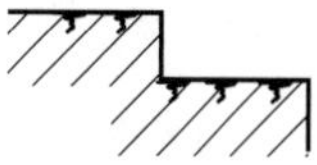
转子、电枢、变压器和电抗器 等的叠钢片	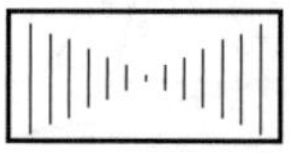	混凝土	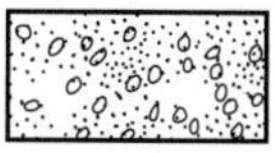
非金属材料 （已有规定剖面符号者除外）	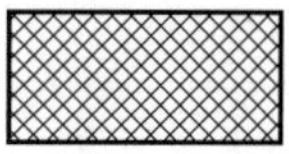	钢筋混凝土	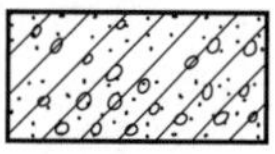
型砂、填砂、粉末冶金砂轮、 陶瓷、刀片、硬质合金刀片等		砖	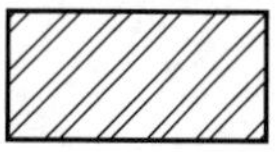
玻璃及供观察的其他透明 材料	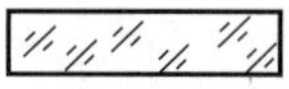	格网（筛网、过滤网等）	
木材	 纵剖面	液体	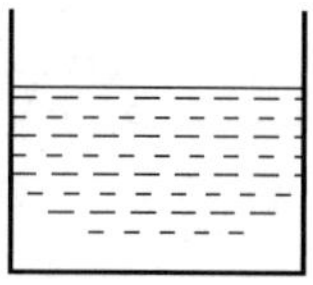
	 横剖面		

为了便于找出剖切位置和判断投影关系,剖视图应进行标注:

1）剖视图的上方注出"×—×"（×为大写拉丁字母）,表示剖视图的名称,如图 6-6d 所示;

2）剖切符号用断开的粗短线,线宽为（1~1.5）d（d 为粗实线的宽度）,长约为 5 mm,表示剖切面起、讫和转折位置,尽量不要与图形的轮廓线相交。

起、讫处的粗短线外端用细实线箭头表示投射方向,再注上相应的字母（×）;若同一张图纸上有几个剖视图,应用不同的字母表示。

当剖视图按投影关系配置,中间无图形隔开时,也可省略箭头。在这种情况下,若为单一剖切面,且剖切平面是对称面时,可省略标注,如图 6-6d 中的剖视图也可不标注。

5. 画剖视图应注意的问题

1）剖视图是假想将机件剖开后画出的。因此,除剖视图外,其他视图仍须按完整的机件画出。

2）剖切平面一般应通过机件的对称面或轴线,并平行或垂直于某一基本投影面。

3）剖视图中已表达清楚的内部结构,若在其他视图上的投影为细虚线时不必画出;没有表达清楚的结构,可在剖视图或其他视图中仍用细虚线画出,如图 6-8 所示。

4）应仔细分析不同结构剖切后的投影特点,避免漏画或多画轮廓线,如图 6-9 所示。

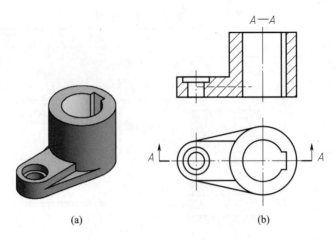

图 6-8　用细虚线表示的结构

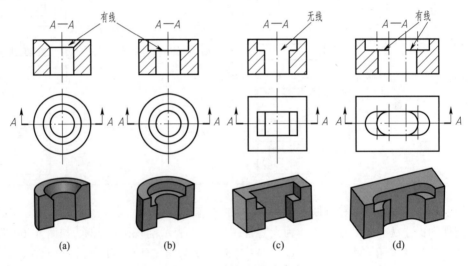

图 6-9　画剖视图的注意点

二、剖视图的种类

按剖切范围的大小,可将剖视图分为全剖视图、半剖视图和局部剖视图三类。

1. 全剖视图

用剖切面完全剖开机件所得的剖视图称为全剖视图。图 6-6、图 6-8 所示为全剖视图的例子。全剖视图常用于表达外形简单、内形复杂且沿剖切方向不对称的机件。

2. 半剖视图

如图 6-10a 所示,当机件具有对称平面时,可以假想地用剖切平面将观察者与剖切平面之间的一半移去,而将剩余的部分向垂直于对称平面的投影面投射,如图 6-10b 所示,这样所得到的图形称为半剖视图,半剖视图可以以对称中心线为界,一半画成剖视图,另一半画成视图,如图 6-10c 所示。

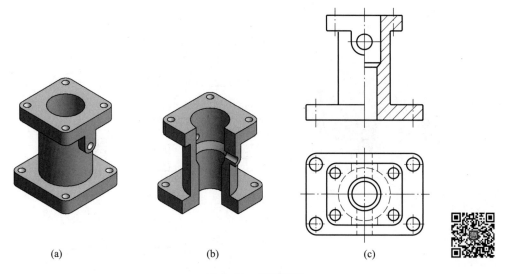

(a)   (b)   (c)

图 6-10 半剖视图

半剖视图常用于表达内、外形状均复杂的对称机件,也用于表达接近对称且不对称的结构已在其他图形中表达清楚的机件。

画半剖视图时应注意以下几点:

1) 半个剖视图和半个视图的分界线应是细点画线,不能是其他任何图线。若机件虽然对称,但对称面的外形或内形上有轮廓线时不宜作半剖,如图 6-11 所示。

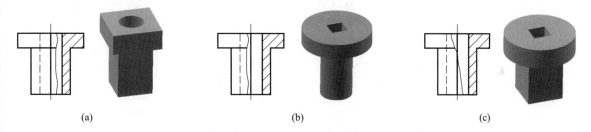

(a)   (b)   (c)

图 6-11 不能作半剖的机件

2) 在半个剖视图中已表达清楚的内形在另一半视图中表达其的细虚线可省略,但应画出孔或槽的中心线,如图 6-10 中主视图的左边的视图部分所示。

3. 局部剖视图

用剖切面局部地剖开机件所得的剖视图称局部剖视图。

局部剖视图常用于内、外形状均需要表达,但又不宜作全剖或半剖视时的机件(图 6-12),也可用于表达实心机件上的孔、槽等局部的内部结构(图 6-13)。

作局部剖视图时,部分剖视图与部分视图之间用波浪线表示机件的断裂边界。画波浪线时应注意以下几点:

1) 波浪线不能与视图中的轮廓线重合,也不能画在其延长线上,如图 6-14a、b 所示。

2) 波浪线只能画在机件的实体部分,如遇孔、槽等中空结构应自动断开,也不能超出视图中被剖切部分的轮廓线,如图 6-14c、d 所示。

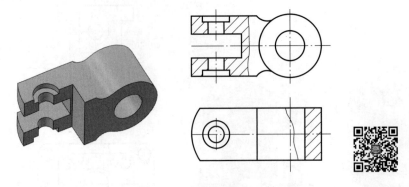

图 6-12　局部剖视图(一)

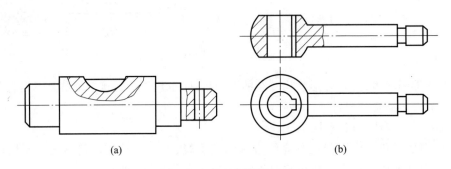

(a)　　　　　　　　　　　(b)

图 6-13　局部剖视图(二)

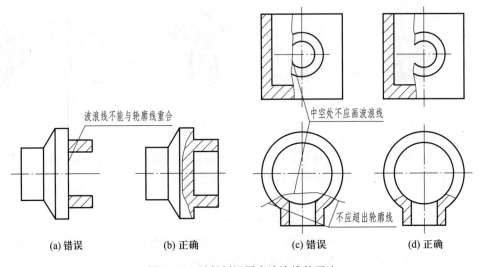

(a) 错误　　　(b) 正确　　　(c) 错误　　　(d) 正确

图 6-14　局部剖视图中波浪线的画法

　　局部剖视图是一种比较灵活的表达方法,如运用得当,可使图形重点突出、简明清晰。但在同一视图中局部剖视图的数量不宜过多,否则会使图形表达显得零乱。

　　局部剖视图一般可以省略标注,但当剖切位置不明显或局部剖视图未按投影关系配置时,按剖视图的标注方法进行标注。

三、剖切面的种类

因为机件的内部结构形状不同,所采用的剖切方法也不一样。按照国家标准的规定,常选择以下三种剖切面剖开机件。

（一）单一剖切面剖切

1. 用平行于某一基本投影面的单一平面剖切

前面介绍的全剖视图、半剖视图和局部剖视图均为单一剖切面剖切的图例。

2. 用不平行于任何基本投影面的单一平面剖切

用不平行于任何基本投影面的单一平面剖切机件,如图 6-15 所示的 $A—A$。

这种剖切主要用于表达机件上倾斜部分的内部结构,除应画出剖面线外,其画法、图形的配置及标注与斜视图相同,如图 6-15 所示。

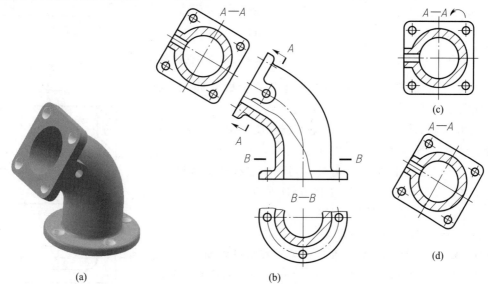

图 6-15　单一剖切面剖切

（二）用几个平行的剖切平面剖切

如图 6-16 所示的机件,用了两个互相平行的剖切面剖切。

这种剖切方法主要适用于机件上有较多的内部结构,并分布在几个互相平行的平面上的情况。

用几个平行的剖切平面剖切时,其标注应注意以下几点（图 6-16）:

1）剖切平面在起、讫、转折处画粗短线并标注字母,在起、讫外侧画上箭头,表示投射方向。

2）在相应的剖视图上方以相同的字母"×—×"标注剖视图的名称。

当剖视图按投影关系配置,中间又无图形隔开时,也可省略箭头。

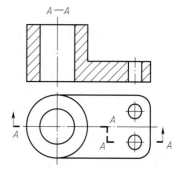

图 6-16　几个平行的剖切面
剖切的画法与标注

采用几个平行的剖切平面剖切画图时应注意以下几点：

1）两个剖切平面的转折处不应画出交线，如图 6-17a 所示。

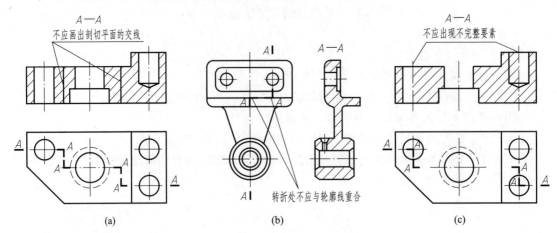

图 6-17　平行剖切平面剖切时的注意点

2）剖切平面的转折处不应与图形中的轮廓线重合，如图 6-17b 所示。

3）要恰当地选择剖切位置，避免在剖视图上出现不完整的要素，如图 6-17c 所示。

4）当两个要素在图形上具有公共对称中心线或轴线时，可以以对称中心线为界，各画一半，如图 6-18 所示。

（三）用几个相交的剖切面剖切

1. 用两个相交的剖切平面剖切

用两相交的剖切平面（交线垂直于某一基本投影面）剖开机件的方法，如图 6-19 所示。这种方法主要用于表达具有公共回转轴线的机件，如轮、盘、盖等机件上的孔、槽等内部结构。

采用这种剖切方法时，先假想按剖切位置剖开机件，然后将被剖切平面剖开的结构旋转到与选定的投影面平行后再进行投射。剖切平面后的其他结构一般仍按原来的位置投射，如图 6-19 中的小油孔。当剖切后会产生不完整要素时，将此部分按不剖绘制，如图 6-20 所示的机件右边中间部分的形体在主视图中按不剖处理。

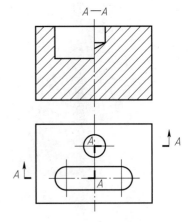

图 6-18　采用平行的剖切平面剖切的特殊情况

采用相交的剖切面剖切时的标注方法如下（图 6-19）：

1）在剖切的起、讫和转折处画粗短线并标注字母"×"，在起、讫外侧画上箭头。

2）在剖视图上方注明剖视图的名称"×—×"。

2. 用组合的剖切平面剖切

当机件的内部结构形状较复杂，用前面的几种剖切面剖切不能表达完整时，可采用一组相交的剖切平面剖切，如图 6-21 所示。

采用这种剖切面剖切时，还可结合展开画法，此时应标注"×—×展开"。

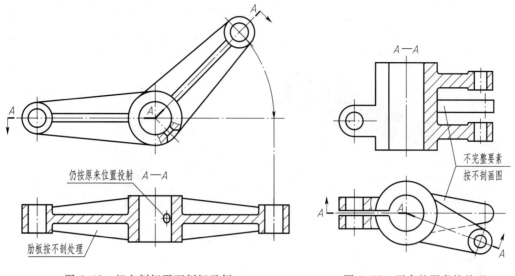

图 6-19 相交剖切平面剖切示例   图 6-20 不完整要素的处理

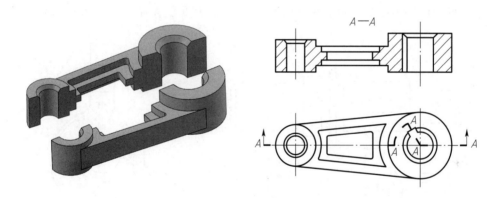

图 6-21 组合的剖切平面剖切

§6-3 断 面 图

一、断面图的概念及种类

1. 断面图的概念

假想用剖切面将机件的某处切断,仅画出剖切面与机件接触部分的图形,称为断面图,简称断面,如图 6-22a 所示。

断面图与剖视图的区别:断面图一般只画出切断面的形状,而剖视图不仅画出切断面的形状,而且画出切断面后面的可见轮廓的投影,如图 6-22b 所示。

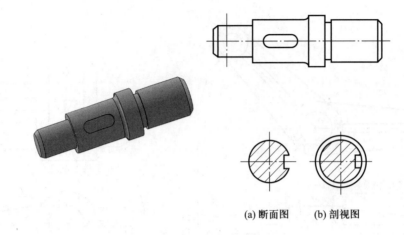

(a) 断面图　　(b) 剖视图

图 6-22　断面图的概念

2. 断面图的种类

断面图分为移出断面图和重合断面图两种。

1）移出断面图　画在视图轮廓线之外的断面图,称为移出断面图,如图 6-23 所示。

2）重合断面图　画在视图轮廓线之内的断面图,称为重合断面图,如图 6-24 所示。

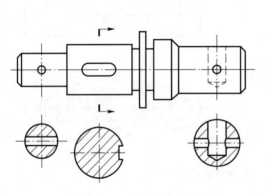

图 6-23　移出断面图

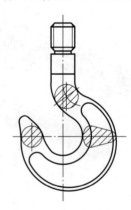

图 6-24　重合断面图

二、断面图的画法

（一）移出断面图的画法

1）移出断面的轮廓线用粗实线绘制。

2）移出断面应尽量配置在剖切符号或剖切平面迹线的延长线上。剖切平面迹线是剖切平面与投影面的交线,用细点画线表示,如图 6-23 所示。为了合理地布置图面,也可将移出断面图配置在其他适当的位置,如图 6-25 中的"A—A""B—B"所示。当断面图形对称时,可以将移出断面图画在视图的中断处,如图 6-26 所示。

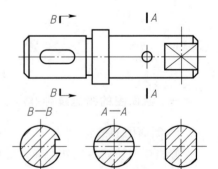

A—A、B—B 断面不配置
在剖切符号的延长线上

图 6-25　移出断面图的画法

3）由两个或多个相交的平面剖切得出的移出断面图,中间应断开,如图 6-27 所示。

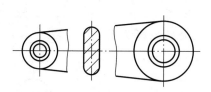

图 6-26　移出断面图画在视图中断处

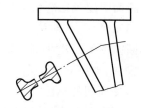

图 6-27　相交两剖切平面剖
得的机件断面图的画法

4）当剖切平面通过回转面表面的孔或凹坑的轴线时,这些结构按剖视绘制,如图 6-25 中的
"*A—A*"及图 6-28 中的"*A—A*"。当剖切平面通过通孔导致出现完全分离的两个断面时,这些结构应按剖视绘制,如图 6-29 所示。

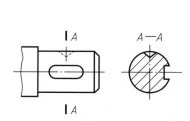

图 6-28　剖切平面通过凹坑的画法

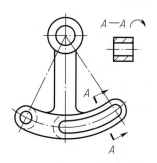

图 6-29　断面图形分离时的画法

5）在不引起误解的情况下,允许将移出断面图旋转,但应注出旋转符号,如图 6-29 所示。

（二）重合断面图

1）重合断面图的轮廓线用细实线绘制,如图 6-24 和图 6-30 所示。

2）当视图中的轮廓线与重合断面图重叠时,视图中的轮廓线仍应连续画出,不可间断,如图 6-31 所示。

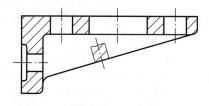

图 6-30　重合断面图的画法（一）

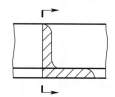

图 6-31　重合断面图的画法（二）

三、断面图的标注

（一）移出断面图的标注

1）用剖切符号表示剖切位置,指明投射方向,并标注字母"×",如图 6-32 所示。

2）用相应的字母在移出断面图的上方标出断面图的名称"×—×"。

移出断面图省略标注的情况：

1）移出断面图配置在剖切符号延长线上时,若不对称,可省略字母,如图6-33a所示;若对称,可不标注,如图6-33b所示。

2）移出断面图不配置在剖切符号延长线上时,若按投影关系配置,可省略箭头,如图6-33c所示。

（二）重合断面图的标注

当重合断面图对称时,可省略标注,如图6-24和图6-30所示;当重合断面图形不对称时,要标注剖切符号和箭头,如图6-31所示。

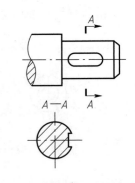

图 6-32　移出断面图的标注

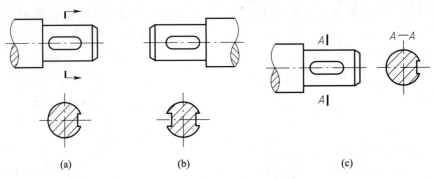

(a)　　　　　　　　(b)　　　　　　　　(c)

图 6-33　移出断面图省略标注的情况

§6-4　局部放大图及其他规定与简化画法

为了使画图简便、看图清晰,除了前面所介绍的表达方法外,还可采用局部放大图、规定画法和简化画法表示机件。

一、局部放大图

当机件上某些细小结构在原图上表达不清楚或不便于标注尺寸时,可将这些结构用大于原图形所采用的比例单独画出。这种用大于原图比例画出的图形称为局部放大图,如图6-34所示。

局部放大图可以画成视图、剖视图或断面图,它所采用的表达方法与被放大部位的表达方法无关。局部放大图应尽量配置在被放大的部位附近。

局部放大图的断裂边界用波浪线围起来,若局部放大图为剖视图或断面图,则其剖面符号应与被放大部位的剖面符号一致。

画局部放大图时,要用细实线圈出被放大的部位,并在图形上方注明比例大小。若机件上有几处需放大,必须用罗马数字依次标明被放大部位,并在局部放

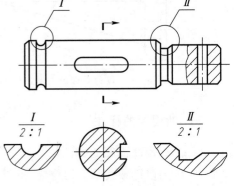

图 6-34　局部放大图

大图上方用分数的形式标出相应的罗马数字和比例,如图 6-34 所示。

二、规定及简化画法

常用的规定及简化画法见表 6-2。

表 6-2 常用的规定及简化画法

内 容	图 例	说 明
断开画法	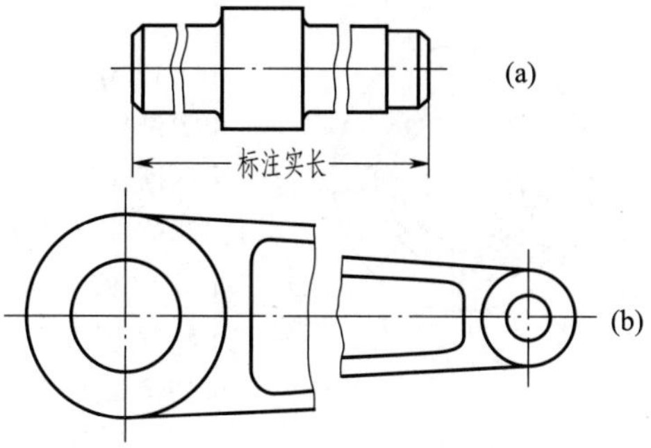	较长的机件沿长度方向形状一致(图 a)或按一定规律变化时(图 b),可将机件断开后缩短绘制,但仍按实际长度标注尺寸
相同结构的简化画法	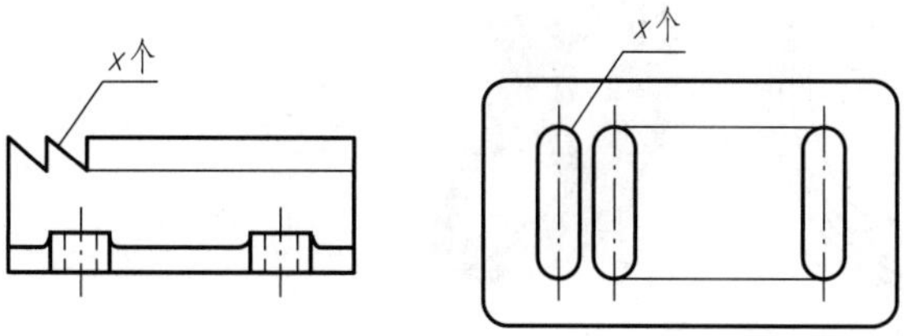	当机件具有若干相同结构(齿、槽等),并按一定规律分布时,只需画出几个完整的结构,其余用细实线连接,但在图中必须注明该结构的总数
		若干直径相同且按规律分布的孔,可仅画出一个或几个,其余用细点画线表示其中心位置,但应注明孔的总数

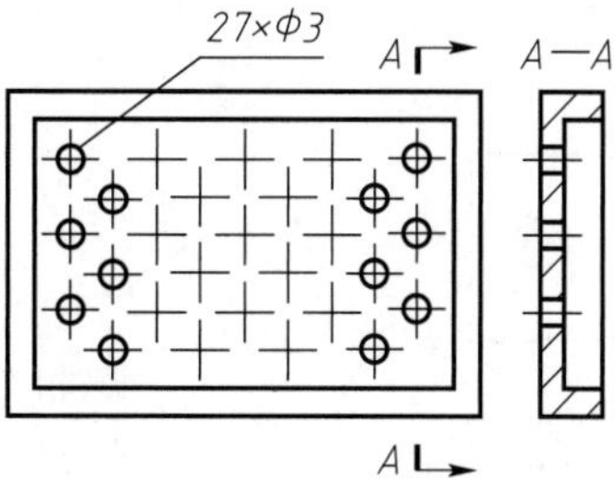

续表

内容	图　　例	说　　明
机件上肋、轮辐等的剖切画法	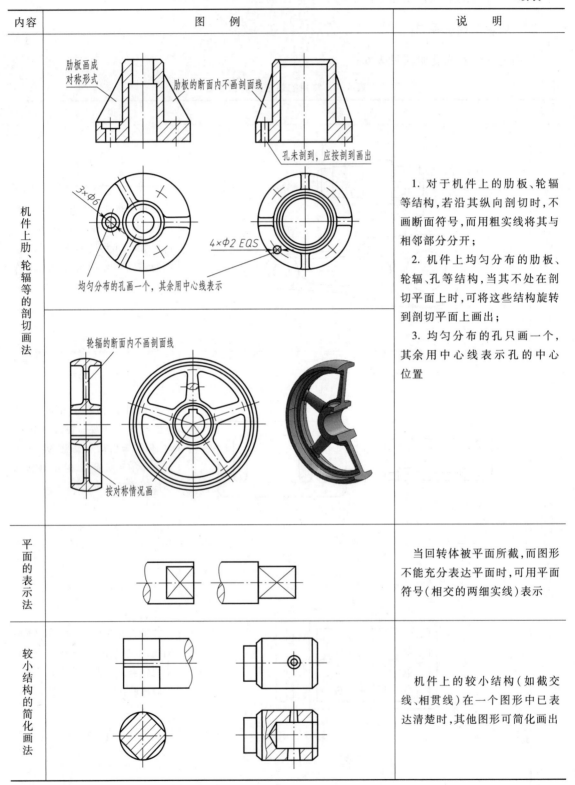	1. 对于机件上的肋板、轮辐等结构，若沿其纵向剖切时，不画断面符号，而用粗实线将其与相邻部分分开； 2. 机件上均匀分布的肋板、轮辐、孔等结构，当其不处在剖切平面上时，可将这些结构旋转到剖切平面上画出； 3. 均匀分布的孔只画一个，其余用中心线表示孔的中心位置
平面的表示法		当回转体被平面所截，而图形不能充分表达平面时，可用平面符号（相交的两细实线）表示
较小结构的简化画法		机件上的较小结构（如截交线、相贯线）在一个图形中已表达清楚时，其他图形可简化画出

§6-5   表达方案的综合应用

图样的表达方法包括视图、剖视图、断面图等。一个机件往往可以用不同的方案表达,在选择表达方案时,应根据机件的结构特点进行选择。用一组合适的图形正确、完整、清晰、简练地表达机件的内、外结构。

下面通过如图 6-35 所示的三通管的表达方案来介绍如何选择合适的表达方案。

一、形体分析

如图 6-35a 所示,三通管由上下贯通且带有连接盘的圆管和左方水平位置带有连接盘的圆管两个组成部分构成,且竖直的圆柱管与水平圆柱管相通。

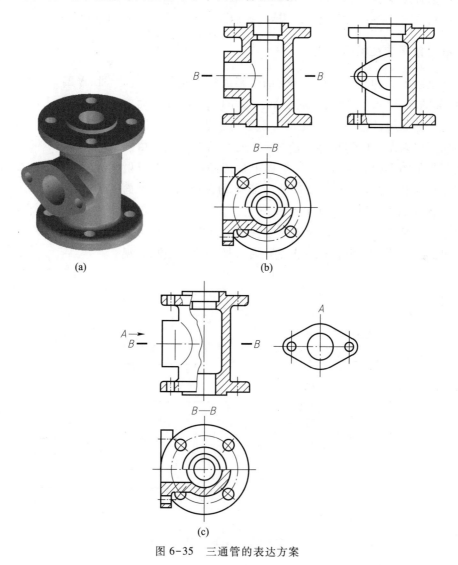

(a)   (b)

(c)

图 6-35   三通管的表达方案

二、表达方案的选择

根据三通管的内、外结构特点,选择了两种表达方案,方案一(图6-35b):用主、俯、左三个视图表达,主视图采用全剖,左视图和俯视图采用半剖,内、外结构表达正确、完整但不够清晰、简练。方案二(图6-35c):用主、俯两个视图加局部视图表达,且主视图用局部剖,俯视图采用半剖,再用局部视图表达左边结构,避免了图6-35b中竖直管的重复表达。

综合分析比较,方案二将机件内外结构表达正确、完整、清晰且简练,便于画图、读图。

§6-6　第三角画法简介

根据国家标准规定,我国的技术图样主要是采用第一角画法绘制的,而美国、日本等国家采用的是第三角画法。随着技术交流的需要,我们要了解一些第三角画法的基本知识。

一、第三角画法视图的形成

如图6-36所示,两个互相垂直相交的投影面将空间分成Ⅰ、Ⅱ、Ⅲ、Ⅳ四个分角。采用第三角画法时,如图6-37所示,将物体置于第三分角内,这时投影面处于观察者与物体之间,以人—图—物的关系进行投射,在 V 面上形成的由前向后投射所得的图形称为前视图;在 H 面上形成的由上向下投射所得的图形称为顶视图;在 W 面上形成的由右向左投射所得的视图称为右视图。然后将其展开: V 面不动,将 H 面与 W 面沿交线拆开且分别绕它们与 V 面的交线向上、向右旋转90°,这样三个面处于同一平面上,即得到物体的三视图。从图中可总结出三视图的投影规律:前、顶视图长对正,前、右视图高平齐,顶、右视图宽相等。

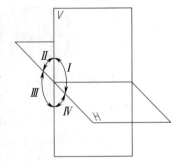

图6-36　四个分角

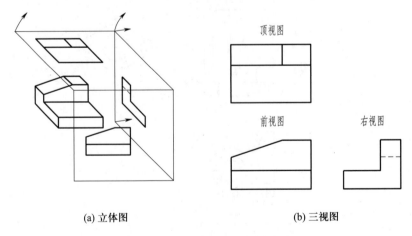

(a) 立体图　　　　　　　　　　　　　　(b) 三视图

图6-37　第三角画法视图的形成

二、第三角画法与第一角画法的比较

第一角画法与第三角画法的主要区别在于：

第一角画法是把物体放在观察者与投影面之间,投射方向是人—物—图(投影面)的关系,如图 6-38 所示。

第三角画法是把物体放在投影面的另一边,投射方向是人—图(投影面)—物的关系,即将投影面视为透明的(像玻璃一样),投影时就像隔着"玻璃"看物体,将物体的轮廓形状印在物体前面的"玻璃"(投影面)上,如图 6-37 所示。

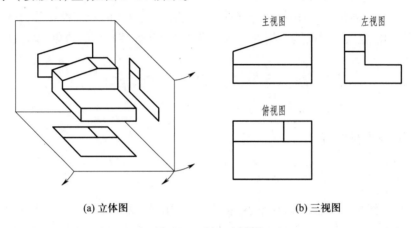

(a) 立体图　　　　　　　　　　　　　　(b) 三视图

图 6-38　第一角画法

三、第三角画法的标识

国家标准规定,可以采用第一角画法,也可以采用第三角画法。为了区别这两种画法,在图纸上的标题栏内(或外)画上投影标识符号,其画法如图 6-39 所示。

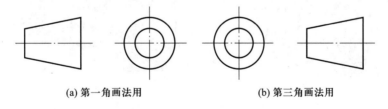

(a) 第一角画法用　　　　　　　　　　(b) 第三角画法用

图 6-39　两种画法的标识符号

第七章 标准件与常用件

在机器或仪器中,有些大量使用的机件,如螺栓、螺母、螺柱、螺钉、键、销、轴承等,它们的结构和尺寸均已标准化、系列化,这类机件称为标准件。还有些机件,如齿轮、弹簧等,它们的部分参数也已标准化、系列化,这类机件称为常用件。本章将分别介绍这些机件的结构、规定画法和标记。

§7-1 螺 纹

一、螺纹的基本知识

（一）螺纹的形成、要素和结构

1. 螺纹的形成

螺纹是一平面图形(如三角形、梯形、锯齿形等)在圆柱或圆锥表面上沿着螺旋线运动所形成的、具有相同轴向断面的连续凸起和沟槽。螺纹在螺钉、螺柱、螺栓、螺母和丝杠上起连接或传动作用。在圆柱(或圆锥)外表面上所形成的螺纹称外螺纹,在圆柱(或圆锥)内表面上所成的螺纹称内螺纹。

螺纹的加工方法很多,常见的加工方法如图7-1所示。

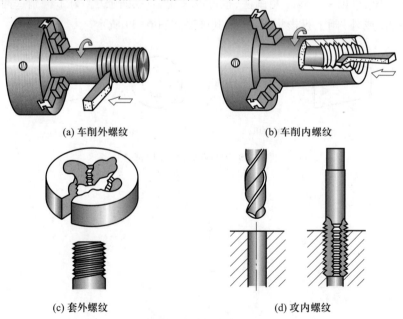

(a) 车削外螺纹　　　　　　　　　(b) 车削内螺纹

(c) 套外螺纹　　　　　　　　　(d) 攻内螺纹

图 7-1　螺纹的加工方法

2. 螺纹的要素

（1）牙型

在通过螺纹轴线的断面上螺纹的轮廓形状称为螺纹牙型。它有三角形、梯形、锯齿形和矩形等。不同的螺纹牙型有不同的用途。

（2）公称直径

公称直径是代表螺纹尺寸的直径，一般指螺纹的大径。

螺纹的直径有三个：大径（d、D）、小径（d_1、D_1）和中径（d_2、D_2），如图 7-2 所示。

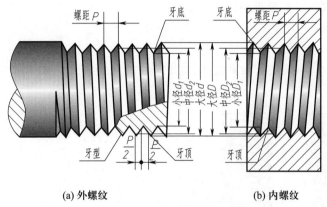

(a) 外螺纹　　　　　　　　(b) 内螺纹

图 7-2　螺纹的直径

螺纹的大径是指与外螺纹牙顶或内螺纹牙底相重合的假想圆柱面的直径，即螺纹的最大直径。螺纹的小径是指与外螺纹牙底或内螺纹牙顶相重合的假想圆柱面的直径，即螺纹的最小直径。螺纹中径近似等于螺纹的平均直径。

（3）线数 n

如图 7-3 所示，螺纹有单线和多线之分。沿轴向只有一条螺旋线形成的螺纹，称为单线螺纹；沿轴向等距分布的两条或两条以上的螺旋线所形成的螺纹，称为双线或多线螺纹。

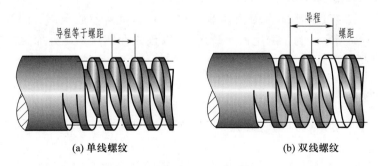

(a) 单线螺纹　　　　　　　　(b) 双线螺纹

图 7-3　螺纹的线数、螺距和导程

（4）螺距 P 和导程 P_h

螺纹相邻两牙在中径线上对应两点间的轴向距离，称为螺距 P。同一条螺旋线上的相邻两牙在中径线上对应两点间的轴向距离，称为导程 P_h。单线螺纹的导程等于螺距，即 $P_h = P$，如图 7-3a 所示；多线螺纹的导程等于线数乘以螺距，即 $P_h = nP$，图 7-3b 所示为双线螺纹，其导程等于螺距的两倍,即 $P_h = 2P$。

(5)螺纹的旋向

螺纹的旋向分为右旋和左旋两种,其判断方法如图7-4所示。常用的是右旋螺纹。

内、外螺纹连接时,螺纹的上述五项要素必须一致。改变其中的任何一项,就会得到不同规格的螺纹。为了便于设计制造,国家标准对有些螺纹(如普通螺纹、梯形螺纹等)的牙型、直径和螺距都作了规定。凡是这三项都符合标准的螺纹,称为标准螺纹。而牙型符合标准,直径或螺距不符合标准的螺纹,称为特殊螺纹,标注时,应在牙型符号前加注"特"字。对于牙型不符合标准的螺纹,称为非标准螺纹(如矩形螺纹)。

(二)螺纹的结构

1. 螺纹的端部

为了便于装配和防止螺纹起始圈损坏,常把螺纹的起始处加工成一定的形式,如倒角、倒圆等,如图7-5所示。

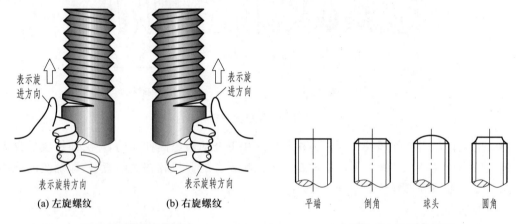

图7-4　螺纹的旋向　　　　　　　　　　图7-5　螺纹的端部

2. 螺纹的收尾和退刀槽

车削螺纹时,刀具接近螺纹末尾处要逐渐离开工件,因此螺纹收尾部分的牙型是不完整的,称为螺尾,如图7-6a所示。为了避免产生螺尾,可以预先在螺纹末尾处加工出退刀槽,然后再车削螺纹,如图7-6b所示。

二、螺纹的规定画法

国家标准《机械制图》GB/T 4459.1—1995规定了在机械图样中螺纹和螺纹紧固件的画法。

1. 外螺纹

螺纹牙顶所在的轮廓线(即大径)画成粗实线,螺纹牙底所在的轮廓线(即小径)画成细实线,在螺杆的倒角或倒圆部分也应画出。小径通常画成大径的0.85倍(当大径较大或画细牙螺纹时,小径数值可查阅有关表格),如图7-7中主视图所示。在垂直于螺纹轴线投影面的视图中,表示牙底的细实线圆只画约3/4圈,此时倒角圆省略不画,如图7-7中左视图所示。

2. 内螺纹

内螺纹通常用剖视图表达。在剖视图中,内螺纹牙顶所在的轮廓线(即小径)画成粗实线,

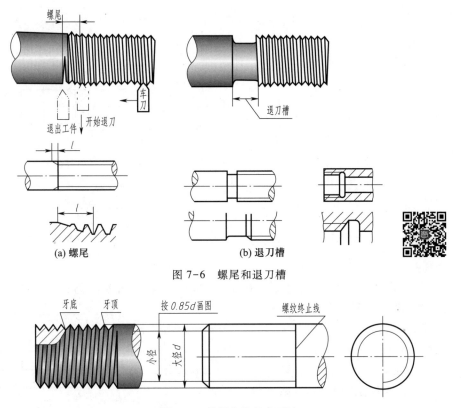

图 7-6　螺尾和退刀槽

图 7-7　外螺纹的规定画法

内螺纹牙底所在的轮廓线(即大径)画成细实线,如图 7-8 中的主视图所示。在不可见的内螺纹中,所有图线均按细虚线绘制,如图 7-9 所示。

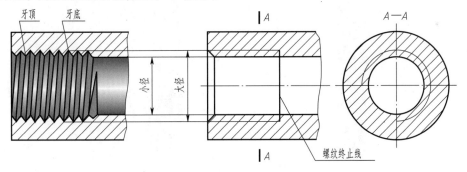

图 7-8　内螺纹的规定画法

如图 7-8 和图 7-9 中左视图所示,在投影为圆的视图中,表示牙底的细实线圆或虚线圆,也只画约 3/4 圈,倒角圆省略不画。

3. 内螺纹和外螺纹连接

内、外螺纹的连接以剖视图表示时,其旋合部分按外螺纹画出,其余各部分仍按各自的画法表示。当剖切平面通过螺杆轴线时,螺杆按不剖绘制。内、外螺纹的大径线和小径线必须分别位于同一条直线上,如图 7-10 所示。在内、外螺纹连接的视图中,同一零件在各个剖视图中剖面线的方向和间隔应一致,在同一剖视图中相邻两零件剖面线的方向或间隔应不同。

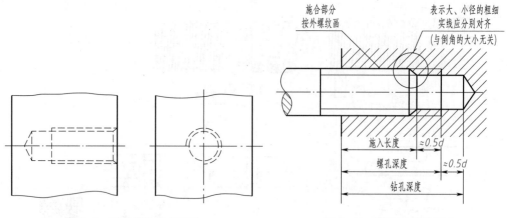

图 7-9　不剖螺纹孔的画法　　　　　　图 7-10　螺纹连接的画法

4. 其他的规定画法

（1）完整螺纹的终止界线（简称螺纹终止线）用粗实线表示，外螺纹终止线如图 7-7 所示，内螺纹终止线如图 7-8 所示。当需要表示螺纹收尾时，螺尾部分的牙底与轴线成 30°的细实线绘制，如图 7-11 所示。

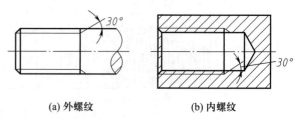

（a）外螺纹　　　　　（b）内螺纹

图 7-11　螺尾的画法

（2）绘制不穿通螺纹孔时，一般应将光孔与螺孔分别画出，钻头头部形成的锥顶角画成 120°，如图 7-12 所示。

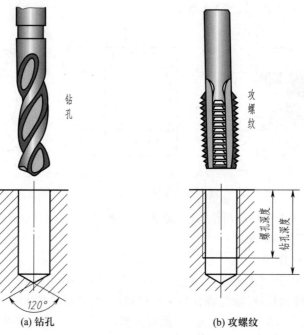

（a）钻孔　　　　　　　（b）攻螺纹

图 7-12　不穿通螺纹孔的画法

三、螺纹的种类和规定标注

螺纹的种类很多,按用途可分为连接螺纹和传动螺纹。常用标准螺纹的种类、牙型及用途等见表7-1。

表 7-1　常用标准螺纹

螺纹种类			特征代号	外　形　图	牙　型　图	用　　途
连接螺纹	普通螺纹	粗牙	M	60°	60°	是最常用的连接螺纹
		细牙				用于连接细小的精密零件或薄壁零件
	55°非密封管螺纹		G	55°	55°	用于水管、油管、气管等一般低压管路的连接
传动螺纹	梯形螺纹		Tr	30°	30°	机床的丝杠采用这种螺纹进行传动
	锯齿形螺纹		B	3° 30°	3° 30°	只能传递单方向的力矩

螺纹按国家标准的规定画法画出后,图上并未标明牙型、公称直径、螺距、线数和旋向等要素,因此需要用标注代号或标记的方式来说明。常用螺纹的标注见表 7-2。

螺纹的标注内容及格式为

特征代号	公称直径	×	导程(P 螺距)	—	公差带代号	—	旋合长度代号	—	旋向

单线螺纹的螺距与导程相同,导程(螺距)一项只注螺距,并查标准确定。

(1) 螺纹特征代号　螺纹特征代号见表7-1。

(2) 公称直径　一般为螺纹大径,但在管螺纹标注中,螺纹特征代号(如 G)后面为尺寸代号,它是管子的内径,单位为英寸(in),管螺纹的直径要查其标准确定。

表 7-2　常用螺纹的标注

螺纹种类		标注方式	标注图例	说　明
普通螺纹 （单线）	粗牙	M12-5g6g ├ 顶径公差带代号 ├ 中径公差带代号 └ 螺纹大径 M12-7H-L-LH ├ 旋向(左旋) ├ 旋合长度代号 ├ 中径和顶径 └ 公差带代号	M12-5g6g M12-7H-L-LH	1. 螺纹的标记,应注在大径的尺寸线或注在其引出线上。 2. 粗牙螺纹省略标注螺距。 3. 细牙螺纹要标注螺距
	细牙	M12×1.5-5g6g ├ 螺距 ├ 顶径公差带代号 ├ 螺纹大径 └ 中径公差带代号	M12×1.5-5g6g	
管螺纹 （单线）	55°非密封管螺纹	55°非密封的内管螺纹标记: G1/2 内螺纹公差等级只有一种,不标注	G1/2	1. 特征代号右边的数字为尺寸代号,即管子内径,单位为英寸(in)。管螺纹的直径需查其标准确定。尺寸代号采用小一号的数字书写。 2. 在图上从螺纹大径画指引线进行标注
		55°非密封的外管螺纹标记: G1/2A 外螺纹公差等级分 A 级和 B 级两种,需标注	G1/2A 1/2"	
梯形螺纹	单线	Tr40×7-7e └ 中径公差带代号	Tr40×7-7e	1. 单线螺纹只标注螺距,多线螺纹标注导程、螺距。 2. 旋合长度分为中等(N)和长(L)两组,中等旋合长度可以不标注
	多线	Tr40×14(P7)LH-7e ├ 旋向 ├ 螺距 └ 导程	Tr40×14(P7)LH-7e	

（3）旋向　左旋时需标注"LH"，右旋时不标注。

（4）公差带代号　一般要注出中径和大径两项公差带代号。中径和大径公差带代号相同时，只注一个，如 6g，7H 等。代号中的字母外螺纹用小写，内螺纹用大写。

（5）旋合长度代号　螺纹旋合长度分为短、中、长三组，分别用代号 S、N、L 表示，中等旋合长度 N 不标注。

§7-2　螺纹紧固件

一、常用螺纹紧固件及其标记

常用的螺纹紧固件有螺栓、螺柱、螺钉、螺母和垫圈等，如图 7-13 所示。其结构形式和尺寸都已标准化，故又称为标准件。使用时按规定标记直接外购即可。

常用螺纹紧固件的结构形式和标记见表 7-3。

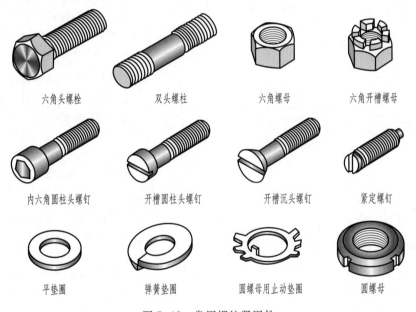

图 7-13　常用螺纹紧固件

表 7-3　常用螺纹紧固件的结构形式和标记

名　称	简　图	规定标记及说明
六角头螺栓	C级　M10　50	螺栓 GB/T 5780 M10×50 名称　国家标准代号　螺纹规格　公称长度

名　　称	简　　图	规定标记及说明
螺　　柱	A型 B型	两端均为粗牙普通螺纹 $d=10$，$l=45$、性能等级为 4.8 级、B 型、$b_m=1d$ 的双头螺柱的标记为 　　螺柱　GB/T 897　M10×45 　　螺柱—$b_m=1d$（GB/T 897—1988） 　　螺柱—$b_m=1.25d$（GB/T 898—1988） 　　螺柱—$b_m=1.5d$（GB/T 899—1988） 　　螺柱—$b_m=2d$（GB/T 900—1988）
开槽圆柱头螺钉	50 M10	螺纹规格 $d=$M10、公称长度 $l=50$、性能等级为 4.8 级、不经表面处理的开槽圆柱头螺钉的标记为 　　螺钉　GB/T 65　M10×50
开槽盘头螺钉	50 M10	螺纹规格 $d=$M10、公称长度 $l=50$、性能等级为 4.8 级、不经表面处理的开槽盘头螺钉的标记为 　　螺钉　GB/T 67　M10×50 　　螺钉头部的厚度相对于直径小得多，成盘状，故称为盘头螺钉
开槽沉头螺钉	50 M10	螺纹规格 $d=$M10、公称长度 $l=50$、性能等级为 4.8 级、不经表面处理的开槽沉头螺钉的标记为 　　螺钉　GB/T 68　M10×50
十字槽沉头螺钉	50 M10	螺纹规格 $d=$M10、公称长度 $l=50$、性能等级为 4.8 级、不经表面处理的 H 型十字槽沉头螺钉的标记为 　　螺钉　GB/T 819.1　M10×50
开槽锥端紧定螺钉	35 M12	螺纹规格 $d=$M12、公称长度 $l=35$、性能等级为 14H 级、表面氧化的开槽锥端紧定螺钉的标记为 　　螺钉　GB/T 71　M12×35

续表

名　称	简　图	规定标记及说明
开槽长圆柱端紧定螺钉	35 / M12	螺纹规格 d=M12、公称长度 l=35、性能等级为 14H 级、表面氧化的开槽长圆柱端紧定螺钉的标记为 螺钉 GB/T 75 M12×35
1 型六角螺母—A 级和 B 级	M12	螺纹规格 D=M12、性能等级为 8 级、不经表面处理、A 级的 1 型六角螺母的标记为 螺母 GB/T 6170 M12
1 型六角开槽螺母—A 级和 B 级	M12	螺纹规格 D=M12、性能等级为 8 级、表面氧化、A 级的 1 型六角开槽螺母的标记为 螺母 GB/T 6178 M12
平垫圈—A 级	$\phi12$	标准系列、规格 12、性能等级为 140HV 级、不经表面处理的平垫圈的标记为 垫圈 GB/T 97.1 12
标准型弹簧垫圈	$\phi12$	规格 12、材料为 65Mn、表面氧化的标准型弹簧垫圈的标记为 垫圈 GB/T 93 12

二、单个螺纹紧固件的近似画法

螺纹紧固件通常按螺栓的螺纹规格 d 的一定比例画图,如图 7-14 所示。

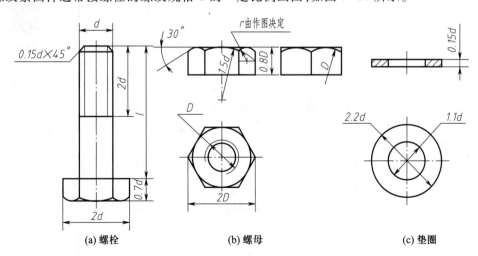

(a) 螺栓   (b) 螺母   (c) 垫圈

图 7-14　螺纹紧固件的近似画法

螺钉头部的近似画法如图 7-15 所示。

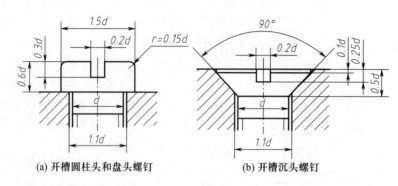

(a) 开槽圆柱头和盘头螺钉　　　　　(b) 开槽沉头螺钉

图 7-15　螺钉头部的近似画法

三、螺纹紧固件的连接画法

画螺纹紧固件连接图时,应遵守下列基本规定:

1)两零件接触表面只画一条线,不接触表面应画两条线。

2)两零件邻接时,不同零件的剖面线方向应相反,或者方向一致、间隔不等。

3)对于紧固件和实心零件(如螺钉、螺栓、螺母、垫圈、键、销、球及轴等),若剖切平面通过它们的轴线,则这些零件都按不剖绘制,仍画外形;必要时,可采用局部剖视。

根据被连接零件的使用情况、受力、壁厚等的不同,螺纹紧固件连接可分为螺钉连接、螺栓连接、螺柱连接等。

（一）螺钉连接

螺钉连接有连接螺钉连接和紧定螺钉连接两种。

1. 连接螺钉连接

连接螺钉用于连接不经常拆卸,并且受力不大的零件,如图 7-16 所示。螺钉根据其头部的形状不同而有多种形式,图 7-17 所示为两种常见螺钉连接的画法。

画螺钉连接时,应注意下列问题:

1)螺钉的公称长度 L 的确定。

$$L_C = \delta + b_m$$

查国家标准,选取与 L_C 接近的标准长度值作为螺钉标记中的公称长度 L。

2)旋入长度 b_m 值与被旋入零件的材料有关。当被旋入零件的材料为钢时,$b_m = d$;为铸铁时,$b_m = 1.25d$ 或 $1.5d$;为铝时,$b_m = 2d$。

3)螺钉的螺纹终止线应高于螺纹孔上表面,以保证连接时螺钉能旋入和压紧。

4)为保证可靠的连接,螺纹孔长度应较螺孔长 $0.5d$。

5)螺钉头上的槽宽可以涂黑,在投影为圆的视图上,规定按 45° 画出。

2. 紧定螺钉连接

紧定螺钉用来固定两个零件的相对位置,使它们不产生相对运动。根据紧定螺钉其尾端的

图 7-16　螺钉连接

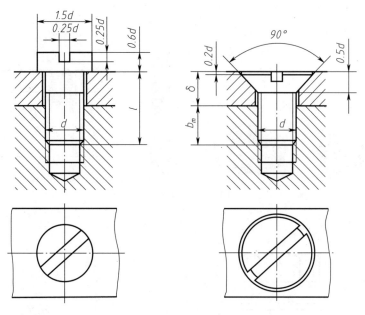

图 7-17　螺钉连接的画法

形状可有多种形式,如开槽锥端紧定螺钉和开槽长圆柱端紧定螺钉等,使用时,紧定螺钉拧入一个零件的螺纹孔中,并将其尾端压在另一零件的凹坑或拧入另一零件的小孔中。紧定螺钉连接的画法如图 7-18 所示。

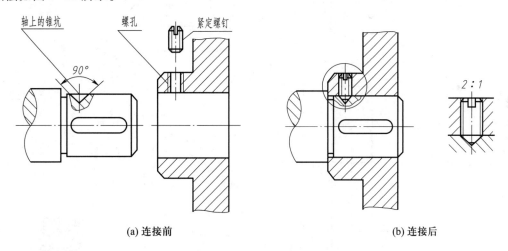

　(a) 连接前　　　　　　　　　　　　　　　　(b) 连接后

图 7-18　紧定螺钉连接的画法

（二）螺栓连接

　　螺栓用来连接不太厚的、并能钻成通孔的两零件。图 7-19 所示为螺栓连接的示意图。其通孔的大小可根据装配精度的不同,查机械设计手册确定。为便于成组(螺栓连接一般为两个或多个)装配,被连接件上通孔直径比螺栓直径大,一般可按 1.1d 画出。螺栓连接的画法如图 7-20所示。

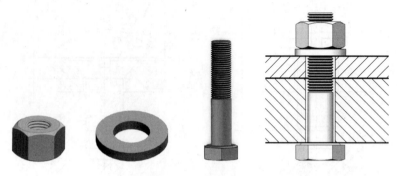

图 7-19 螺栓连接

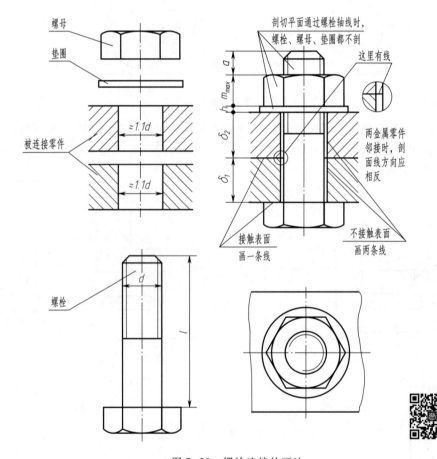

图 7-20 螺栓连接的画法

确定螺栓的公称长度 L,先按下式计算:

$$L_c = \delta_1 + \delta_2 + 0.15d(垫圈厚) + 0.8d(螺母厚)$$
$$+ 0.3d(伸出端)$$

然后查国家标准,选取与 L_c 接近的标准长度值为螺栓标记中的公称长度 L。

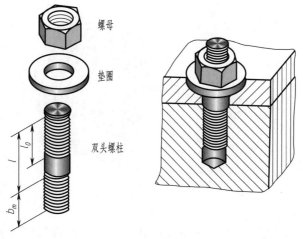

图 7-21 双头螺柱连接

（三）螺柱连接

当两个被连接的零件中,有一个较厚或不适宜用螺栓连接时,常采用螺柱连接。图 7-21 所示为螺柱连接的示意图。采用螺柱连接时,先在较薄的零件上钻孔(孔径为 $1.1d$),并在较厚的零件上制出螺孔。双头螺柱的两端都制有螺纹,一端旋入较厚零件的螺孔中,称为旋入端;另一端穿过较薄的零件上的通孔,套上垫圈,再用螺母拧紧,称为紧固端。从图 7-22 可以看出,双头螺柱连接的上半部与螺栓连接相似,而下半部则与螺钉连接相似。

画螺柱连接时,应注意以下几个问题:

1) 确定螺柱的公称长度 L 先按下式计算:

$$L_c = \delta_1 + 0.15d(\text{垫圈厚}) + 0.8d(\text{螺母厚})$$
$$+ 0.3d(\text{伸出端})$$

然后查标准,选取与 L_c 接近的标准长度值为螺柱标记中的公称长度 L。

2) 螺柱连接时,螺柱旋入端的螺纹应全部旋入机件的螺纹孔内,拧紧在被连接件上,因此螺柱旋入端的螺纹终止线与旋入机件的螺孔上端面平齐。

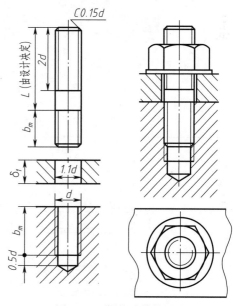

图 7-22 螺柱连接的画法

§7-3 键连接和销连接

一、键连接

键是标准件。键连接是一种可拆连接,它用来连接轴与轴上的传动件(如齿轮、带轮等),以便轴上零件与轴一起转动传递扭矩和旋转运动,如图 7-23 所示。

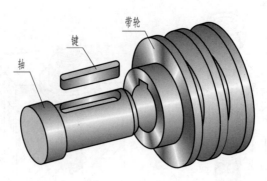

图 7-23　键连接

（一）键的种类和标记

常用键有普通平键、半圆键和钩头楔键，如图 7-24 所示，设计时可根据其特点合理选用。表 7-4 列出了常用键的形式和标记。

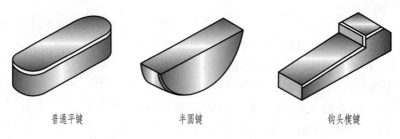

普通平键　　　　　　半圆键　　　　　　钩头楔键

图 7-24　常用的键

表 7-4　常用键的形式和标记

名称	键的形式	规定标记示例
圆头普通平键	*A*型 $R=b/2$ $C\times45°$ 或 r	$b=18$ mm, $h=11$ mm, $l=100$ mm 圆头普通平键（A 型）的标记为 GB/T 1096　键 18×11×100
半圆键	$C\times45°$ 或 r	$b=6$ mm, $h=10$ mm, $d_1=25$ mm 半圆键的标记为 GB/T 1099.1　键 6×10×25

续表

名称	键的形式	规定标记示例
钩头楔键	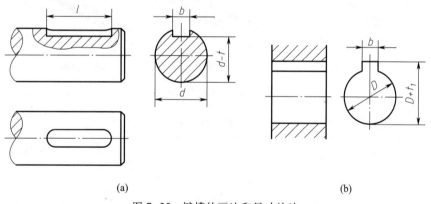	$b = 16$ mm, $h = 10$ mm, $l = 100$ mm 钩头楔键的标记为 键　16×100　GB/T 1565—2003 GB 1565　键 16×100

（二）键连接的画法

1. 键槽的画法和尺寸标注

轴及轮毂上键槽的画法和尺寸注法如图 7-25 所示。轴上键槽常用局部剖视表示,键槽深度和宽度尺寸应注在断面图或为圆的视图上,图中尺寸可按轴的直径从国家标准中查出,键的长度按轮毂长度在标准长度系列中选用。

（a）　　　　　　　　　　　　　　　　（b）

图 7-25　键槽的画法和尺寸注法

2. 键连接的画法

平键连接与半圆键连接的画法类同(图 7-26、图 7-27),当沿着键的纵向剖切时,按不剖绘制;当沿着键的横向剖切时,要画上剖面线。通常用局部剖视图表示轴上键槽的深度及零件之间的连接关系。这两种键与被连接零件的接触面是侧面,故画一条线;而顶面不接触,留有一定间隙,故画两条线。

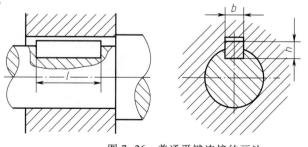

图 7-26　普通平键连接的画法

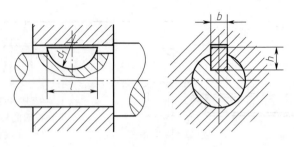

图 7-27　半圆键连接的画法

二、销连接

销通常用于零件间的连接与定位。

（一）销的种类和标记

销的种类较多,常用的销有圆柱销、圆锥销、开口销等(图 7-28),开口销与槽型螺母配合使用,起防松作用。销还可作为安全装置中的过载剪断元件。常用销的形式和规定标记见表 7-5。

(a) 圆柱销　　　　　　(b) 圆锥销　　　　　　(c) 开口销

图 7-28　常用的销

表 7-5　常用销的形式和规定标记

名称	形　　式	规定标记及示例
圆柱销	≈15°　末端形状, 由制造者确定允许倒角或凹穴 圆柱销 *GB/T 119.1—2000*	公称直径 $d=6$、公差为 m6、公称长度 $l=30$、材料为钢、不经淬火、不经表面处理的圆柱销的标记为 　销　GB/T 119.1　6 m6×30 d 公差 m6:$Ra \leqslant 0.8\ \mu m$ d 公差 h8:$Ra \leqslant 0.8\ \mu m$
圆锥销	A型(磨削)　　　B型(切削或冷镦) 1:50 圆锥销 *GB/T 117—2000*	公称直径 $d=10$、公称长度 $l=60$、材料为 35 钢、热处理硬度 28~38 HRC、表面氧化处理的 A 型圆锥销的标记为 　销　GB/T 117　10×60 锥度 1:50 有自锁作用,打入后不会自动松脱

（二）销连接的画法

圆柱销和圆锥销连接的画法如图7-29、图7-30所示。

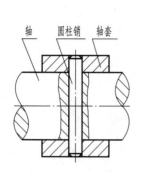

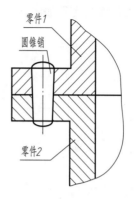

图7-29　圆柱销连接的画法　　　　　图7-30　圆锥销连接的画法

§7-4　齿　轮

一、齿轮的作用及分类

齿轮的主要作用是传递动力,改变运动的速度和方向。根据两轴的相对位置,齿轮可分为以下三类:

圆柱齿轮　　用于两平行轴之间的传动(图7-31a、b)。

锥齿轮　　用于两相交轴之间的传动(图7-31c)。

蜗轮蜗杆　　用于两垂直交叉轴之间的传动(图7-31d)。

圆柱齿轮按其齿型方向可分为直齿、斜齿和人字齿等,这里主要介绍直齿圆柱齿轮。

(a) 直齿圆柱齿轮　　　　(b) 斜齿圆柱齿轮　　　　(c) 锥齿轮　　　　(d) 蜗轮蜗杆

图7-31　常见的传动齿轮

二、直齿圆柱齿轮

（一）直齿圆柱齿轮各部分的名称

齿轮各部分的名称及代号如图 7-32 所示。

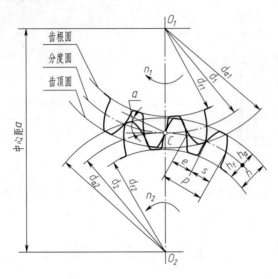

图 7-32　齿轮各部分的名称

1）齿顶圆 d_a

通过轮齿顶部的圆称为齿顶圆，其直径用 d_a 表示。

2）齿根圆 d_f

通过轮齿根部的圆称为齿根圆，其直径用 d_f 表示。

3）分度圆 d

标准齿轮的齿槽宽 e（相邻两齿廓在某圆周上的弧长）与齿厚 s（一个齿两侧齿廓在某圆周上的弧长）相等的圆称为分度圆，它是设计、制造齿轮时计算各部分尺寸的基准圆，其直径用 d 表示。

4）齿距 p

分度圆上相邻两齿廓对应点之间的弧长称为齿距，用 p 表示。

5）齿高 h

轮齿在齿顶圆和齿根圆之间的径向距离称为齿高，用 h 表示。

齿顶高　齿顶圆与分度圆之间的径向距离称为齿顶高，用 h_a 表示。

齿根高　齿根圆与分度圆之间的径向距离称为齿根高，用 h_f 表示。

全齿高　$h = h_a + h_f$。

6）中心距 a

两啮合齿轮轴线之间的距离称为中心距，用 a 表示。

（二）直齿圆柱齿轮的基本参数

1. 齿数 z

齿轮上轮齿的个数称为齿数，用 z 表示。

2. 模数 m

模数是齿距与圆周率 π 的比值,即 $m = \dfrac{p}{\pi}$,单位为 mm。它表示轮齿的大小,为了简化计算,规定模数是计算齿轮各部分尺寸的主要参数,且已标准化,见表 7-6。

表 7-6　渐开线圆柱齿轮的标准模数

第一系列	0.1,0.12,0.15,0.2,0.25,0.3,0.4,0.5,0.6,0.8,1,1.25,1.5,2,2.5,3,4,5,6,8,10,12,16,20,25,32,40,50
第二系列	0.35,0.7,0.9,1.75,2.25,2.75,(3.25),3.5,(3.75),4.5,5.5,(6.5),7,9,(11),14,18,22,28,(30),36,45

注:优先采用第一系列,其次是第二系列,括号内的模数尽量不用。

3. 压力角

两啮合齿轮的齿廓在接触点处的受力方向与运动方向之间的夹角或当接触点在分度圆上时两齿廓公法线与两分度圆公切线的夹角称为压力角,用 α 表示。我国标准齿轮分度圆上的压力角为 20°,通常所说的压力角是指分度圆上的压力角。

两标准直齿圆柱齿轮正确啮合传动的条件是模数和压力角分别相等。

(三) 直齿圆柱齿轮各部分尺寸的计算公式

齿轮的基本参数 z、m、a 确定之后,齿轮各部分的尺寸可按表 7-7 中的公式计算。

表 7-7　直齿圆柱齿轮各部分尺寸的计算公式

基本参数:模数 m、齿数 z、压力角 20°

各部分名称	代号	计算公式
分度圆直径	d	$d = mz$
齿顶高	h_a	$h_a = m$
齿根高	h_f	$h_f = 1.25m$
齿顶圆直径	d_a	$d_a = m(z+2)$
齿根圆直径	d_f	$d_f = m(z-2.5)$
齿距	p	$p = \pi m$
分度圆齿厚	s	$s = \dfrac{1}{2}\pi m$
中心距	a	$a = \dfrac{1}{2}(d_1+d_2) = \dfrac{1}{2}m(z_1+z_2)$

(四) 直齿圆柱齿轮的画法

1. 单个齿轮的画法

单个齿轮的画法一般用全剖的非圆视图和端视图两个视图表示(图 7-33)。

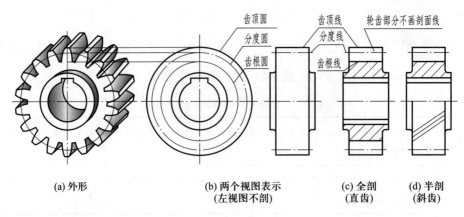

(a) 外形　　　　　　(b) 两个视图表示　　　(c) 全剖　　(d) 半剖
　　　　　　　　　　　　　(左视图不剖)　　　　　　(直齿)　　(斜齿)

图 7-33　单个齿轮的画法

1）在视图中,齿顶圆和齿顶线用粗实线表示。分度圆和分度线用细点画线表示(分度线应超出轮廓 2~3 mm)。齿根圆和齿根线画细实线或省略不画。

2）在剖视图中,齿根线用粗实线表示,轮齿部分不画剖面线。在端视图中齿根圆用细实线表示或省略不画。

3）齿轮的其他结构按投影画出。

2. 圆柱齿轮啮合的画法

两个标准齿轮相互啮合时,两齿轮的分度圆处于相切的位置,此时分度圆又称为节圆。啮合区的规定画法如下:

1）在投影为圆的视图(端视图)中,两齿轮的节圆相切。齿顶圆和齿根圆有以下两种画法:

画法一:啮合区的齿顶圆画粗实线,齿根圆画细实线,如图 7-34a 所示。

画法二:啮合区的齿顶圆省略不画,整个齿根圆可都不画,如图 7-34b 所示。

2）在投影为非圆的剖视图中,两齿轮的节线重合,节线画细点画线,齿根线画粗实线。

齿顶线的画法是主动轮的轮齿画成粗实线,从动轮的轮齿被遮住部分画成细虚线,如图 7-34所示。

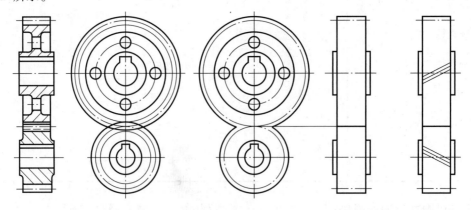

(a) 全剖主视图及左视图　　　(b) 左视图的第二种画法　　(c) 外形图(直齿)　(d) 外形图(斜齿)

图 7-34　圆柱齿轮啮合的画法

3）在投影为非圆的视图中,啮合区的齿顶线和齿根线不必画出,节圆画成粗实线,如图7-34 c、d 所示。

4）齿轮啮合区投影的画法如图 7-35 所示。

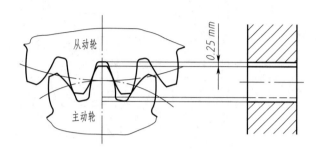

图 7-35　齿轮啮合区投影的画法

3. 齿轮和齿条啮合的画法

当齿轮直径无限大时,它的齿顶圆、齿根圆、分度圆和齿廓都变成了直线,齿轮变成为齿条。齿轮齿条啮合时,可由齿轮的旋转带动齿条直线移动,或反之。齿轮和齿条啮合的画法与齿轮啮合画法基本相同,如图7-36 所示。

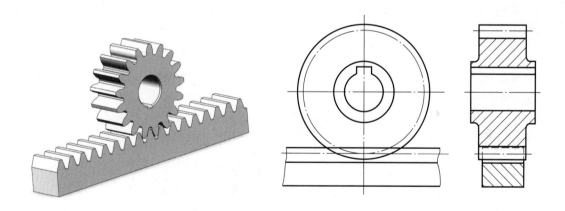

图 7-36　齿轮和齿条啮合的画法

三、直齿锥齿轮简介

直齿锥齿轮主要用于垂直相交的两轴之间的传动。由于直齿锥齿轮的轮齿分布在圆锥面上,所以轮齿一端大,一端小,沿齿宽方向轮齿大小均不相同,故轮齿全长上的模数、齿高、齿厚等都不相同。国家标准规定以大端的模数和分度圆参数为标准值,因此一般所说的直齿锥齿轮的齿顶圆直径 d_a、分度圆直径 d、齿顶高 h_a、齿根高 h_f 等都是相对大端而言(图 7-37)。直齿锥齿轮各部分尺寸计算公式见表 7-8。直齿锥齿轮大端的标准模数系列与渐开线圆柱齿轮标准模数系列(表 7-6)相似,仅增加了三个模数 1.125、1.375、30(不分第一、第二系列)。

锥齿轮的画法如图 7-37 所示。

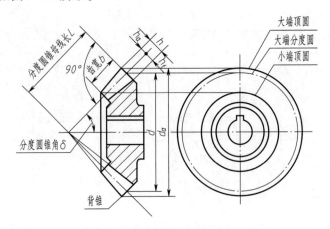

图 7-37　直齿锥齿轮各部分名称和画法

表 7-8　直齿锥齿轮各部分尺寸计算公式

名称	代号	计算公式
分度圆锥角	δ	$\tan \delta_1 = z_1/z_2$ 　 $\delta_2 = 90° - \delta_1$ 或 $\tan \delta_2 = z_2/z_1$
分度圆直径	d	$d = mz$
齿顶高	h_a	$h_a = m$
齿根高	h_f	$h_f = 1.2m$
齿高	h	$h = h_a + h_f$
齿顶圆直径	d_a	$d_a = m(z + 2\cos \delta)$
齿根圆直径	d_f	$d_f = m(z - 2.4\cos \delta)$
外锥距	R	$R = mz/(2\sin \delta)$
齿宽	b	$b \leqslant \dfrac{1}{3}R$
齿顶角	θ_a	$\tan \theta_a = h_a/R = 2\sin \delta/z$
齿根角	θ_f	$\tan \theta_f = h_f/R = 2.4\sin \delta/z$
顶锥角	δ_a	$\delta_a = \delta + \theta_a$
根锥角	δ_f	$\delta_f = \delta - \theta_f$

§7-5　滚　动　轴　承

　　轴承分为滑动轴承和滚动轴承,用于支承旋转的轴。滚动轴承的摩擦阻力小,结构紧凑,转动灵活,拆装方便,在机械设备中应用广泛。

一、滚动轴承的结构及分类

　　滚动轴承是支承旋转轴的标准组合件。滚动轴承一般由外圈、内圈、滚动体和保持架组成

（图 7-38）。滚动轴承按承受力的方向分为三类：

1）向心轴承　主要承受径向载荷。

2）推力轴承　只承受轴向载荷。

3）向心推力轴承　能同时承受径向和轴向载荷。

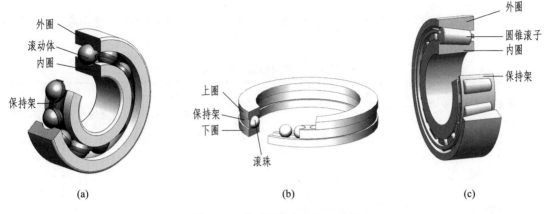

图 7-38　滚动轴承的构造及种类

二、滚动轴承的代号

滚动轴承用代号（字母加数字）表示滚动轴承的结构、种类、尺寸、公差等级、技术性能等特征，它由前置代号、基本代号和后置代号构成。其排列顺序为

前置代号　　　　基本代号　　　　后置代号

1. 基本代号

基本代号表示轴承的基本类型、结构和尺寸，是轴承代号的基础。基本代号由轴承类型代号、尺寸系列代号、内径代号构成，其排列方式如下：

轴承类型代号　　　尺寸系列代号　　　内径代号

轴承类型代号用数字或字母来表示，具体可查阅 GB/T 272—2017。

尺寸系列代号由轴承的宽（高）度系列代号和直径系列代号组合而成，用两位数字来表示。它的主要作用是区别内径相同而宽度和外径不同的轴承。具体代号请查阅相关的国家标准。

内径代号表示轴承的公称内径（轴承内圈的孔径），一般也为两位数组成。当内径尺寸在 20~480 mm 时，内径尺寸＝内径代号×5。

例如：轴承代号 6206

6——类型代号，表示深沟球轴承。

2——尺寸系列代号，原为 02，对此种轴承首位 0 省略。

06——内径代号（内径尺寸＝6×5＝30 mm）。

2. 前置代号和后置代号

滚动轴承代号中的前置代号和后置代号是轴承在结构形状、尺寸、公差、技术要求等有改变时，在其基本代号的左、右添加的补充代号。需要时可查阅有关国家标准。

滚动轴承的标记内容:名称、代号和国家标准号。

例如:滚动轴承　6206　GB/T 276—2013。

几种常用滚动轴承的类型代号、尺寸系列代号及标准号见表7-9。

三、滚动轴承的画法

滚动轴承通常可采用三种画法绘制,即通用画法、特征画法和规定画法。常用滚动轴承的画法见表7-9。

表7-9　常用滚动轴承的画法

轴承名称、类型及标准号	规定画法		类型代号	尺寸系列代号		基本代号
	通用画法			宽(高)度系列代号	直径系列代号	
深沟球轴承 60000 型 GB/T 276—2013			6	17		61700
				37		63700
				18		61800
				19		61900
				(1)0		6000
				(0)2		6200
				(0)3		6300
				(0)4		6400
圆锥滚子轴承 30000 型 GB/T 297—2015			3	02		30200
				03		30300
				13		31300
				20		32000
				22		32200
				23		32300
				29		32900
				30		33000
				31		33100
				32		33200

续表

轴承名称、类型及标准号	规定画法	类型代号	尺寸系列代号		基本代号
	通用画法		宽(高)度系列代号	直径系列代号	
推力球轴承 50000 型 GB/T 301—2015		5	11		51100
			12		51200
			13		51300
			14		51400
			22		52200
			23		52300
			24		52400

§7-6 弹 簧

弹簧的作用主要是减振、复位、夹紧、测力和储能等。

弹簧的种类很多,常用的有螺旋弹簧、涡卷弹簧和板弹簧等,如图 7-39 所示,其中螺旋弹簧应用较广。根据受力情况,螺旋弹簧又分为压缩弹簧、拉伸弹簧和扭转弹簧。这里主要介绍圆柱螺旋压缩弹簧的各部分名称及画法。

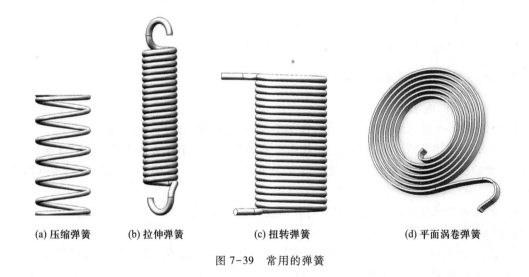

(a) 压缩弹簧　　(b) 拉伸弹簧　　(c) 扭转弹簧　　(d) 平面涡卷弹簧

图 7-39　常用的弹簧

一、圆柱螺旋压缩弹簧的各部分名称及尺寸关系

弹簧的各部分名称及尺寸关系如图 7-40a 所示。

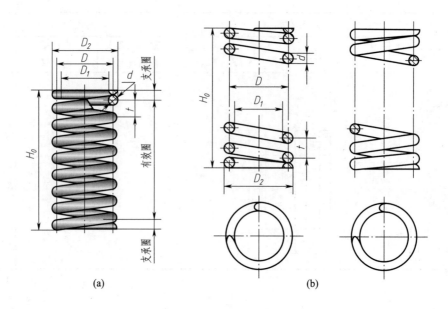

图 7-40　圆柱螺旋压缩弹簧各部分名称及画法

（1）簧丝直径 d

制作弹簧用的型材直径。

（2）弹簧中径 D

弹簧的平均直径，按标准选取。

（3）弹簧内径 D_1

（4）展开长度 L

弹簧制造时坯料的长度，$L = n_1 \sqrt{(\pi D)^2 + t^2} \approx \pi D n_1$。

二、圆柱螺旋压缩弹簧的规定画法

1. 单个弹簧的画法

1）在平行于弹簧轴线的投影面上的视图中，各圈的轮廓线画成直线（图 7-40b）。

2）有效圈在四圈以上的弹簧，中间各圈可省略不画，而用通过中径的细点画线连接起来，这时，弹簧的长度可适当缩短。弹簧两端的支承圈不论有多少圈，均可按图 7-40b 的形式绘制。

3）无论是左旋或右旋，弹簧画图时均可画成右旋，但左旋要加注"左"字。

2. 圆柱螺旋压缩弹簧的作图步骤

若已知弹簧的中径 D、线径 d、节距 t 和圈数，先算出自由高度 H_0，然后按下列步骤作图：

1）根据 D 和 H_0 画矩形 $ABCD$（图 7-41a）。

2）根据线径 d，画支承部分的圆和半圆（图 7-41b）。

3）根据节距画有效圈部分的圆（图 7-41c）。

4）按右旋方向作相应圆的公切线及剖面线，加深，完成作图（图 7-41d）。

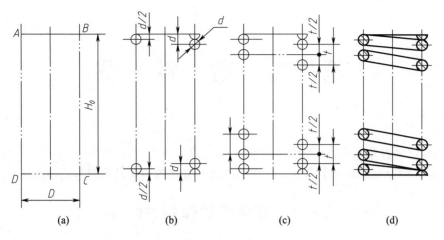

图 7-41 圆柱螺旋压缩弹簧的画图步骤

3. 圆柱螺旋压缩弹簧在装配图中的画法

1）在装配图中,弹簧中间各圈采取省略画法后,弹簧后面的结构按不可见处理。可见轮廓线只画到弹簧钢丝的断面轮廓线或中心线上(图 7-42a)。

2）线径 $d \leqslant 2$ mm 的断面允许用涂黑表示(图 7-42b)。

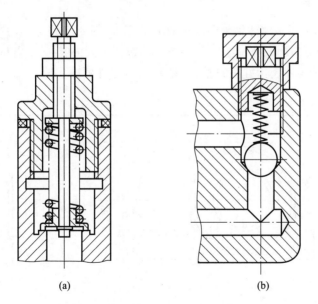

图 7-42 圆柱螺旋压缩弹簧在装配图中的画法

第八章 零 件 图

任何机器或部件都是由许多零件组成的。表达单个零件的结构形状、尺寸大小及技术要求等内容的图样,称为零件图。本章主要介绍零件图的有关内容及其绘制与阅读方法。

§8-1 零件图的作用与内容

一、零件图的作用

零件图是制造和检验零件的主要依据,是设计部门提交给生产部门的重要技术文件,也是进行技术交流中重要的技术资料。

二、零件图的内容

图 8-1 所示的轴承座是整体轴承中一个重要的零件,图 8-2 是它的零件图。从图中可看出一张完整的零件图必须包括下列内容:

1)一组视图 用各种表达方法完整、清楚地表达零件的内、外结构形状。

图 8-1 轴承座立体图

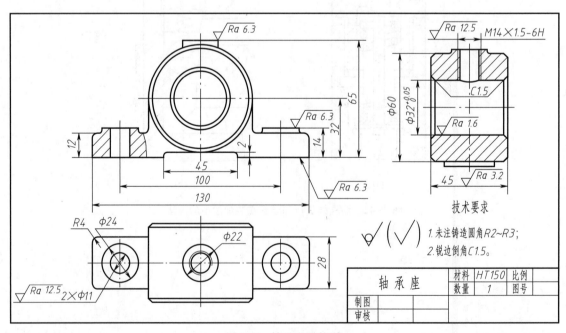

图 8-2 轴承座零件图

2）完整的尺寸　应标注出制造和检验零件所需的全部尺寸。

3）技术要求　用规定的符号、数字、字母或文字注解,说明零件在加工、检验或装配时应达到的一些技术要求,如零件的表面粗糙度、尺寸公差、几何公差以及材料热处理等方面的要求。

4）标题栏　放在图样的右下角,用来填写零件的名称、材料、比例、图号及有关责任人的签字等内容。

§8-2　零件表达方案的选择与尺寸标注

一、零件表达方案的选择

正确、完整、清楚地表达零件内、外结构形状,并且要考虑读图方便、画图简单,是选择零件表达方案的基本要求。要达到这些要求,就要分析零件的结构特点,选用恰当的表达方法。首先要选好主视图,再选其他视图及表达方法。

1. 主视图的选择

主视图的选择包括零件的安放位置和选择投射方向两方面的内容。

零件的安放位置应符合零件的工作位置和加工位置原则。

主视图的投射方向应突出零件各部分的形状和位置特征。

图 8-1 所示的轴承座按工作位置考虑应按图 8-3a 所示位置安放。按此位置安放,选择投射方向有 A、B 两个方向。从 A 向投射得到图 8-3b 所示的主视图,这时圆筒和底板结合情况很明显,而且轴承座形状特征非常突出。如选择 B 向作主视方向并取半剖得到图 8-3c 所示的主视图,虽然凸台与圆筒及圆筒内、外结构都比较清楚,但圆筒与底板的位置及整体形状特征反映不如 A 向清楚。所以,还是选择 A 向作为主视图投射方向比较好。

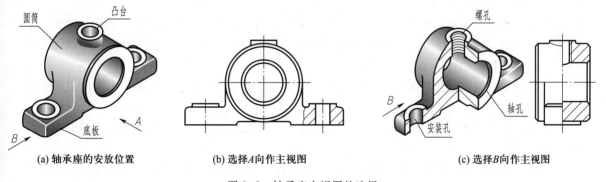

(a) 轴承座的安放位置　　　　(b) 选择A向作主视图　　　　(c) 选择B向作主视图

图 8-3　轴承座主视图的选择

2. 其他视图及表达方法的选择

其他视图及表达方法的选择要根据零件的复杂程度和内、外结构情况等进行综合考虑,使每个视图或表达方法都有一个表达重点。优先选择基本视图以及在基本视图上作剖视或断面等。

轴承座主视图选好后,再将左视图半剖,表达凸台螺孔及圆筒内部结构形状。并且俯视图补充表达凸台和底板的形状特征。具体表达方案如图 8-4 所示。

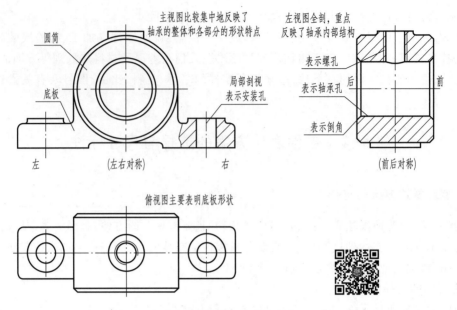

图 8-4 轴承座的表达方案

二、零件图中的尺寸标注

零件图中的尺寸是加工和检验零件的重要依据。因此,零件图中的尺寸标注要求做到正确、完整、清晰和合理。为了达到这些要求,除了要严格遵守国家标准有关尺寸标注的基本规定,保证定形定位及总体尺寸完整,不多注、漏注尺寸,尺寸配置清晰、醒目易找外,还应合理地选择尺寸基准,使尺寸标注便于加工和测量。

1. 尺寸基准及其选择

尺寸基准就是确定尺寸位置的几何要素。零件有长、宽、高三个方向,每个方向必须有一个主要尺寸基准,另外有一个或几个辅助尺寸基准。根据基准的作用不同,尺寸基准又分设计基准和工艺基准两种。

设计基准 根据零件的构型和设计要求而确定的基准。一般是机器或部件用以确定零件位置的面和线。

工艺基准 为便于加工和测量而确定的基准。一般是在加工过程中用以确定零件加工或测量位置的一些面和线。

选择尺寸基准时,尽量使设计基准与工艺基准重合,当两者不能做到统一时,应选择设计基准作为主要基准,工艺基准作为辅助基准。但要注意的是,主要基准与辅助基准之间必须要有一个联系尺寸。

轴承座的尺寸基准选择及尺寸标注如图 8-5 所示。

2. 零件尺寸标注的一般原则

1）零件的重要尺寸应直接标注。零件上的重要尺寸是指影响零件工作性能的尺寸、有配合要求的尺寸和确定各部分结构相对位置的尺寸等。如轴承座中的定位尺寸 32 和 100 及配合尺寸 $\phi32^{+0.05}_{0}$ 等尺寸就是重要尺寸,在零件图上应直接标出,如图 8-5 所示。

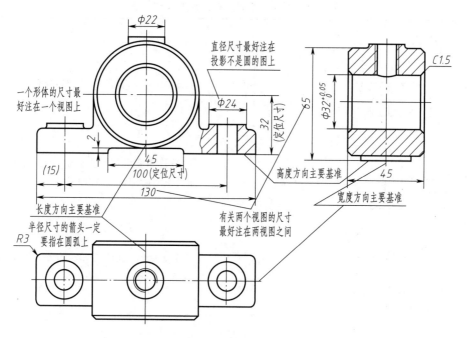

图 8-5 轴承座的尺寸基准选择及尺寸标注

2）尺寸标注要便于加工和测量（图 8-6）。

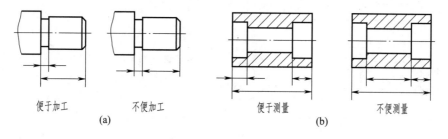

图 8-6 尺寸标注要便于加工和测量

3）不要标注成封闭尺寸链。如图 8-7a 中标注出了总长 L 和各段长度 A、B、C，形成了封闭尺寸链，将给加工造成困难。应按图 8-7b 的形式标注。

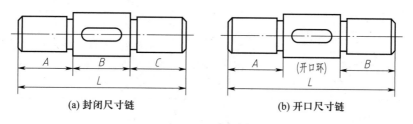

图 8-7 尺寸链

4）零件上常见结构要素的尺寸注法见表 8-1。如果是标准结构要素，其尺寸应查有关标准手册确定。

表 8-1　零件上常见结构要素的尺寸注法

零件结构类型		标 注 方 法	说　明
螺孔	通孔	3×M6-6H EQS　　3×M6-6H EQS	3×M6 表示直径为 6,均匀分布的 3 个螺孔
	不通孔	3×M6-6H▼10 孔▼12　　3×M6-6H▼10 孔▼12	螺孔深度可与螺孔直径连注。需要注出孔深时,应明确标注孔深尺寸
光孔	一般孔	4×φ5▼10　　4×φ5▼10	4×φ5 表示直径为 5,均匀分布的 4 个光孔,孔深与孔径连注
	锥销孔	锥销孔φ5 装时配作　　锥销孔φ5 装时配作	φ5 为与锥销孔相配的圆锥销小头的直径。锥销孔通常是相邻两零件装在一起时加工的
沉孔	锪平面	4×φ7 ⊔φ16　　4×φ7 ⊔φ16	锪平面 φ16 的深度不需标注,一般锪平到不出现毛面为止
	锥形沉孔	6×φ7 ∨φ13×90°　　6×φ7 ∨φ13×90°	6×φ7 表面直径为 7,均匀分布的 6 个孔
	柱形沉孔	4×φ6 ⊔φ10▼3.5　　4×φ6 ⊔φ10▼3.5	柱形沉孔的小直径为 φ6,大直径为 φ10,深度为 3.5,均需标注
倒角		C1.5　　C2　　C 30°	当倒角 1.5×45°时,可注成 C1.5;当倒角不是 45°时,要分开标注

三、零件表达方案的选择和尺寸标注举例

生产实际中的零件种类繁多,形状和作用各不相同,为了便于分析和掌握,根据它们的结构形状及作用,大致可以分为轴套类、轮盘类、支架类和箱体类等几种类型。

1. 轴套类零件

轴套类零件包括各种轴和套,在机器或部件中大多起传递运动和扭矩以及定位作用。其主体结构为直径不同的回转体,而且一般都在车床上加工。所以,一般只用一个基本视图(轴线水平放置)表达(图8-8)。实心轴不必剖视,对轴上的键槽、销孔及退刀槽等结构,常用移出断面、局部剖视和局部放大等表达方法表示,较长的轴还可采用折断画法,对空心轴或套,则用全剖或局部剖表示。

标注尺寸时,可选择轴线为高度和宽度主要尺寸基准,长度主要基准通常选择比较重要的端面或安装接合面。注意按加工顺序安排尺寸,把不同工序的尺寸分别集中,方便加工和测量。图8-8所示为一传动轴的表达方案与尺寸标注的例子。

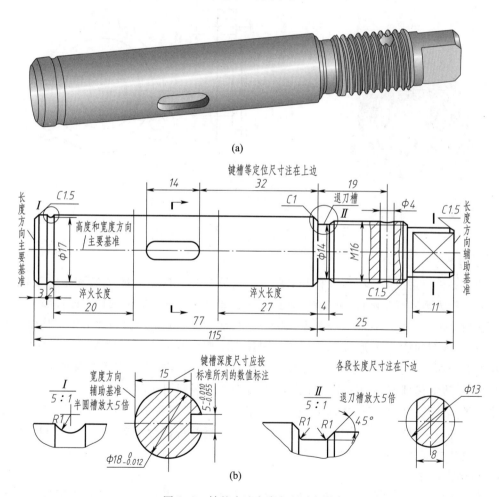

(a)

(b)

图 8-8　轴的表达方案与尺寸标注

2. 轮盘类零件

轮盘类零件包括各种手轮、带轮、法兰、轴承盖等。其主体结构为回转体,但其径向尺寸远远大于轴向尺寸,呈盘状。还有轴孔、均匀分布的肋板和螺栓孔等辅助结构。它在机器或部件中主要起传动、支承或密封作用。轮盘类零件一般需用 1~2 个基本视图表达,另采用一些局部视图、局部剖视或移出断面等方法表达其辅助结构。如图 8-9 所示的轴承盖,可选 A 向和 B 向作为主视图投射方向。取 A 向并全剖作主视图,符合加工位置,注上尺寸后看图很方便。如果取 B 向作主视图,显然形状特征明显,但不如选 A 向看图方便。

轮盘类零件尺寸基准选择与轴套类零件相同。对于均布的孔,其定位尺寸通常要注出定位圆周的直径(图 8-9 中的 $\phi52$)。

轴承盖的表达方案与尺寸标注如图 8-9 所示。

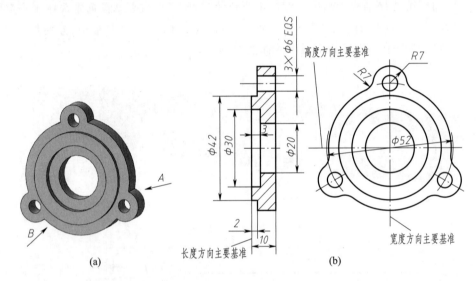

图 8-9　轴承盖的表达方案与尺寸标注

3. 支架类零件

支架类零件包括拨叉、支架、连杆和支座等。这类零件一般由支承、安装和连接三部分组成,支承部分一般为圆筒或半圆筒,或带圆弧的叉,安装部分为方形或圆形底板。连接部分常为各种形状的肋板。由于它们的形状较为复杂,且不规则,常具有不完整和歪斜的形体。其加工工序较多,往往没有不变的加工位置,所以主视图一般按其工作位置或将其倾斜部分摆正选择主视图。一般用两个或两个以上基本视图表示主要结构形状,并在基本视图上作适当剖视表达内部形状。而用局部、斜视或局部剖等表达歪斜部分形状,复杂的肋板则用断面图表示。

支架类零件长、宽、高三个方向的主要尺寸基准,一般为对称面、轴线、中心线或较大的加工面。定位尺寸较多,应优先标注出,然后按形体分析法标注各部分定形尺寸。图 8-10 为一支架类零件的表达方案和尺寸标注的例子。

4. 箱体类零件

箱体类零件包括阀体、泵体和箱体等,在机器或部件中主要起包容、支承或定位其他零件的作用。其结构较为复杂,多为外形简单、内形复杂的箱体。一般要用三个或三个以上的基本视图表达,并在基本视图上作各种剖视表达其内形结构,另用局部视图表示基本视图尚未表达清楚的结构。

图 8-11 所示为电动机上接线盒的表达方案与尺寸标注示例。

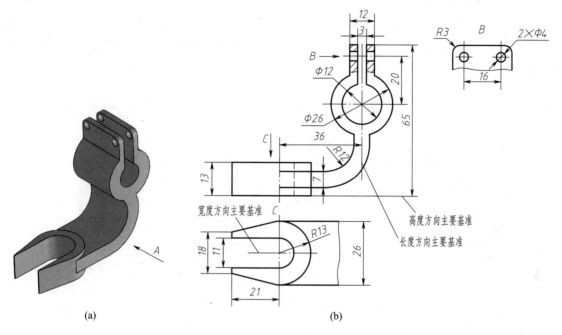

图 8-10 支架的表达方案与尺寸标注

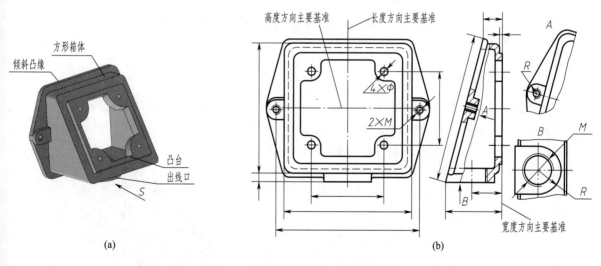

图 8-11 接线盒的表达方案与尺寸标注

5. 其他零件

除了上述四种典型类零件外,还有薄板、镶嵌和注塑等零件。这里只简要介绍薄板冲压零件的表达特点。

在电子、通信及仪器仪表等设备中的底板、支架等零件,大多是用板材剪裁、冲孔,再冲压成形的。在这类零件的弯折处一般有小圆角,零件的板面上有许多孔和槽,以便安装电气元件或部件,并将该零件安装到机架上,这种孔一般为通孔,在不导致引起读图困难时,只画反映实形的视图,而其他视图中的细虚线不必画出。

如图 8-12a 所示的端子匣,为薄板冲压件,它是用冷轧钢冲压成形的。共采用三个基本视图表达,并在主、左视图上用了半剖和局部剖,使表达比较完整清楚,其表达方案的选择与尺寸标注,如图 8-12b 所示。

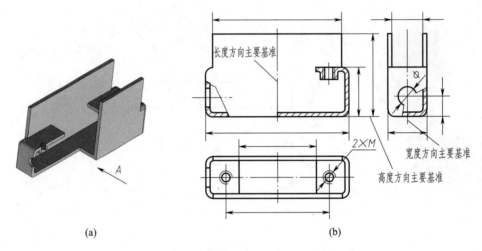

(a)　　　　　　　　　　(b)

图 8-12　端子匣的表达方案与尺寸标注

§8-3　零件的构型设计与工艺结构

一、零件的构型设计简介

零件在机器或部件中的作用不同,其结构形状也各不相同。所以,零件的结构形状是由设计要求、加工方法、装配关系、技术经济思想和工业美学等方面确定的。由于零件在机器或部件中都有相应的位置和作用,每个零件上可能具有支承、容纳、传动、连接、定位、密封和防松等一项或几项功能结构,而这些功能结构又要通过相应的加工方法(如铸造、机加工等)来实现。因此,零件的构型设计主要考虑设计要求和工艺要求两个方面。设计要求决定零件的主体结构,工艺要求决定零件的工艺结构。

除此之外,零件构型还要求轻便、经济和美观。

下面以图 8-13 所示的传动轴为例,说明零件构型设计的过程。

图 8-13　传动轴

图 8-13 所示的传动轴是某减速器中的零件,其主要功用是装在两个滚动轴承中,用来支承齿轮并传递扭矩,还要求与外部设备连接,把运动传出去。传动轴的加工方法主要是车削,然后铣键槽。因此,它的构型设计过程见表 8-2。

二、零件常见的工艺结构

为了使零件的毛坯制造、机械加工、测量和装配更加顺利、方便,零件的主体结构确定之后,还必须设计出合理的工艺结构。零件常见的工艺结构见表 8-3。

表 8-2 传动轴的构型设计过程

结构形状形成过程	主要考虑的问题	结构形状形成过程	主要考虑的问题
（1）	为了伸出外部与其他机器相接,制出一轴颈	（4）	为了支承齿轮和用轴承支承轴,轴端做成轴颈
（2）	为了用轴承支承轴又在左端做成一轴颈	（5）	为了与齿轮连接,左端做一键槽;为了与外部设备连接,右端也做一键槽;为了装配方便、保护装配表面,多处做成倒角、退刀槽
（3）	为了固定齿轮的轴向位置,增加一稍大的凸肩		

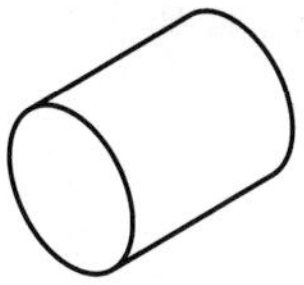

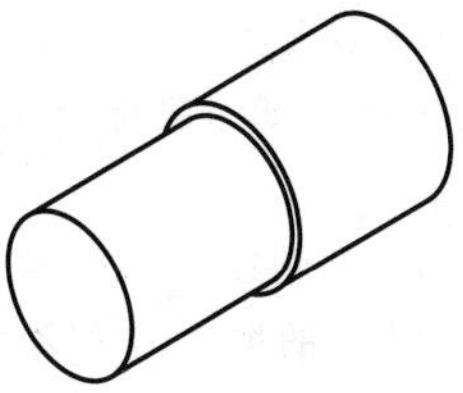

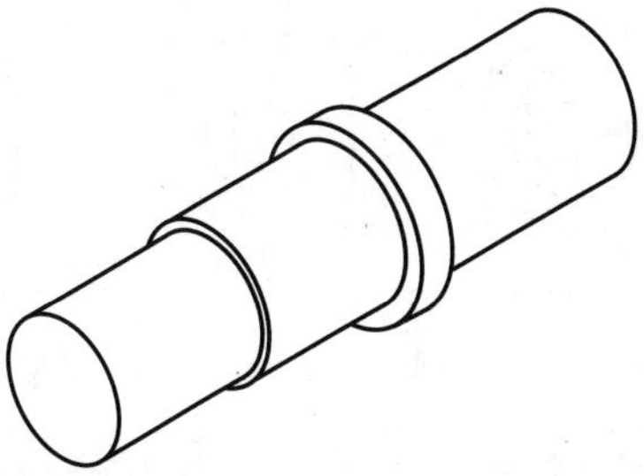

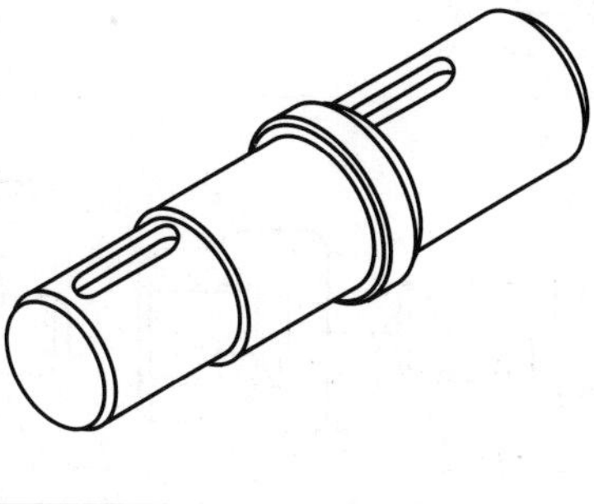

表 8-3 零件常见的工艺结构

内容	图例	说明
铸造圆角和起模斜度	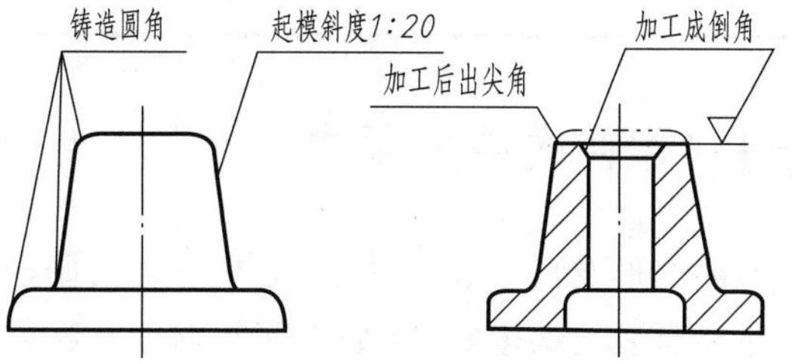	为防止砂型在尖角处脱落和避免铸件冷却收缩时,在尖角处产生裂纹,铸件各表面相交处应做成圆角。 为起模方便,铸件表面沿起模方向作出斜度,一般为 1∶20。起模斜度若无特殊要求,图中可不画出,也不作标注

续表

内容	图 例	说 明
铸件壁厚	逐渐过渡 壁厚均匀	为了避免浇注后零件各部分因冷却速度不同,而产生缩孔、裂纹等缺陷,因此尽可能使铸件壁厚均匀或逐渐变化
凸台和凹坑		为了使两零件表面接触良好、减少加工面积,常在铸件上设计出凸台和凹坑
倒角和倒圆	C1.5 倒角 C2 倒圆 R R	为了方便装配和去掉毛刺、锐边,在轴或孔的端部一般都应加工出倒角。 对阶梯形的轴或孔,为了防止应力集中所产生的裂纹,常把轴肩、孔肩处加工成倒圆
退刀槽和砂轮越程槽		在车削加工、磨削加工和车螺纹时,为了便于退出刀具或砂轮越过加工面,经常在待加工面的末端先加工出退刀槽或砂轮越程槽
合理的钻孔结构	90°	用钻头加工孔时,钻头的轴线应尽量垂直于被加工零件表面,以保证正确的钻孔位置和不损坏钻头。同时还要考虑方便钻头加工

§8-4 零件的技术要求

零件图上除了有表达零件结构形状的图形及尺寸大小外,还必须有加工制造该零件时应达到的一些技术要求。零件的技术要求主要有表面结构要求(如表面粗糙度及材料热处理)、极限与配合、几何公差等方面的要求。

一、表面结构要求(GB/T 3505—2009)

1. 表面粗糙度的概念(GB/T 131—2006)

加工后的零件表面看起来似乎很平整光滑,但在显微镜下观察就会发现,实际表面是由许多高低不平的峰谷组成的,如图 8-14 所示。零件加工表面上具有的这种较小间距和峰谷所组成的微观几何形状特征,称为表面粗糙度。它是评定零件表面结构质量的一项重要的技术指标。

2. 表面粗糙度的评定参数

评定表面粗糙度常用两个参数:轮廓算术平均偏差 Ra 和轮廓最大高度 Rz。其中,轮廓算术平均偏差 Ra 是目前生产中评定零件表面质量的主要参数。Ra 值愈小,表面结构质量要求愈高,零件表面愈光滑,反之亦然。表 8-4 为 Ra 的优先选用系列值。

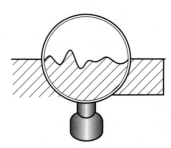

图 8-14　零件表面的峰谷

3. 表面粗糙度的符号、代号及其标注

在图样上表示零件表面粗糙度的符号及其画法见表 8-5。

表 8-4　轮廓算术平均偏差 Ra 值系列　　　　　　　　μm

第一系列	0.012,0.025,0.050,0.10,0.20,0.40,0.80,1.60,3.2,6.3,12.5,25,50,100
第二系列	0.008,0.016,0.032,0.063,0.125,0.25,0.50,1.00,2.00,4.0,8.0,16.0,32,63
	0.010,0.020,0.040,0.080,0.160,0.32,0.63,1.25,2.5,5.0,10.0,20,40,80

注:优先选用第一系列值。

表 8-5　表面粗糙度符号的意义与画法

符　号	意　义	符号画法
√	基本符号,表示表面可用任何方法获得。当不加注粗糙度参数值或有关说明时,仅适用于简化代号标注	
√	基本符号上加一短画,表示表面是用去除材料的方法获得,例如车、铣、钻、磨、剪切、抛光、腐蚀、电火花加工等	
√	基本符号上加一小圆,表示表面是用不去除材料的方法获得,例如铸、锻、冲压、热轧、冷轧、粉末冶金等;或者用于保持原供应状况的表面(包括保持上道工序的表面)	
√√√	在上述三个符号的长边上均可加一横线,用于标注有关参数和说明	
√√√	在上述三个符号上均可加一小圆,表示所有表面具有相同的表面粗糙度要求	

表面粗糙度符号的尺寸见表 8-6。

表 8-6 表面粗糙度符号的尺寸 mm

轮廓线的线宽 b	0.35	0.5	0.7	1	1.4	2	2.8
符号的线宽 d'	0.25	0.35	0.5	0.7	1	1.4	2
高度 H_1	3.5	5	7	10	14	20	28
高度 H_2	8	11	15	21	30	42	60

表面粗糙度符号与参数 Ra 的具体数值相结合,便组成了表面粗糙度代号,其意义见表 8-7。

表 8-7 参数 Ra 值的标注及其意义

代号	意 义	代号	意 义
$\sqrt{}$ Ra 3.2	用任何方法获得的表面粗糙度,Ra 的上限值为 3.2 μm	$\sqrt{}$ Ramax 3.2	用任何方法获得的表面粗糙度,Ra 的最大值为 3.2 μm
$\sqrt{}$ Ra 3.2	用去除材料方法获得的表面粗糙度,Ra 的上限值为 3.2 μm	$\sqrt{}$ Ramax 3.2	用去除材料方法获得的表面粗糙度,Ra 的最大值为 3.2 μm
$\sqrt{}$ Ra 3.2	用不去除材料方法获得的表面粗糙度,Ra 的上限值为 3.2 μm	$\sqrt{}$ Ramax 3.2	用不去除材料方法获得的表面粗糙度,Ra 的最大值为 3.2 μm
$\sqrt{}$ U Ra 3.2 L Ra 1.6	用去除材料方法获得的表面粗糙度,Ra 的上限值为 3.2 μm,Ra 的下限值为 1.6 μm	$\sqrt{}$ Ramax 3.2 Ramin 1.6	用去除材料方法获得的表面粗糙度,Ra 的最大值为 3.2 μm,Ra 的最小值为 1.6 μm

4. 表面结构要求在图样中的标注

表面结构要求对每一表面一般只标注一次,并尽可能注在相应的尺寸及其公差的同一视图上。除非另有说明,所标注的表面结构要求是完工零件表面的要求。

表面结构的符号、代号的标注位置与方向,根据 GB/T 4458.4—2003 中尺寸注法的规定,表面结构要求的注写和读取方向与尺寸的注写要和读取方向一致。即注写在水平线上时,符号、代号的尖端应向下;注写在竖直线上时,符号、代号的尖端应向右;注写在其他倾斜线上时,符号、代号的尖端应向下倾斜。

表面结构要求在图样中的标注方法示例见表 8-8。

表 8-8 表面结构要求在图样中的标注方法示例

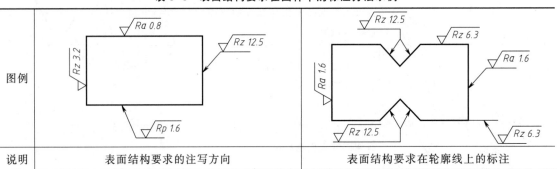

图例	表面结构要求的注写方向	表面结构要求在轮廓线上的标注

续表

<table>
<tr><td>图例</td><td>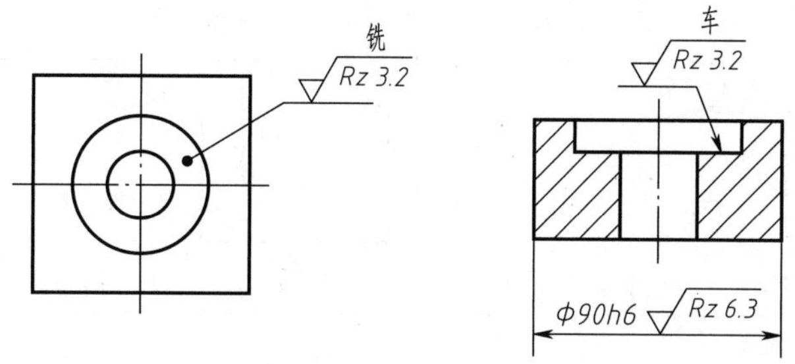

(a) 用带黑点的指引线引出标注 (b) 用带箭头的指引线引出标注</td></tr>
<tr><td>说明</td><td>用引线引出标注的方法</td></tr>
<tr><td>图例</td><td>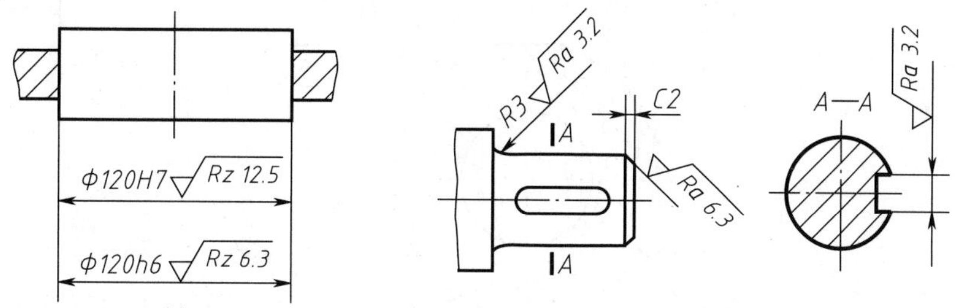

(a) (b)</td></tr>
<tr><td>说明</td><td>在不致引起误解时,表面结构要求可以注在给定的尺寸线上</td></tr>
<tr><td>图例</td><td>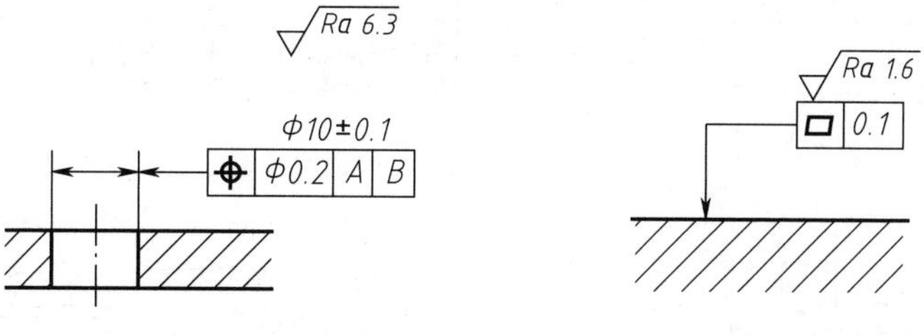

(a) (b)</td></tr>
<tr><td>说明</td><td>表面结构要求标注在几何公差框格的上方</td></tr>
<tr><td>图例</td><td>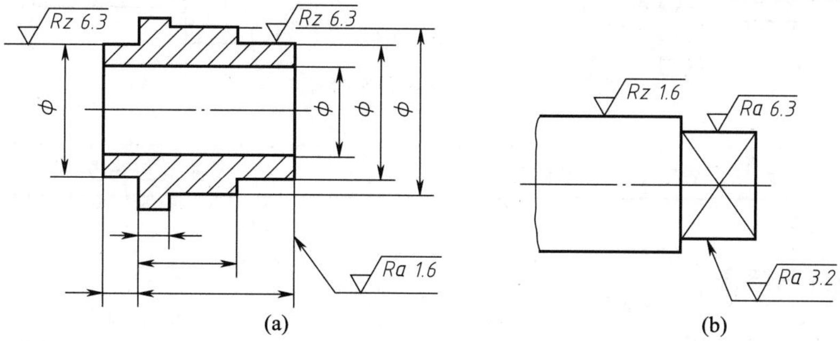

(a) (b)</td></tr>
<tr><td>说明</td><td>在圆柱和棱柱表面的表面结构只注一次(图 a),如果每个棱柱表面有不同的表面结构要求,则应分别单独标注(图 b)</td></tr>
</table>

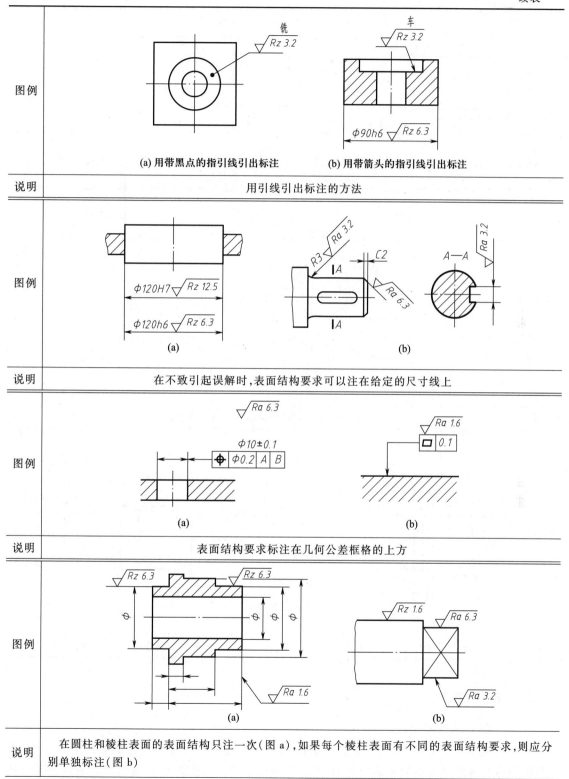

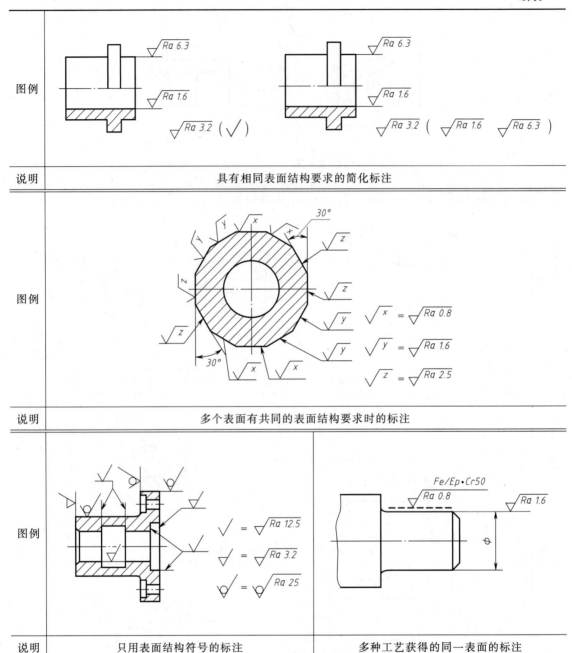

图例		
说明	具有相同表面结构要求的简化标注	
图例		
说明	多个表面有共同的表面结构要求时的标注	
图例		
说明	只用表面结构符号的标注	多种工艺获得的同一表面的标注

二、极限与配合

1. 零件的互换性概念

在制造机器或设备时,为了便于装配和维修,要求在按同一图样加工的零件中,任取一件,不经任何挑选和修配就能顺利地装配使用,并能达到规定的技术性能要求,零件所具有的这种性质称为零件的互换性。具有互换性的零件,既能保证产品质量的稳定性,又便于实现高效率的专业化生产,还能满足生产部门广泛协作的要求,并使设备使用、维护方便。

2. 极限与配合的概念

实际生产中,零件的尺寸是不可能做到绝对精确的,为了使零件具有互换性,就必须对零件尺寸限定一个变动范围,这个范围既要保证相互结合零件的尺寸之间形成一定的关系,以满足不同的使用要求,又要在制造上经济合理,这就形成了"极限与配合"。

3. 有关极限与配合的术语及定义(图 8-15)(GB/T 1800.1—2020)

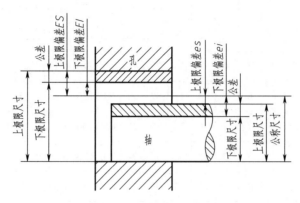

图 8-15　公差的术语及定义

1)公称尺寸　由图样规范确定的理想形状要素的尺寸。

2)实际尺寸　零件完工后实际测量所得的尺寸。

3)极限尺寸　尺寸要素允许的尺寸的两个极端。它以公称尺寸为基数来确定。极限尺寸中较大的一个称为上极限尺寸,较小的一个称为下极限尺寸。

4)尺寸偏差(简称偏差)　某一尺寸减其公称尺寸所得的代数差。尺寸偏差有上极限偏差和下极限偏差之分。

上极限偏差(轴 es,孔 ES)=上极限尺寸-公称尺寸

下极限偏差(轴 ei,孔 EI)=下极限尺寸-公称尺寸

5)尺寸公差(简称公差)　允许尺寸的变动量。

公差=上极限尺寸-下极限尺寸=上极限偏差-下极限偏差

6)零线　表示公称尺寸的一条直线。用以确定偏差和公差。

7)尺寸公差带(简称公差带)　由代表上、下极限偏差的两条直线所限定的一个区域,如图 8-16 所示。

8)标准公差　国家标准规定用以确定公差带大小的公差,见表 8-9。标准公差用 IT 表示,IT 后面的阿拉伯数字是标准公差等级。国家标准将公差等级分为 20 级,即从 IT01、IT0、IT1~IT18。其尺寸精度从 IT01~IT18 依次降低。

9)基本偏差　国家标准规定的用以确定公差带相对于零线位置的上极限偏差或下极限偏差,即指靠近零线的那个极限偏差。孔和轴各有 28 个基本偏差,如图 8-17 所示。

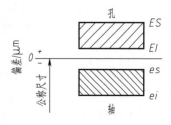

图 8-16　公差带图

表 8-9 标准公差数值(GB/T 1800.1—2020)

基本尺寸/mm		标准公差等级																				
		IT01	IT0	IT1	IT2	IT3	IT4	IT5	IT6	IT7	IT8	IT9	IT10	IT11	IT12	IT13	IT14	IT15	IT16	IT17	IT18
大于	至	/μm													/mm						
—	3	0.3	0.5	0.8	1.2	2	3	4	6	10	14	25	40	60	0.1	0.14	0.25	0.4	0.6	1	1.4
3	6	0.4	0.6	1	1.5	2.5	4	5	8	12	18	30	48	75	0.12	0.18	0.3	0.48	0.75	1.2	1.8
6	10	0.4	0.6	1	1.5	2.5	4	6	9	15	22	36	58	90	0.15	0.22	0.36	0.58	0.9	1.5	2.2
10	18	0.5	0.8	1.2	2	3	5	8	11	18	27	43	70	110	0.18	0.27	0.43	0.7	1.1	1.8	2.7
18	30	0.6	1	1.5	2.5	4	6	9	13	21	33	52	84	130	0.21	0.33	0.52	0.84	1.3	2.1	3.3
30	50	0.6	1	1.5	2.5	4	7	11	16	25	39	62	100	160	0.25	0.39	0.62	1	1.6	2.5	3.9
50	80	0.8	1.2	2	3	5	8	13	19	30	46	74	120	190	0.3	0.46	0.74	1.2	1.9	3	4.6
80	120	1	1.5	2.5	4	6	10	15	22	35	54	87	140	220	0.35	0.54	0.87	1.4	2.2	3.5	5.4
120	180	1.2	2	3.5	5	8	12	18	25	40	63	100	160	250	0.4	0.63	1	1.6	2.5	4	6.3
180	250	2	3	4.5	7	10	14	20	29	46	72	115	185	290	0.46	0.72	1.15	1.85	2.9	4.6	7.2
250	315	2.5	4	6	8	12	16	23	32	52	81	130	210	320	0.52	0.81	1.3	2.1	3.2	5.2	8.1
315	400	3	5	7	9	13	18	25	36	57	89	140	230	360	0.57	0.89	1.4	2.3	3.6	5.7	8.9
400	500	4	6	8	10	15	20	27	40	63	97	155	250	400	0.63	0.97	1.55	2.5	4	6.3	9.7

从图 8-17 可以看出:

① 孔的基本偏差用大写字母表示,轴的基本偏差用小写字母表示;

② 当公差带在零线上方时,基本偏差为下极限偏差,当公差带在零线下方时,基本偏差为上极限偏差。

4. 配合的概念

公称尺寸相同的并且相互结合的孔和轴公差带之间的关系,称为配合。配合分间隙配合、过盈配合和过渡配合三种(图 8-18)。

1)间隙配合 始终具有间隙(包括最小间隙等于零)的配合,如图 8-18 中 I 轴与孔的配合。

2)过渡配合 可能具有间隙或过盈的配合,如图 8-18 中 II 轴与孔的配合。

3)过盈配合 具有过盈(包括最小过盈等于零)的配合,如图 8-18 中 III 轴与孔的配合。

5. 配合制度

国家标准规定了两种配合制度,即基孔制配合和基轴制配合。

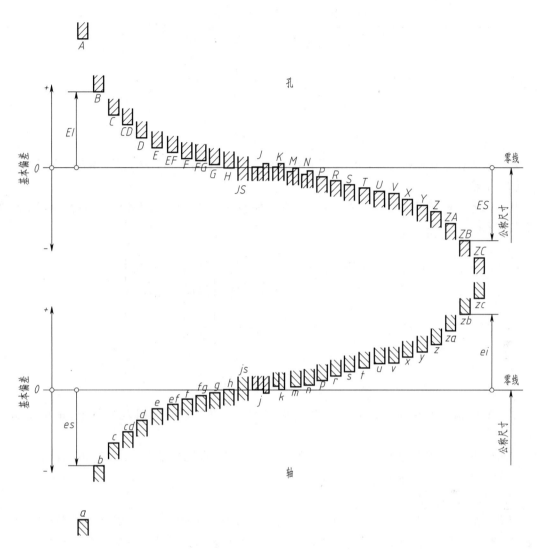

图 8-17　基本偏差系列示意图

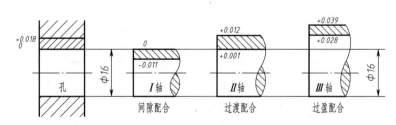

图 8-18　配合的种类

（1）基孔制配合

基本偏差为一定的孔的公差带，与不同基本偏差的轴公差带形成各种配合的一种制度，如图 8-19 所示。

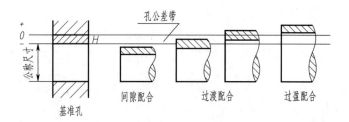

图 8-19 基孔制配合

基孔制的孔为基准孔,代号为 H,其下极限偏差为零,上极限偏差为正值,由标准公差决定。

（2）基轴制配合

基本偏差为一定的轴的公差带,与不同基本偏差的孔公差带形成各种配合的一种制度,如图 8-20 所示。

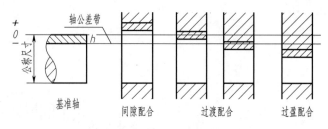

图 8-20 基轴制配合

基轴制的轴为基准轴,代号为 h,其上极限偏差为零,下极限偏差为负值,由标准公差决定。

一般情况下,应优先选用基孔制,只在特殊情况下或与标准件配合时,才选用基轴制。

6. 极限与配合的标注

（1）在零件图上的标注

国家标准规定,在图样上采用公称尺寸后跟所要求的公差带代号或对应的偏差数值表示,如图 8-21 所示。孔、轴的公差带代号均由基本偏差代号和表示标准公差等级的数字组成,如 H7、K6 等为孔公差带代号,h6、f7 等为轴公差带代号。

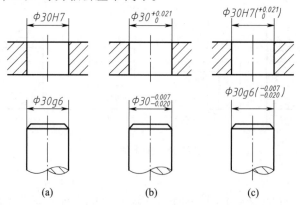

图 8-21 零件图上的公差注法

（2）在装配图上的标注

国家标准规定,在装配图上采用分数形式标注。分子为孔公差带代号,分母为轴公差带代号,如图 8-22 所示。其孔、轴公差带代号均可采用零件图上标注的三种形式。

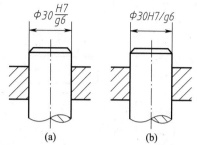

图 8-22　装配图上配合代号注法

三、几何公差简介

1. 几何公差的基本概念（GB/T 1182—2018）

几何误差是指零件表面的实际形状要素对其理想形状要素所允许的偏差,位置误差是指零件表面的实际位置要素对其理想位置要素所允许的偏差。几何误差和位置误差,简称几何公差。

2. 几何公差代号及标注示例

在工程技术图样中,几何公差应采用代号标注。当无法采用代号标注时,允许在技术要求中用文字说明。几何公差代号包括几何公差的项目代号（共有两类十四项）、几何公差框格及指引线、几何公差值和其他有关符号、基准代号等,如图 8-23 所示。

几何公差符号及几何公差代号的标注示例见表 8-10。

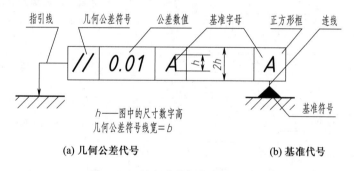

h——图中的尺寸数字高
几何公差符号线宽=b

(a) 几何公差代号　　　　　　　　**(b) 基准代号**

图 8-23　几何公差框格与基准代号

表 8-10　几何公差符号及几何公差代号的标注示例（GB/T 1182—2018）

分类	项目符号	标注示例	说明
形状公差	直线度 ——		1. 圆柱表面上任一素线的形状要素所允许的误差（0.02 mm）（左图）。 2. ϕ10 轴线的形状要素所允许的误差（ϕ0.04 mm）（右图）
	平面度		实际平面的形状要素所允许的误差（0.05 mm）

续表

分类	项目符号	标 注 示 例	说 明
形状公差	圆度 ○	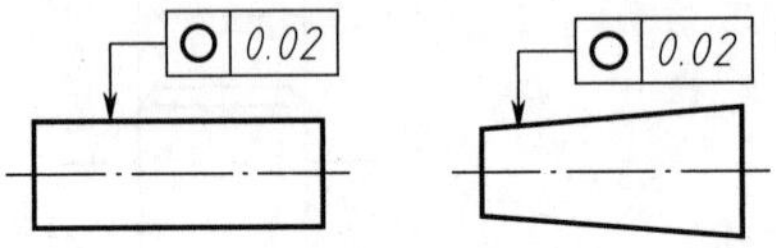	在圆柱轴线方向上任一横截面的实际圆柱所允许的误差(0.02 mm)
	圆柱度	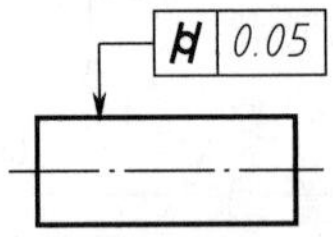	实际圆柱面的形状要素所允许的误差(0.05 mm)
形状、方向、位置公差	线轮廓度 ⌒	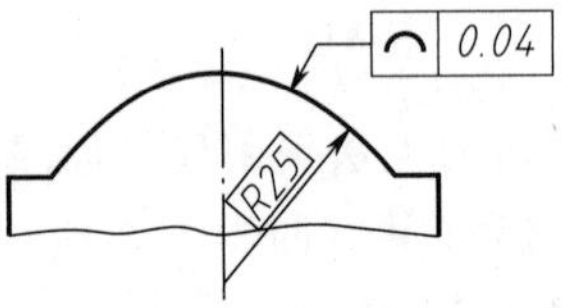	在零件宽度方向,任一横截面上实际线上轮廓形状要素所允许的误差(0.04 mm)。 (尺寸线上有方框之尺寸为理想轮廓尺寸)
	面轮廓度 ⌓	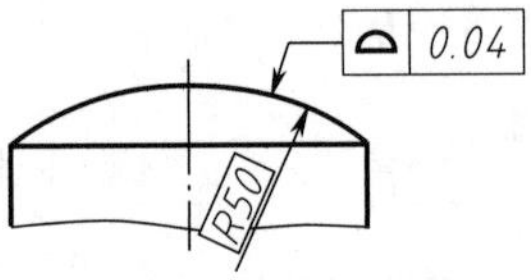	实际表面的轮廓形状要素所允许的误差(0.04 mm)
方向公差	平行度 ∥ 垂直度 ⊥ 倾斜度 ∠	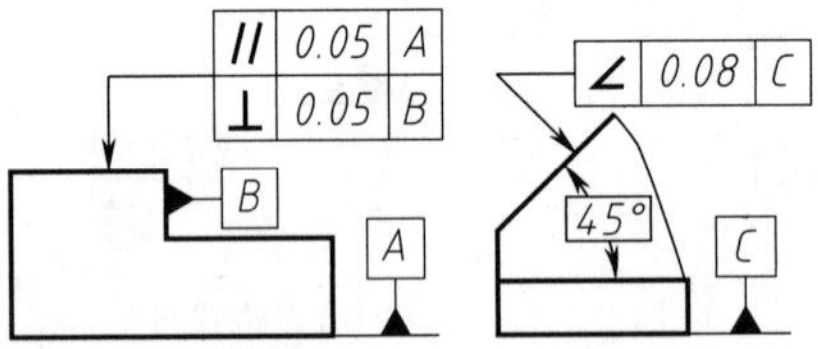	实际要素对基准在方向上所允许的误差(∥为0.05 mm,⊥为 0.05 mm,∠为0.08 mm)
位置公差	同轴度 ◎ 对称度 ⚌ 位置度 ⊕	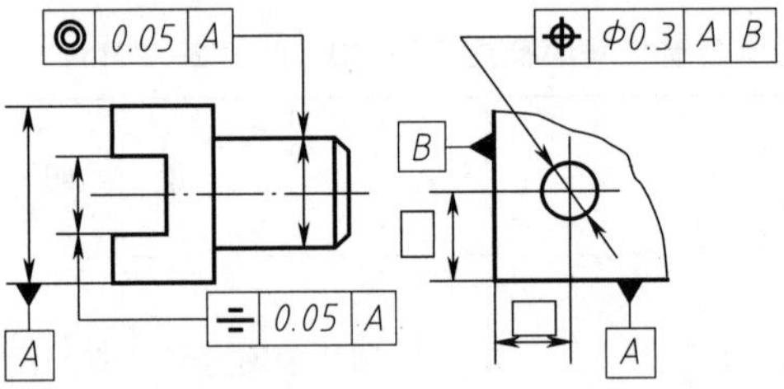	实际要素对基准在位置上所允许的误差(◎为 0.05 mm,⚌为 0.05 mm,⊕为 φ0.3 mm)。 (尺寸线上有方框之尺寸为理想位置尺寸)
	圆跳动 ↗ 全跳动 ↗↗	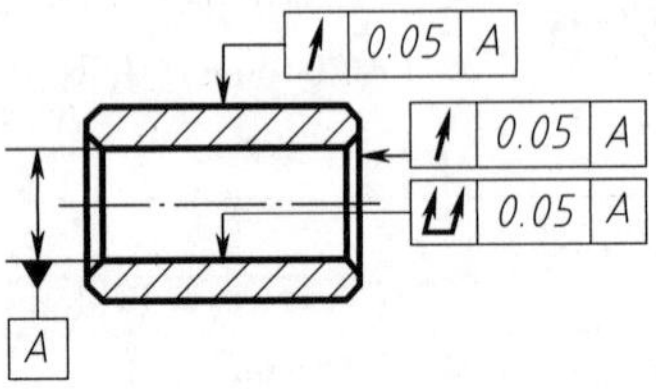	1. 实际要素绕基准轴线回转一周时所允许的最大跳动误差(圆跳动)。 2. 实际要素绕基准轴线连续回转时所允许的最大跳动误差(全跳动)。 (图中从上至下所注,分别为圆跳动的径向跳动、端面跳动及全跳动的径跳)

§8-5　读零件图

　　看零件图的目的就是要根据零件图,了解零件的名称、材料和用途;并分析视图,构思想象零件的结构形状;分析尺寸,了解零件各部分大小及相对位置;分析零件的技术要求,以便指导零件生产或评价零件设计的合理性,必要时提出改进意见。因此,从事各专业的工程技术人员都必须具备读零件图的能力。现以图 8-24 所示阀体的零件图为例,介绍读零件图的一般方法和步骤。

一、概括了解

　　首先从零件图的标题栏,了解零件的名称、材料及画图比例等,然后从相关的技术资料(如装配图等)或其他途径了解零件的主要作用和与其他零件的连接关系等。从图 8-24 可知,该零件为阀体,材料为 1Cr13,比例为 1：1。阀体是旋塞中的一个重要零件,在旋塞中起包容和支承作用,详见装配图。

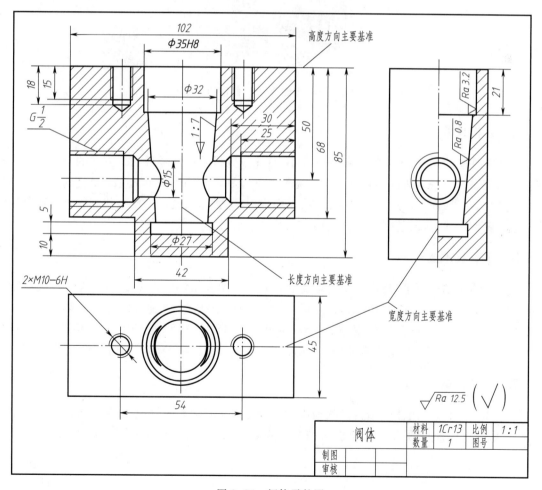

图 8-24　阀体零件图

二、分析视图

分析视图能迅速构思想象零件的结构形状。从图8-24可以看出,表达阀体共有三个基本视图,并在主视图上作了全剖,左视图上作了半剖。主、左视图清楚地反映了阀体的内部结构形状,左、右锥螺纹孔分别为进、出油(气)孔,垂直方向锥孔为与阀杆配合孔,利用阀杆上的单向孔是否与阀体上左、右螺孔相通,达到控制液体(气体)开或关的目的。俯视图反映外形结构,阀体的结构形状如图8-25所示。

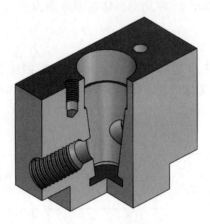

图8-25 阀体的立体图

三、分析尺寸

分析零件图的尺寸,了解零件各部分大小,首先应分析并找到零件三个方向的尺寸基准。阀体左、右,前、后均对称,所以其长度基准和宽度基准分别为左右对称中心线和前后对称中心线,而高度基准为上底面。从这三个基准出发,以结构形状为线索,就能方便地找到阀体各部分的定位尺寸和定形尺寸,从而掌握各部分结构大小及其定位尺寸。

四、了解技术要求

先了解表面结构要求,找出加工要求高的表面。从图8-24可知,阀体表面有三种表面粗糙度要求,分别为$Ra0.8$、$Ra3.2$、$Ra12.5$,其中要求最高的是锥孔表面,表面粗糙度为$Ra0.8$,故锥孔要磨削。再了解尺寸公差及精度,从图8-24可知,阀体只有两处有尺寸精度要求,分别是$\phi35H8$和$2\times M10\text{-}6H$。其余为未注公差,精度要求不高,而且整个阀体没有几何公差的要求。

五、综合归纳

通过以上分析,对阀体的结构形状和尺寸大小有了比较深刻的认识,对技术要求也有一定的了解,最后进行综合归纳,对阀体就会有一个总体概念,从而达到能指导生产的目的。

第九章 装 配 图

任何机器或部件都是由若干零件按一定的装配关系和要求装配而成的。表达机器或部件的工作原理、性能要求及各零件间的装配连接关系等内容的图样,称为装配图。本章将介绍装配图的有关知识、部件的表达方法以及绘制和阅读装配图的基本方法等内容。

§9-1 装配图的作用与内容

一、装配图的作用

在设计机器或部件时,先要根据设计意图和要求画出其装配图,然后根据装配图拆画零件图。在制造机器或部件时,先按零件图加工制造出合格的零件,再根据装配图装配成机器或部件。在机器或部件的使用过程中,也要根据装配图进行调试、维护等。所以,装配图与零件图一样,也是生产中重要的技术文件。

二、装配图的内容

图 9-1 是整体轴承的立体图,它是支承传动轴的一个部件。图 9-2 是整体轴承的装配图。从图中可以看出,一张完整的装配图应具备下列内容:

1) 一组视图 用来表达机器或部件的工作原理,各零件的装配连接关系及主要零件的结构形状等。

2) 必要的尺寸 装配图不必像零件图那样标注出每个零件的全部尺寸,只需标注必要的尺寸,如性能规格尺寸、装配尺寸、安装尺寸、外形尺寸以及设计时确定的一些重要尺寸等。

3) 技术要求 用规定的符号或文字说明机器或部件在装配、调试、检验、安装及使用等方面的要求。

4) 零件序号、明细栏和标题栏 对机器或部件的每种零件都必须编写序号,并在明细栏中填写相应的零件序号、名称、数量和材料等内容。在标题栏中填写机器或部件名称、数量、绘图比例及有关责任人签名等。

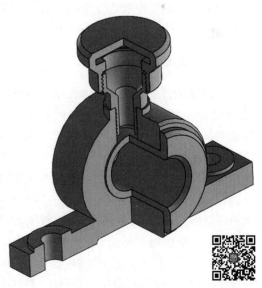

图 9-1 整体轴承的立体图

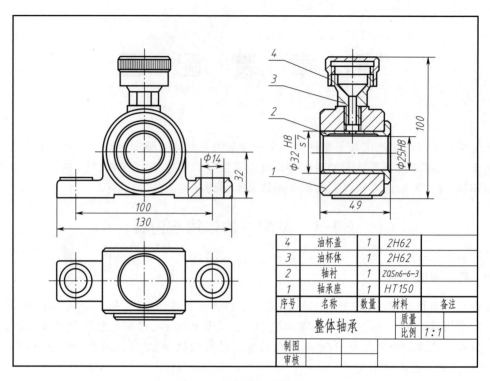

4	油杯盖	1	2H62	
3	油杯体	1	2H62	
2	轴衬	1	ZQSn6-6-3	
1	轴承座	1	HT150	
序号	名称	数量	材料	备注

整体轴承　质量　比例 1:1

制图
审核

图 9-2　整体轴承的装配图

§9-2　部件的表达方法

表示零件的各种表达方法同样适用于表达机器或部件。但机器或部件较单个零件复杂，因此部件还有一些规定画法和特殊表达方法。

一、规定画法

两相邻零件的接触面和配合面规定只画一条线，不接触面和非配合表面，即使间隙很小，也必须画成两条线，如图 9-3 中的轴和通盖、螺钉和通盖均画了两条线。

在剖视图中，相邻两个零件的剖面线方向相反，或方向一致而间距不等。但同一零件在各个视图中的剖面线，必须方向相同，间隔相等（图 9-3）。

当剖切平面通过标准件（如螺栓、螺钉、螺母、垫圈、键、销等）和实心件（如轴、连杆、手柄等）的轴线剖切时，均按不剖绘制。如图 9-3 中的轴、螺母、螺钉、键等，就是按不剖画出的。

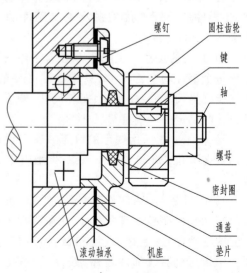

图 9-3　装配图的规定画法与简化画法

二、部件的特殊表达方法

1. 拆卸画法

在画装配图的某个视图时,当某些零件遮挡了需要表达的结构或装配关系时,可假想沿某接合面剖切或将这些零件拆卸后画出,这种画法称为拆卸画法。如图9-4中的"A—A"剖视图,就是沿泵盖与泵体接合面剖切后画出的。

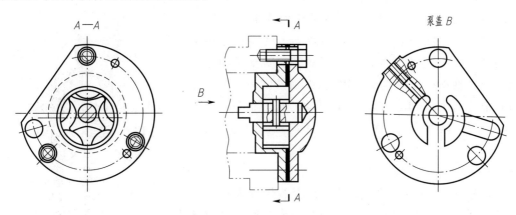

图9-4 部件的特殊表达方法

2. 单独表示某件

在装配图中,为了突出表示某个重要件的形状,可以单独画出该零件某一个方向的视图,这种画法称为单独表示。如图9-4中泵盖的B向视图,就是单独表示的。

3. 假想画法

在装配图中,当需要表示运动件的运动范围或极限位置以及与本部件相关的相邻零件时,可用细双点画线假想画出,这种画法称为假想画法(见图9-4中主视图)。

4. 夸大画法

当部件中薄片零件、细小间隙、细弹簧等,无法按实际尺寸画出时,可采用夸大画法。如图9-3和图9-4中的垫片就是采用夸大画法画出的。

5. 简化画法

1)在装配图中的螺栓、螺钉连接等若干相同的零件组,允许只详细画出一处,其余只需用中心线表示其位置即可,如图9-3和图9-4中的螺钉连接。

2)在装配图中表示滚动轴承时,允许一半用规定画法画出,另一半用通用画法表示,如图9-3中滚动轴承的画法。

3)在装配图中,对零件的工艺结构,如起模斜度、小圆角、倒角和退刀槽等细小结构,允许不画。

§9-3 装配图的画法

在新产品的开发设计和仿制产品中,都要求画出装配图。下面以图9-5所示浮动支承为例,介绍画装配图的方法与步骤。

一、画装配图

1. 分析部件

在画图之前,首先应对所画部件进行必要的分析,了解部件的功用、工作原理、结构特点以及零件间装配连接关系等。

图9-5所示的浮动支承是某装置中的一个支承部件。它由支承销、支承座、滑柱、螺钉、弹簧共5种零件组成,支承销在其下部弹簧的作用下,能自动与所支承的零件保持接触,并有一定的上、下浮动量。当支承销顶到被支承的零件后,转动螺钉推动滑柱顶紧支承销,从而锁紧支承。当松开螺钉时,滑柱退出,支承销处于上下浮动的自由状态。该部件主要用于那些表面不平、误差较大和不同规格的零件的支承定位。

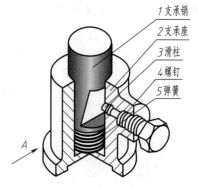

1 支承销
2 支承座
3 滑柱
4 螺钉
5 弹簧

图9-5　浮动支承的立体图

2. 选择视图

对部件有了充分的了解后,就可选择视图和表达方法了。要求选择一组恰当的视图,把部件的工作原理、装配关系及结构形状,能够完整、清楚、简洁地表达出来。

首先选择主视图,主视图一般按部件的工作位置放置,投射方向应尽量突出反映部件的工作原理和主要装配关系。浮动支承的放置按工作位置,而投射方向选择如图9-5中 A 比较好。其次选择其他视图。其他视图的选择要围绕补充主视图表达的不足来进行,使所选视图有自己表达的重点。例如,浮动支承选了主视并作全剖后,其工作原理及装配关系基本上反映清楚了。如再选一个反映外形的俯视图,进一步表达其形状特征和装配关系,就会使整个表达更加完整、清楚,故再选俯视图。为了突出支承销断面形状,再作 A—A 移出断面。

3. 画装配图

视图及表达方案选好以后,就可以具体画图了,浮动支承装配图的画图方法与步骤,如图9-6所示。

二、标注装配图的尺寸及技术要求

1. 标注装配图尺寸

装配图中只需标注下列几类尺寸:

1)性能(规格)尺寸　表示机器或部件性能或规格大小的尺寸,它是设计和选用机器或部件的主要依据,如图9-6c中浮动支承的性能(规格)尺寸为60~70。

2)装配尺寸　用来保证零件间的配合性质和相对位置的尺寸。如图9-2中的 $\phi32\dfrac{H8}{s7}$ 和图9-6c中的 $\phi20\dfrac{H8}{f8}$、43等尺寸。

3)安装尺寸　将机器或部件安装到其他设备或基础上所需的尺寸。如图9-2中两个螺栓

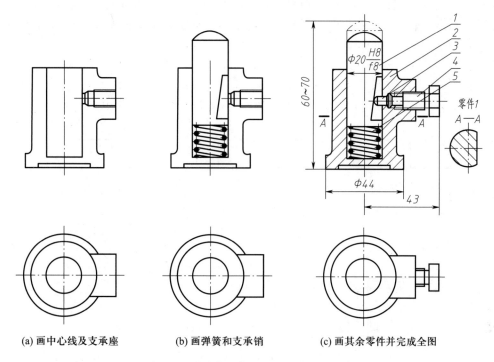

(a) 画中心线及支承座　　(b) 画弹簧和支承销　　(c) 画其余零件并完成全图

图 9-6　浮动支承装配图画图方法与步骤

孔中心距 100,就是将整体轴承安装到机座上所需的尺寸。

　　4) 外形尺寸　表示机器或部件的总长、总宽、总高尺寸。反映所占空间的大小,供包装、运输和安装时参考,如图 9-2 中的尺寸 130、49、100。

　　5) 其他重要尺寸　包括设计时经计算或查表确定的尺寸和尚未包括在上述几类尺寸中的重要尺寸。

　　2. 注写技术要求

　　说明机器或部件的性能、装配、检验、测试和使用等方面的技术要求,一般用文字、数字或符号注写在明细栏的上方或图纸的适当位置,必要时也可另编技术文件,如图 9-10 中的技术要求。

三、编写零件序号与明细栏(GB/T 4458.2—2003)

　　由于部件是由许多零件组成的,为了区分零件,便于读图、便于组织指导生产,必须对部件中的每种零件编列序号,并逐一填入对应的明细栏。

　　1. 零件序号

　　部件中的每种零件都要编列序号,形状、尺寸相同的零件只编一个号,其数量填写在明细栏内。形状相同、尺寸不同的零件应分别编号。零件序号的编写形式如图 9-7 所示。

　　指引线应自所指部分的可见轮廓线内引出,并在末端画一小圆点。若所指部分(很薄的零件或涂黑的剖面区域)内不便画圆点时,可在指引线末端画出箭头,并指向该部分轮廓,如图 9-7b

所示。指引线彼此不能相交,当通过剖面线区域时,指引线不能与剖面线平行,必要时指引线可画成折线,但只可曲折一次,如图 9-7c 所示。对于一组紧固件或装配关系清楚的零件组,可采用公共的指引线,如图 9-8 所示。

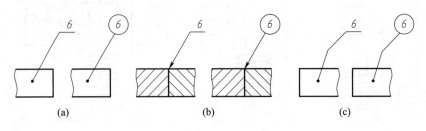

图 9-7　零件序号的编写形式

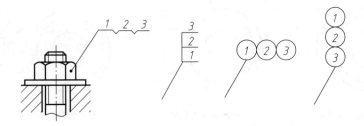

图 9-8　零组件的指引线及编号画法

序号的字体较尺寸数字大一号,并严格按顺时针或逆时针方向,顺序整齐地排列在同一水平线或铅垂线上。

2. 明细栏

明细栏应放在标题栏上方,并与标题栏相连接,当地方不够时,可将明细栏的一部分移至标题栏左边。国家标准中规定明细栏的形式如图 9-9 所示。填写时,零件序号应由下而上从小到大排列。

浮动支承装配图的尺寸标注、技术要求的注写、零件序号与明细栏的编写如图 9-10 所示。

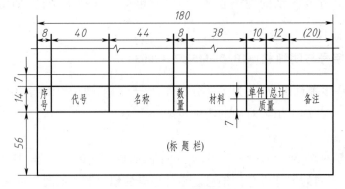

图 9-9　明细栏的格式

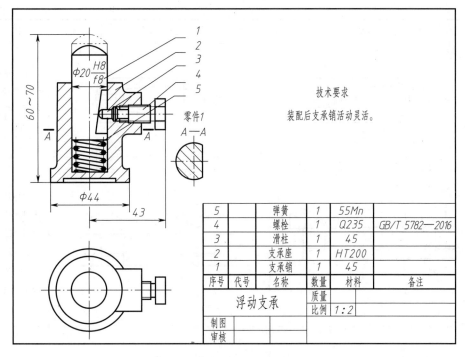

图 9-10 浮动支承装配图

§9-4 装配结构的合理性简介

为了使零件装配成机器或部件后能达到设计的性能要求,并考虑部件装、拆方便,零件加工容易,对装配结构应有一定的合理性要求。表 9-1 列出了一些常见的装配结构,以便画装配图时参考。

表 9-1 常见的装配结构

合 理	不 合 理	说 明
接触面与配合面的结构		两个零件在同一方向上,只能有一对接触面或一对配合面

合 理	不合理	说 明
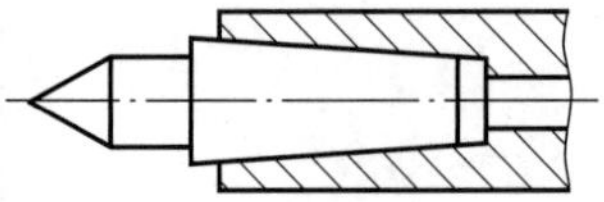	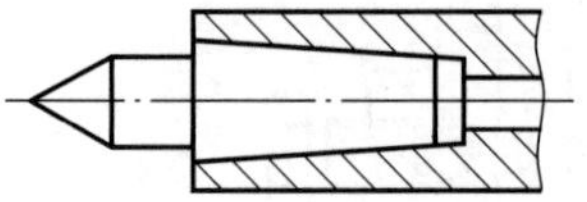	两锥面配合时,锥体顶部与锥孔底部之间应留有空隙

接触面与配合面的结构

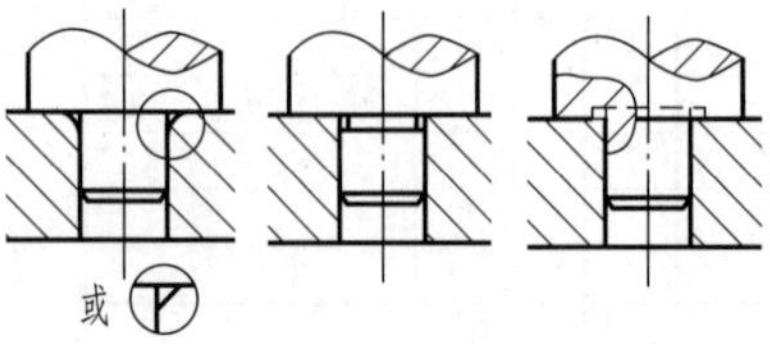	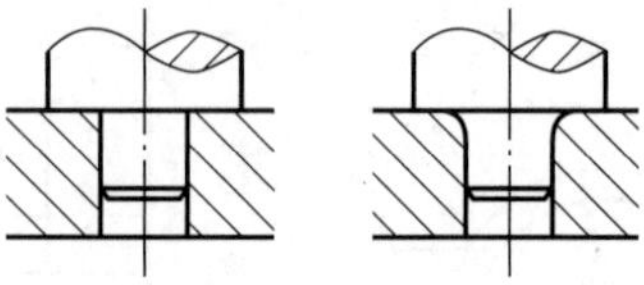	两配合零件接触面的转角处应做出倒角、倒圆或凹槽,不应都做成尖角或相同的圆角
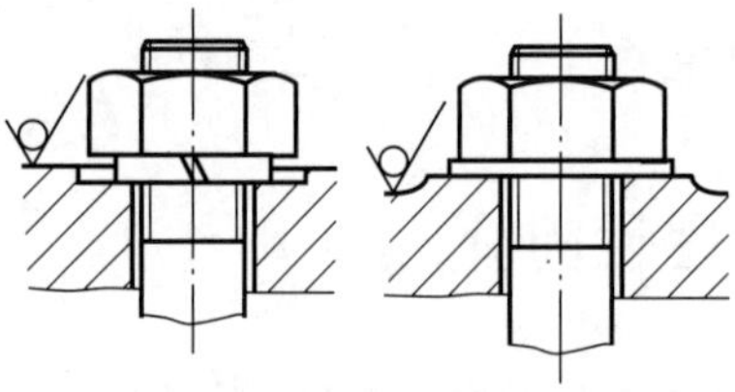	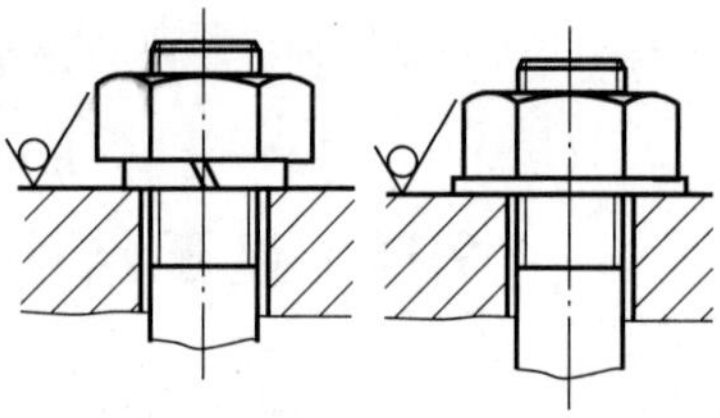	在被连接件上做出沉孔或凸台,以保证良好的接触性能
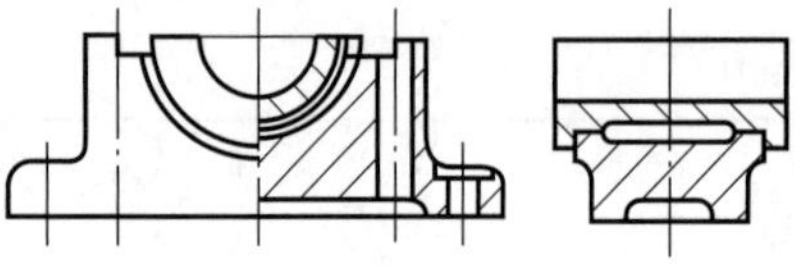	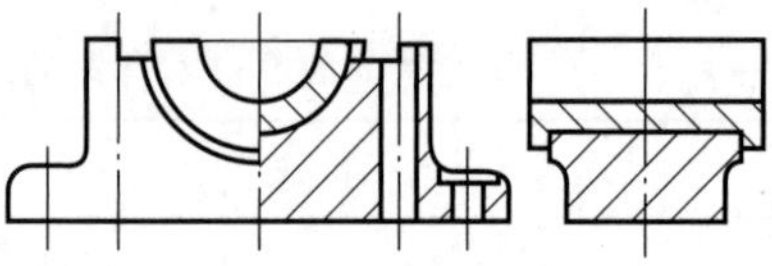	合理地减少加工面积,既可降低制造成本,又可改善接触状况

方便装卸的结构

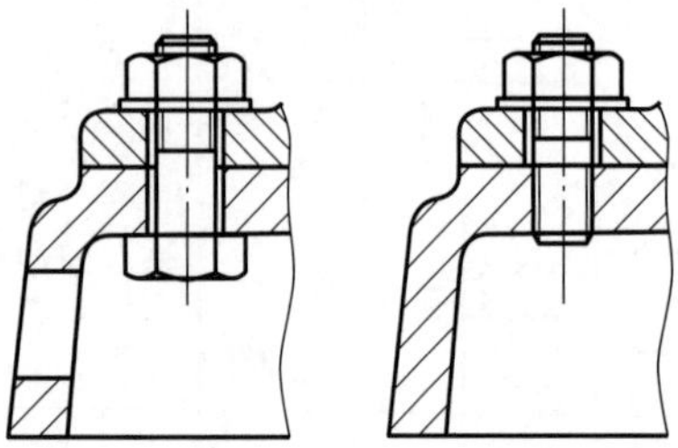

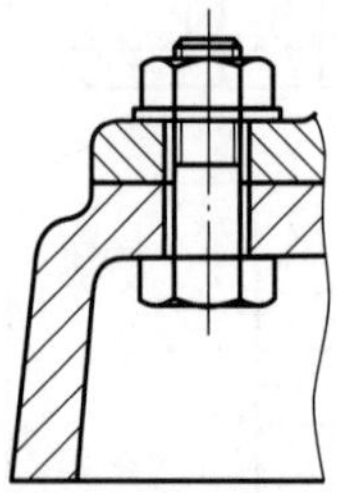

| | | 加手孔或使用双头螺柱,方能上紧被连接件 |

续表

合 理	不 合 理	说 明
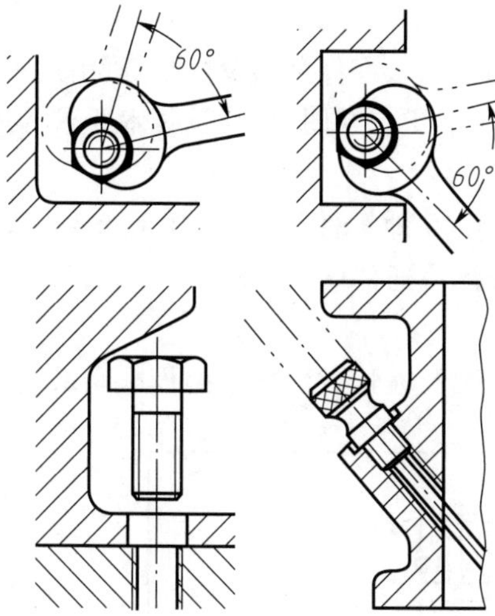	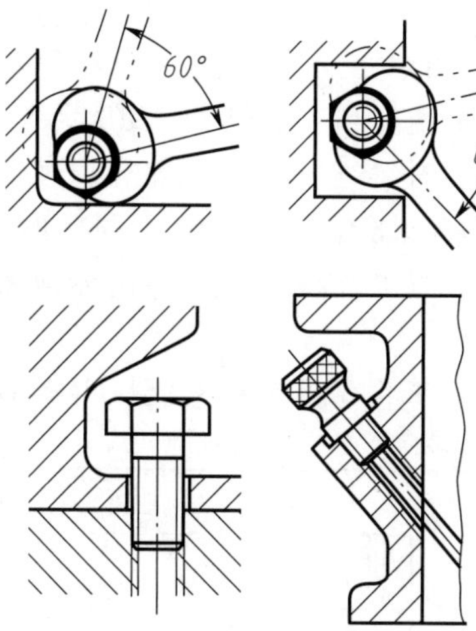	为了便于装拆，必须留出扳手的活动空间以及装拆螺钉、量杆的空间
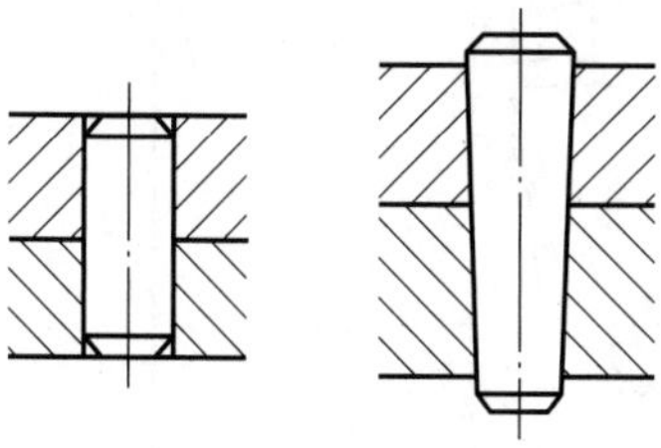	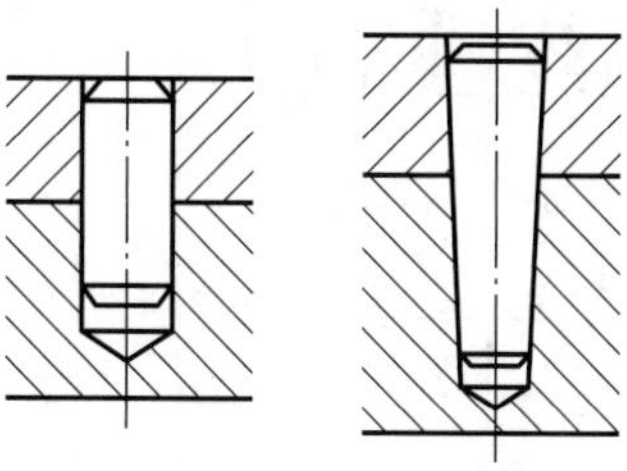	为便于加工和拆卸，销孔最好做成通孔而不做成盲孔
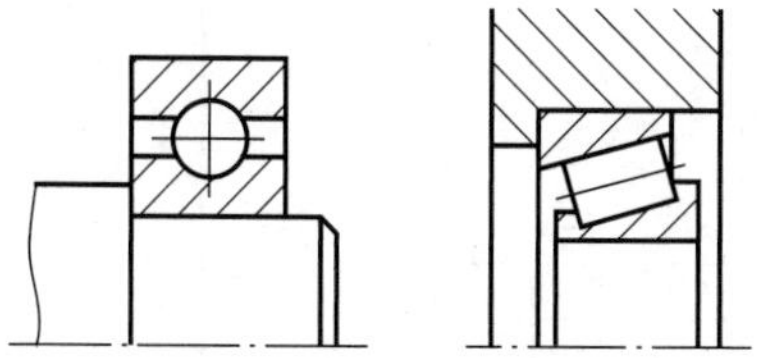	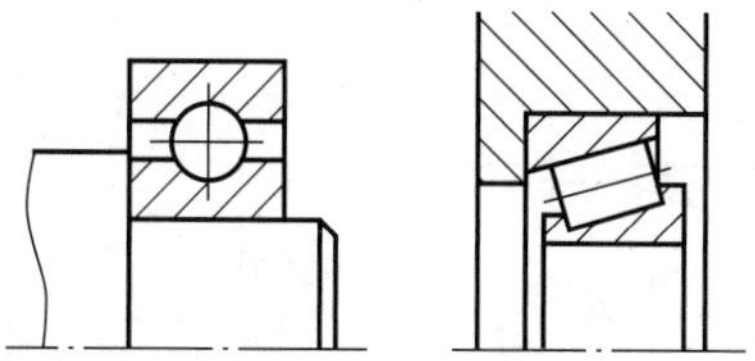	滚动轴承在以轴肩或孔肩定位时，其高度应小于轴承内圈或外圈的厚度，以便拆卸

（左侧竖排）方便装卸的结构

§9-5 读装配图

　　读装配图就是通过对装配图的视图、尺寸及文字符号等的分析与识读，了解机器或部件的名称、用途、工作原理和装配关系等的过程。在产品的设计制造、使用维护和技术交流中，经常遇到读装配图的问题。因此,工程技术人员必须具备读装配图的能力。

一、读装配图的方法与步骤

1. 概括了解

首先通过标题栏、明细栏及其他有关资料,了解部件的名称、零件种类及数量等,由此可知其大致的用途、性能、组成情况和复杂程度。其次大致浏览一下所有视图、尺寸及技术要求等内容,初步了解部件的大小、结构特点和大致的工作原理。

图 9-11 所示为旋塞装配图,采用 1∶1 的比例绘制,由 6 种零件组成,其中有 2 种标准件。从视图及其他内容可以看出,旋塞是管路中控制液体或气体流通的阀门。

2. 分析视图

先分析部件采用了哪些视图和表达方法,并弄清各视图及表达方法之间的投影联系,从而深

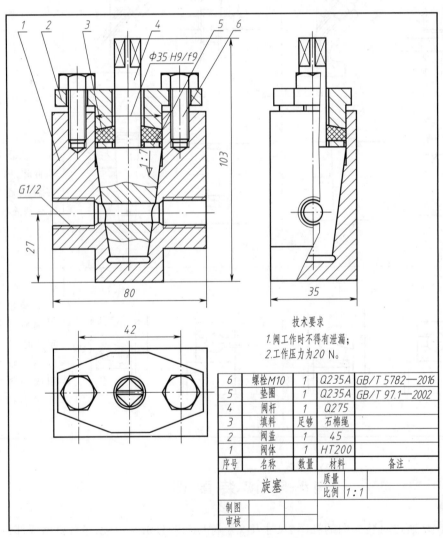

技术要求
1. 阀工作时不得有泄漏;
2. 工作压力为20 N。

6	螺栓M10	1	Q235A	GB/T 5782—2016
5	垫圈	1	Q235A	GB/T 97.1—2002
4	阀杆	1	Q275	
3	填料	足够	石棉绳	
2	阀盖	1	45	
1	阀体	1	HT200	
序号	名称	数量	材料	备注

旋塞		质量	
		比例	1∶1
制图			
审核			

图 9-11　旋塞装配图

入分析部件的工作原理和各零件间的装配连接关系。如图9-11所示的旋塞,共用了三个基本视图表示,即全剖的主视图、局部剖的左视图和外形的俯视图。在全剖的主视图中,因件4阀杆属实心件,全剖时应按不剖处理,为了表示其与阀体上左、右螺孔相通情况,所以再作了局部剖。分析视图可以看出,旋塞是通过转动阀杆来实现开启和关闭的。图示为开启状态,因这时阀杆上的孔与阀体上左、右螺孔是相通的。如果转动阀杆,使阀杆上孔与阀体上左、右螺孔不相通时,即为关闭状态。主视图不仅反映了旋塞的工作原理,还反映了旋塞的密封防漏措施和各零件间的装配连接关系。

3. 分析零件

在了解机器或部件工作原理与装配关系的基础上,进一步分析各零件的结构形状及作用。一般先分析主要零件,后分析次要零件。可根据剖面线的方向和疏密程度,并按投影关系将零件初步分离出来,再根据零件在部件中所起的作用,构思想象零件的结构形状。图9-11中的阀体,在前一章读零件图中已经见过。其他零件如阀杆、压盖等,读者可自行分析。

4. 综合归纳

在通过以上分析的基础上,还应把机器或部件的功用、工作原理、性能结构及装配关系等几方面的问题联系起来思考,进行综合归纳,达到看懂全图的目的。旋塞的立体图如图9-12所示。

二、由装配图拆画零件图

根据装配图拆画零件图是设计过程中一个重要的环节。拆图是在读懂装配图的基础上,按零件图的要求,画出零件工作图的过程。下面以图9-13所示微带用高频插座为例,说明拆画零件图的方法与步骤。

1. 读懂装配图

为了读懂图9-13所示的微带高频插座装配图,先介绍高频插座的相关资料。

微带用高频插座说明:

1)用途 微带电路是用金属印制在介质基片上的平面电路,它的频率很高,一般在数千兆赫以上。当与外界连接时,就需要将这种微带形式转化成同轴形式,以与同轴电缆连接。本插座就起着这种转换作用,同时在结构上还要求装卸方便。因此,本插座不但应满足电气性能的要求,而且也要满足力学性能要求;它是一种机、电相结合的装配体,它的结构尺寸也是根据机、电两方面的要求而决定的。

2)结构 本装配体由两部分组成。

外导体部分由底座7、座套1组成,除了完成电气方面的连接外,还起着机械连接作用。底座7通过压板5用四个螺钉6与面板连接,底座7的另一端通过螺钉与微带盒连接,为使底座7与座套1固定,采用了螺钉4。底座内的锥孔是为了阻抗变换而设计的,它的内圆柱孔也与阻抗有关,它们是根据电气要求而计算出的尺寸,因此它的基本尺寸带有小数,不能圆整。它的表面结构要求也是根据电气要求而决定的,一般选 $Ra0.8 \sim Ra1.6$ 的表面粗糙度。

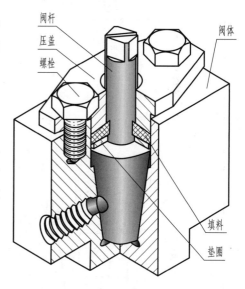

图9-12 旋塞的立体图

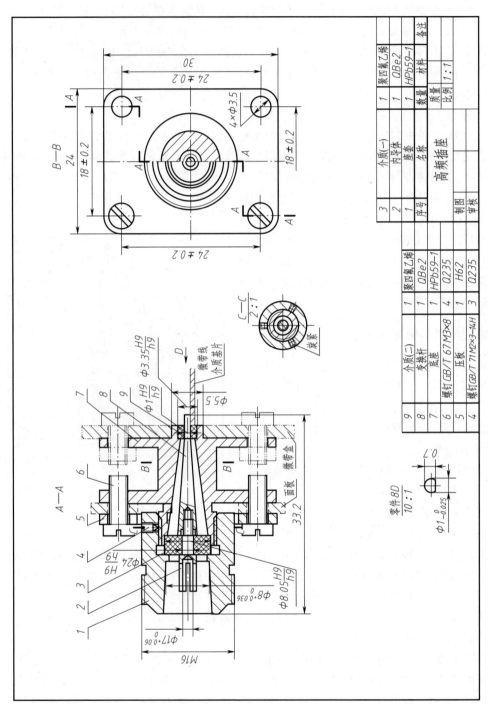

图 9–13 微带用高频插座装配图

序号	名称	数量	材料	备注
3	介质(一)	1	聚四氟乙烯	
2	内导体	1	QBe2	
1	座套	1	HPb59-1	
	高频插座			
	制图			比例 1:1
	审核			

9	介质(二)	1	聚四氟乙烯	
8	变换杆	1	QBe2	
7	底座	1	HPb59-1	
6	螺钉 GB/T 67 M3×8	4	Q235	
5	压板	1	H62	
4	螺钉 GB/T 71 M2×3–14H	3	Q235	

零件8D
10:1

内导体部分是由内导体 2、变换杆 8、介质(一) 3、介质(二) 9 组成,内导体主要是完成电气连接。它的一端有弹性结构,可以与外接插头的内导体连接。它的另一端可以与微带焊接,从而完成电气连接。变换杆 8 设计成圆锥状,是为了完成阻抗变换。内导体各零件的圆柱面外径,也是与阻抗有关,是根据电气要求而计算出的尺寸,因此它的基本尺寸有些也带有小数,不能圆整。介质(一) 3、介质(二) 9 的作用是支持内导体,并将内导体绝缘,它的尺寸也是由电气要求来决定的,这些内导体的外圆柱面的表面粗糙度也与电气性能有关,一般取 $Ra1.6 \sim Ra0.8$。

3)拆卸顺序

螺钉 6→压板 5→螺钉 4→座套 1→内导体组装→底座 7→介质(二) 9。

           ↳内导体 2→介质(一) 3→变换杆 8。

从标题栏和相关资料可知,高频插座是一个机电结合的装置,由 9 种不同的零件组成。其主要作用是将微带形式的电路转化为同轴形式,以便与同轴电缆相连接。

高频插座共用了主视图、左视图两个基本视图和一个 C—C 局部剖视图表示。主视图是采用几个互相平行的剖切面剖切的全部视图。左视图为 B—B 的半剖视图。为了反映变换杆(件 8)的端部断面形状,还要有单独表示,如零件 8 的 D 向视图,用了较多的假想画法,表示高频插座与面板、微带盒及微带线之间的安装与连接情况。通过对视图的综合分析可知,高频插座的整体情况如图 9-14 所示。

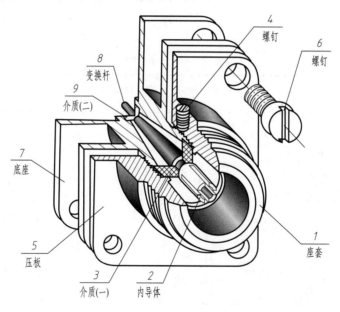

图 9-14 高频插座立体图

2. 拆画零件图

在基本看懂装配图的基础上,就可拆画零件图。

底座和座套是高频插座中的两个主要零件。根据剖面线方向和投影关系,很容易把它们从装配图中分离出来。然后根据它们的作用,仔细分析和构思其结构形状,就可画出它们的零件图。底座的零件图如图 9-15 所示。座套的零件图如图 9-16 所示。

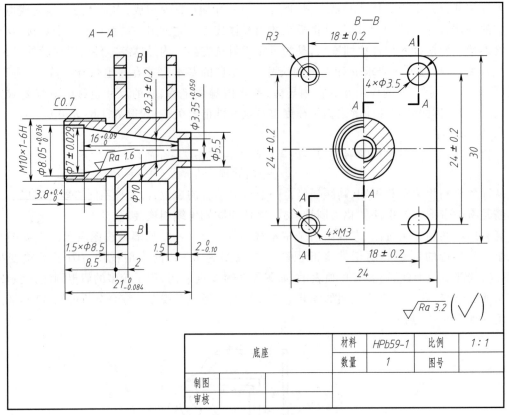

图 9-15　底座的零件图

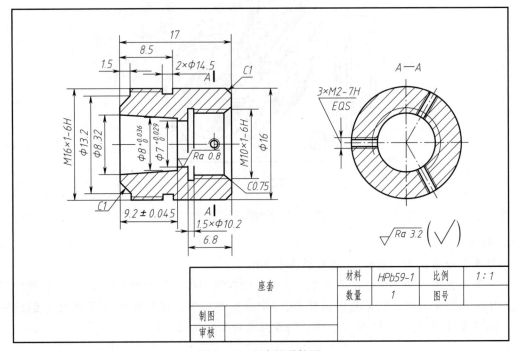

图 9-16　座套的零件图

第十章 其他工程图样简介

§10-1 房屋建筑图

从事电子、化工、仪表、矿冶以及机械制造等专业工作的工程技术人员,在工艺设计的过程中,应对相关建筑设计提出工艺方面的要求。因此,工艺人员应该掌握房屋建筑的基本知识和具备识读房屋建筑图的初步能力。

一、房屋建筑图的分类

一套房屋建筑施工图通常包含三个部分:

1) 建筑施工图(简称"建施") 反映房屋的内、外形状,大小,布局,建筑节点的构造和所用材料等情况,包括总平面图、建筑平面图、立面图、剖面图和详图等。

2) 结构施工图(简称"结施") 反映房屋的承重构件的布置、形状、大小、材料及其构造等情况。包括结构计算说明书、基础图、结构布置平面图以及构件的详图等。

3) 设备施工图(简称"设施") 反映各种设备、管道和线路的布置、走向、安装要求等情况。包括给水排水、采暖通风与空调、电气等设备的布置平面图、系统图以及各种详图等。

这里主要介绍建筑施工图的形成和内容以及阅读和绘制方法。

二、建筑施工图的形成和内容

现以图 10-1 所示的传达室为例,简要地说明平、立、剖面图的形成和内容。

1. 平面图

如图 10-2 所示,假想用一水平面将房屋剖开,移去上部,由上向下投射所得到的水平剖视图,称为平面图。如果是楼房,沿底层剖开所得到的剖视图称底层平面图,沿二层、三层依次剖开所得到的剖视图则分别称为二层平面图、三层平面图等。

平面图表示房屋的平面布局,反映各个房间的分隔、大小、用途,门、窗以及其他主要构配件和设施的位置等内容。如果是楼房,还应表示楼梯的位置、形式和走向。

2. 立面图

在与房屋立面平行的投影面上所作出的房屋的正投影图,称为立面图。图 10-1 画出的是从房屋的正面(即反映房屋的主要出入口或比较显著地反映出房屋外貌特征的那个立面)由前向后投射所得的正立面图。从房屋的左或右侧面由左向右投射或由右向左投射所得的是左侧立面图或右侧立面图,而从房屋的背面由后向前投射所得的是背立面图。立面图也可按房屋的朝向分别称为东立面图、南立面图、西立面图和北立面图。或按地理位置分为沿街主立面图或侧立面图。

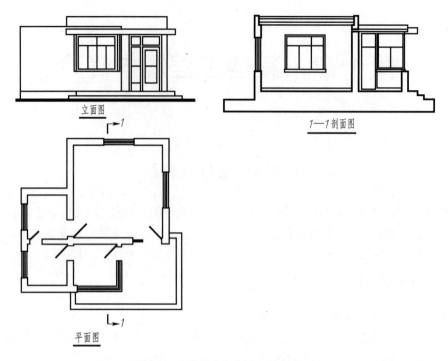

图 10-1　某传达室的平、立、剖面图

立面图表示房屋的外貌,反映房屋的高度,门窗的形式、大小和位置,屋面的形式和墙面的做法等内容。

3. 剖面图

如图 10-3 所示,假想用侧平面(或正平面)将房屋剖开,移去处于观察者和剖切面之间的部分,把余下部分向投影面投射所得的剖视图,称为剖面图。在图 10-1 的平面图中画出了剖切符号,按 GB/T 50001—2017 规定:投射方向用粗实线表示,根据剖切符号所示的剖切位置和投射方向作出了 1—1 剖面图。剖切位置应选在房屋内部构造较复杂和典型的部位,并通过门窗洞,若为多层房屋,应选在楼梯间或层高不同、层数不同的部位。

剖面图表示房屋内部的结构形式、主要构配件之间的相互关系以及地面、门窗、屋面的高度等内容。

图 10-4 是传达室的建筑施工图,该图从施工的角度出发,细化了图 10-1 所示的平、立、剖面图的内容,用于指导房屋的施工。

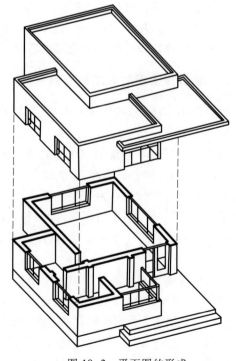

图 10-2　平面图的形成

三、房屋建筑图的常见符号

在建筑施工图中经常会用到一些符号,如图10-4中的定位轴线、索引符号和详图符号、标高符号等。表 10-1 列出了房屋建筑施工图中常用的符号,读者可以对照传达室建筑施工图仔细阅读,了解各种符号的画法及其应用。

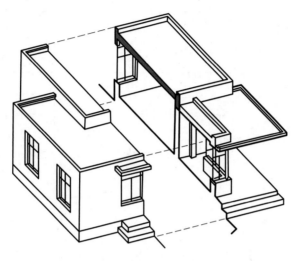

图 10-3　剖面图的形成

表 10-1　房屋建筑施工图中常用的符号

名称	画法	说明
定位轴线	① 一般标注　　①/③ ②/C 附加定位轴线	定位轴线用细单点长画线绘制,编号圆用细实线绘制,直径为 8 mm,详图可增至 10 mm
标高符号	约3 mm (数字) 45°　　±0.000　5.250　-3.600　-0.450 标高符号的尖端应指向被标注的高度	标高符号用细实线绘制,标高符号的尖端应指向被标注的高度,标高数字用 m 为单位
对称符号		对称符号用细实线绘制,平行线长度宜为 6~10 mm,平行线间距宜为 2~3 mm,平行线在对称线的两侧的长度应相等

续表

名称	画　　法	说　　明
索引符号	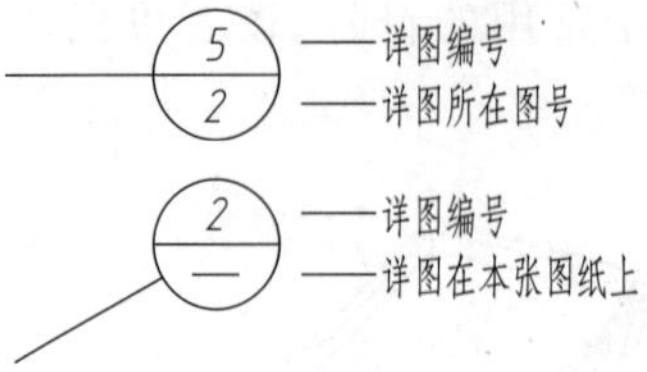 5 —— 详图编号 2 —— 详图所在图号 2 —— 详图编号 —— 详图在本张图纸上	索引符号应以细实线绘制,圆的直径为 10 mm
详图符号	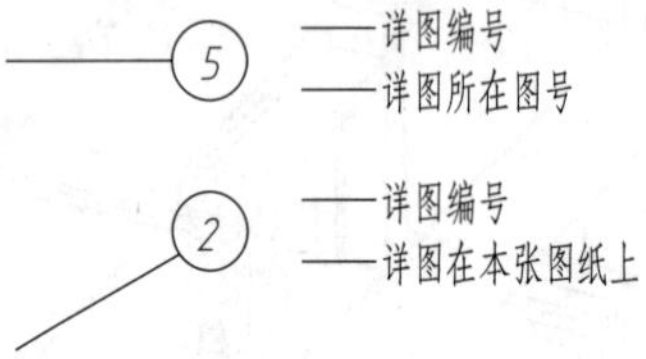 5 —— 详图编号 —— 详图所在图号 2 —— 详图编号 —— 详图在本张图纸上	详图符号表示详图的位置与编号,以直径为 14 mm 的粗实线圆绘制
指北针和风玫瑰图	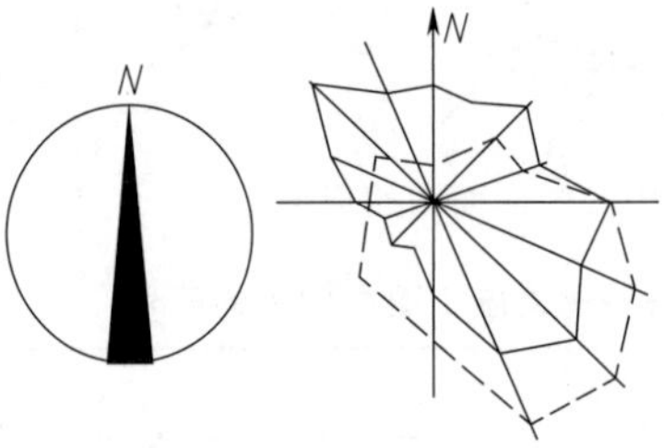	用细实线绘制,圆的直径为 24 mm,指针尾部的宽度宜为 3 mm,针尖方向为北向

四、房屋图的绘图规则

1. 图样的名称与配置

房屋建筑图与机械图的图样名称对照见表 10-2。

表 10-2　房屋建筑图与机械图的图样名称对照

房屋建筑图	正立面图	侧立面图	平面图	剖面图	断面图
机械图	主视图	左视图或右视图	俯视图投射方向的全剖视图	剖视图	断面图

　　房屋建筑图的视图配置(排列),通常是将平面图画在正立面图的下方,如果需要绘制左、右侧立面图,也常将左侧立面图画在正立面图的左方,右侧立面图画在正立面图的右方。也可以将平面图、立面图分别画在不同的图纸上。剖面图或详图可根据需要用不同的比例画在图纸的空白处或画在另外的图纸上,如图 10-4 所示。

　　房屋建筑图的每个图样都应标注图名,图名标注在图样的下方或一侧,并在图名下绘一粗横线,如图 10-4 所示。

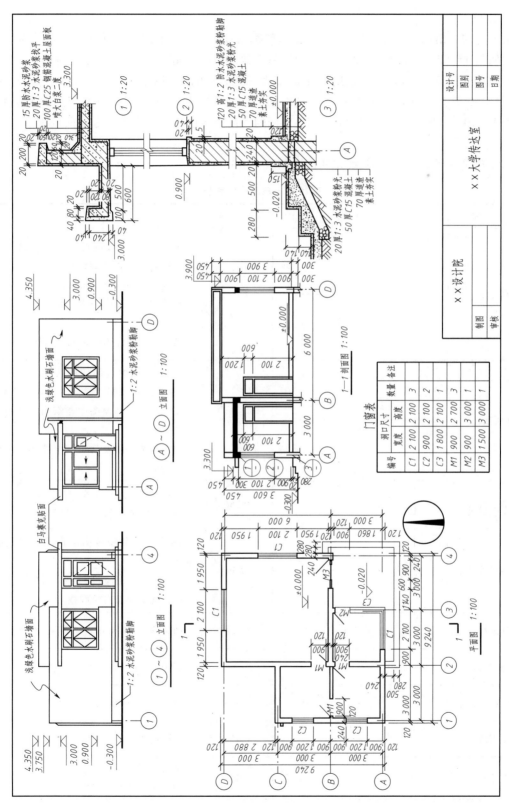

图 10-4 传达室的建筑施工图

2. 比例

由于房屋建筑的形体庞大，所以施工图一般都用较小的比例绘制，如房屋的平、立、剖面图常用的比例是 1：50、1：100、1：200；又因为房屋建筑的内部构造比较复杂，在小比例的平、立、剖面图中无法表达清楚，所以详图选用的比例要大一些，常用的比例是 1：1、1：2、1：5、1：10、1：20、1：50 等。如图 10-4 中的平、立、剖面图的比例均采用 1：100，外墙剖面节点详图采用的比例为 1：20。比例应注写在图名的右侧，比例的字高应比图名的字高小一号或两号。

3. 图线

房屋建筑图所采用的线型、线宽和用途见表 10-3。

表 10-3　建筑图的线型

名　称	线　型	线　宽	用　途
粗实线	——————	b	平、剖面图中被剖切的主要建筑构造（包括构配件）的轮廓线；建筑立面图的外轮廓线；建筑构造详图中被剖切的主要部分的轮廓线；建筑构配件详图中构配件的外轮廓线
中实线	——————	$0.5b$	平、剖面图中被剖切的次要建筑构造（包括构配件）的轮廓线；建筑平、立、剖面图中建筑构配件的轮廓线；建筑构造详图及建筑构配件详图中的一般轮廓线
细实线	——————	$0.25b$	小于 $0.5b$ 的图形线、尺寸线、尺寸界线、图例线、索引符号、标高符号等
中虚线	— — — —	$0.5b$	建筑构造及建筑构配件不可见的轮廓线；平面图中的起重机（吊车）轮廓线；拟扩建的建筑物轮廓线
细虚线	- - - - - -	$0.25b$	图例线，小于 $0.5b$ 的不可见轮廓线
粗单点长画线	—·—·—	b	起重机（吊车）轨道线
细单点长画线	—·—·—	$0.25b$	中心线、对称线、定位轴线
双折线	—〜——	$0.25b$	不需画全的断开界线
波浪线	〜〜〜	$0.25b$	不需画全的断开界线；构造层次的断开界线

4. 尺寸标注

如图 10-5 所示,在房屋建筑图上的尺寸应包括尺寸界线、尺寸线、尺寸起止符号和尺寸数字。尺寸界线用细实线绘制,其一端应离开图样轮廓线不小于 2 mm,另一端宜超出尺寸线 2~3 mm;尺寸线用细实线绘制,应与被注长度平行,且不宜超出尺寸界线;尺寸起止符号用中粗斜短线绘制,其倾斜方向应与尺寸界线成顺时针 45°,长度为 2~3 mm;尺寸数字应根据读数方向在靠近尺寸线的上方中部注写。尺寸单位除标高及总平面图以 m 为单位外,均以 mm 为单位。

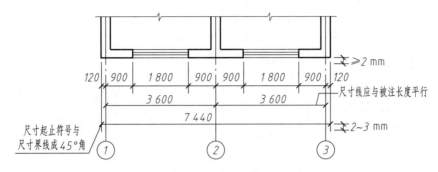

图 10-5 尺寸标注

5. 建筑构配件的图例

由于建筑平、立、剖面图是采用小比例绘制的,有些内容不可能按实际情况画出,因此常采用各种规定的图例来表示各种建筑构配件和建筑材料。表 10-4 介绍几种常用的建筑构造及配件图例。

表 10-4 常用的建筑构造及配件图例

名称	图例	说明	名称	图例	说明
楼梯		1. 上图为底层楼梯平面,中图为中间层楼梯平面,下图为顶层楼梯平面。 2. 楼梯及栏杆扶手的形式及踏步数应按实际情况绘制	检查孔		左图为可见检查孔 右图为不可见检查孔
			孔洞		
			坑槽		
			烟道		
			通风道		

续表

名称	图例	说明	名称	图例	说明
单扇门（包括平开或单面弹簧）	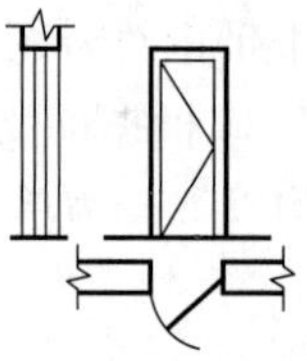	1. 门的名称代号用 M 表示。 2. 在剖面图中，左为外，右为内；在平面图中，下为外，上为内。 3. 在立面图中，开启方向线交角的一侧，为安装合页的一侧。实线为外开，虚线为内开。 4. 平面图上门线应 90° 或 45° 开启，开启弧线宜画出。 5. 立面形式应按实际情况绘制	单层固定窗	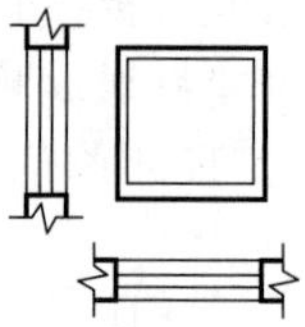	1. 窗的名称代号用 C 表示。 2. 立面图中的斜线表示窗的开启方向，实线为外开，虚线为内开；开启方向线交角的一侧为安装合页的一侧，一般设计图中可不表示。 3. 在剖面图中，左为外，右为内；在平面图中，下为外，上为内。 4. 平、剖面图中的虚线，仅说明开关方式，在设计图中不需要表示。 5. 窗的立面形式应按实际情况绘制
双扇门（包括平开或单面弹簧）			单层外开上悬窗	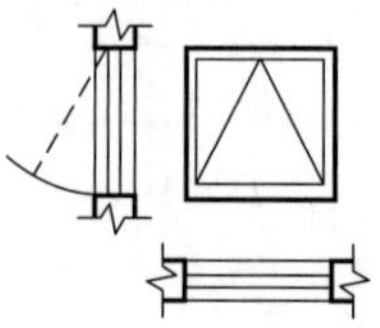	
对开折叠门			单层中悬窗	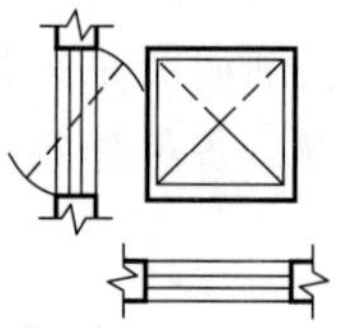	
墙内单扇推拉门		同单扇门说明中的 1、2、5	单层外开平开窗	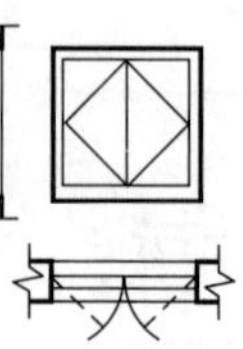	
单扇双面弹簧门		同单扇门说明	双层内、外开平开窗	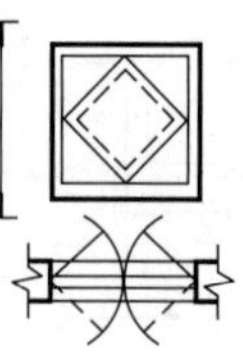	
双扇双面弹簧门					

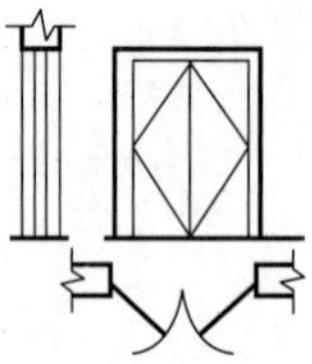

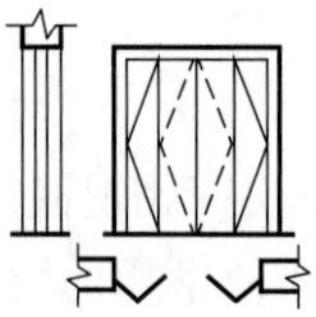

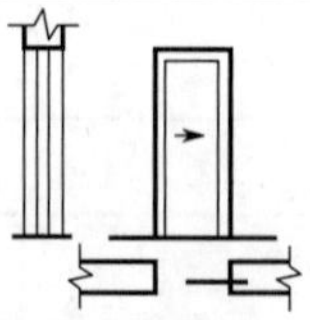

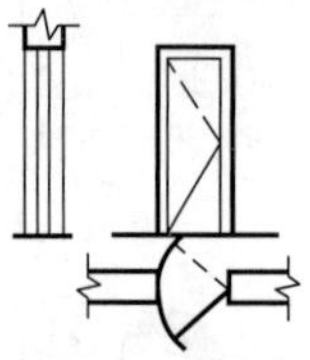

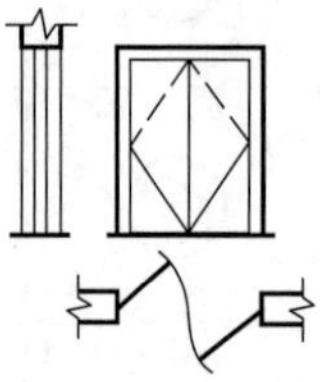

五、绘制建筑平、立、剖面图的方法与步骤

在初步掌握房屋建筑基本表达形式和图示方法的基础上，通过绘制建筑平面图、立面图、剖面图，进一步理解房屋建筑图的图示内容和表达特点。绘图过程中应注意以下几点：

1）绘图的顺序一般是从平面图开始,再画立面图和剖面图。绘图时先用 2H 或 H 铅笔画出轻淡的底稿。画底稿时可将同一方向的尺寸一次量出,以提高绘图速度。底稿完成经检查无误,按规定的线型用 B 或 2B 加深粗线,用 H 或 2H 加深细线。加深的次序是先从上到下画相同线型的水平方向直线,再从左到右画相同线型的垂直方向直线和斜线。先画粗线再画细线,最后标注尺寸和注写有关文字说明。

2）绘图过程中应注意平面图、立面图、剖面图之间的对应关系。如立面图的定位轴线、外墙上门窗的位置与宽度应与平面图保持一致,剖面图的定位轴线、房屋总宽应与平面图一致;剖面图的高度以及外墙上门窗的高度应与立面图一致。平面图表明房屋的内部布局,立面图反映房屋的外形,剖面图表达房屋的内部构造,三者互相补充,完整表达一幢房屋的内、外形状和结构。

3）选择合适的比例(建筑平、立、剖面图通常采用 1 ∶ 100),合理布置图面。平面图、立面图、剖面图可以分别画在不同的图纸上,但尺寸和各部分的对应关系必须保持一致,并且注写图名。对于小型建筑,如果平、立、剖面图画在同一张图纸内,则按照"长对正、高平齐、宽相等"的投影关系来画图,更为方便。

现以图 10-1 所示传达室为例,说明绘制建筑平面图、立面图、剖视图的步骤。

（一）平面图的画法（图 10-6）

1）画定位轴线,如图 10-6a 所示。

2）画墙身线和门窗位置,如图 10-6b 所示。

3）画门窗图例、编号,画尺寸线、标高以及其他各种符号,如图 10-6c 所示。检查无误后擦去多余作图线,按规定加深图线、注写尺寸和文字。平面图上的线型有三种:墙身线画粗实线(b),门、窗图例和台阶等画中粗线($0.5b$),其余均为细实线($0.25b$)。

（二）立面图的画法（图 10-7）

1）画定位轴线、地坪线、屋面和外墙轮廓线,如图 10-7a 所示。

2）画门窗、台阶、雨篷、雨水管等细部,如图 10-7b 所示。

3）检查无误后按规定线型加深并注写尺寸、标高和文字说明,如图 10-7c 所示。

为了使立面图的外形清晰,重点突出和层次分明,通常用粗实线(b)画房屋的外墙轮廓,用中实线($0.5b$)画门窗洞、窗台、檐口、雨篷、台阶和勒脚等轮廓线,用细实线($0.25b$)画门窗扇、雨水管等。有时也将地坪线画成特粗线($1.4b$)。

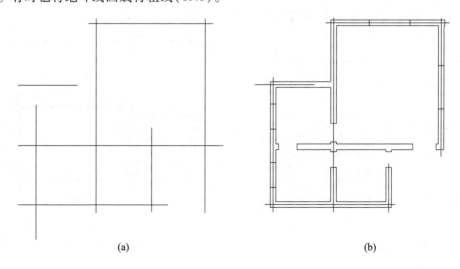

　　　　　　　(a)　　　　　　　　　　　　　　　　　(b)

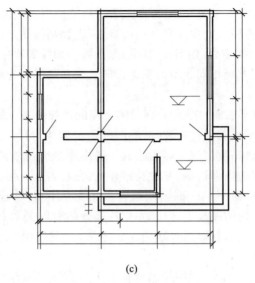

(c)

图 10-6 平面图的画法

（三）剖面图的画法（图 10-8）

1）画定位轴线、地坪线、屋面及墙身轮廓线，如图 10-8a 所示。

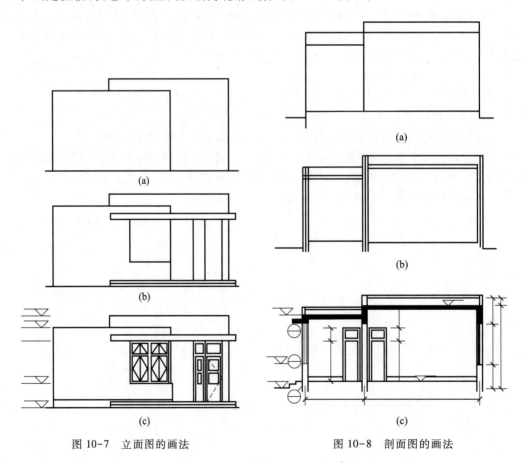

图 10-7 立面图的画法　　　　图 10-8 剖面图的画法

2）画门窗位置、屋面板厚度以及雨篷等细部,如图 10-8b 所示。

3）经检查无误后按与平面图相同的线型加深,注写尺寸、标高和有关文字说明,如图 10-8c 所示。完成后的平、立、剖面图见图 10-4 所示传达室平面图、①~④立面图和 *1—1* 剖面图。

§10-2 电气线路图

从事电子、信息、自动化专业工作的工程技术人员,在工作中,应进行电气线路图的设计。因此,应该掌握绘制电气图的基本知识和具备识读电气图的初步能力。

电气图与机械图的绘制原理与表达方法存在很大差别。在学习本节时,必须弄清这两种图的区别,要熟悉国家标准《电气工程 CAD 制图规则》GB/T 18135—2008 的有关规定,掌握电气图的表达方法和绘图原则。

一、电气线路图的分类

电气线路图的种类很多,主要包括以下各图:

1）概略图 表示系统、分系统、装置、部件、设备、软件中各项目之间的主要关系和连接的相对简单的简图,通常用单线表示法。

2）功能图 用理论的或理想的电路而不涉及实现方法来详细表示系统、分系统、装置、部件、设备、软件等功能的简图。

3）电路图 表示系统、分系统、装置、部件、设备、软件等实际电路的简图,采用按功能排列的图形符号和连接关系来表示各元件,以表示功能而不需考虑项目的实际尺寸、形状或装置。

4）接线图 表示或列出一个装置或设备的连接关系的简图(表)。它可以分为单元接线图(表)、连接线图(表)、端子接线图(表)和电缆图(表)。

这里所谓的简图是指采用图形符号和带注释的框来表示包括连线在内的一个系统或设备的多个部件或零件之间关系的图示形式。

本节主要介绍电路图的内容、常见符号和绘制规则等。

二、电路图主要包含以下内容

1）表示电路中元件或功能件的图形符号;

2）元件或功能件之间的连接线;

3）项目代号;

4）端子代号;

5）用于逻辑信号的电平约定;

6）电路寻迹所必需的信息(信号代号、位置检索标记);

7）了解功能件必需的补充信息。

图 10-9 是简单的数码混响卡拉 OK 无线话筒电路图。LS889 是一单片数码卡拉 OK 混响专用集成电路,内部包括了话筒放大、振荡、延时等电路,只需少量的外围元件就可组成数码混响电路。混响信号由 IC 的 4 脚输出,经晶体管 V 及 L_2、C_{15} 等组成的调频发射电路调制后,由天线发射出去。电路中的电位器 R_p 可用来调节话筒的混响深度。本电路发射距离为 50 m,可用调频收音机接收信号。

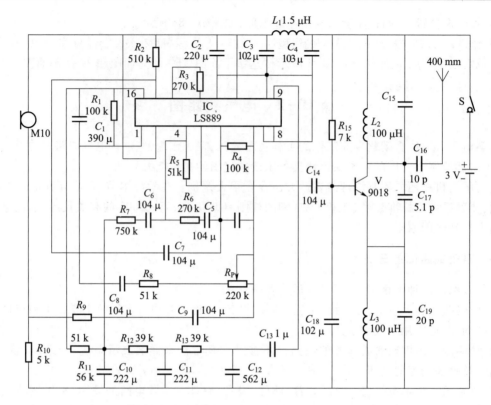

图 10-9　数码混响卡拉 OK 无线话筒电路图

三、电路图常见符号

电路图常见符号见表 10-5。

表 10-5　电路图常见符号

元件名称	图形符号	文字符号	元件名称	图形符号	文字符号
电容器		C	发光二极管		LED
电阻器		R	运算放大器		A
电感		L	电池		GB
晶体管		V	开关		S
扬声器		Y	指示灯		H

续表

元件名称	图形符号	文字符号	元件名称	图形符号	文字符号
二极管	 ▶⊢	D	变压器线圈	 ∫∫∫	B
扩音器	 ⊲	MIC	插座	 —(	XS

四、电路图绘图规则

1）绘制电路图应遵守 GB/T 6988.1—2008《电气技术用文件的编制　第 1 部分：规则》的规定。电路图用线型主要有四种，见表 10-6。

表 10-6　电路图用主要线型

图线名称	图线形式	一般应用	图线宽度
实线	————	基本线、简图主要内容（图形符号及连线）用线、可见轮廓线、可见导线	0.25、0.35、0.5、0.7、1.0、1.4、2.0
虚线	— — — —	辅助线、屏蔽线、机械（液压、气动等）连接线、不可见导线、不可见轮廓线	
点画线	—·—·—	分界线（表示结构、功能分组用）、围框线、控制及信号线路（电力及照明用）	
双点画线	—··—··—	辅助围框线 50 V 及以下电力及照明线路	

2）图形符号应遵守 GB/T 4728.1~4728.5—2018 和 GB/T 4728.6~4728.13—2022《电气简图用图形符号》的规定。图形符号旁应标注项目代号，需要时还可标注主要参数。当电路水平布置时，标在图形符号的上方；当电路垂直布置时，标在图形符号左方。不论电路水平还是垂直布置，项目应水平书写（图 10-9）。

3）电路图中的信号流主要流向应是从左至右或从上至下。当单一信号流方向不明确时，应在连接线上画上箭头符号（见 GB/T 4728.2—2018 的序号为 S00099 的符号），如图 10-10 所示。

4）表示导线或连接线的图线都应是交叉和折弯最少的直线。图线可水平布置，各个类似项目应纵向对齐，如图 10-11a 所示；也可垂直布置，此时各个类似项目应横向对齐，如图 10-11b 所示。一张图中图线宽度应保持一致。

5）在功能上或结构上属于同一单元的项目，可用点画线围框。

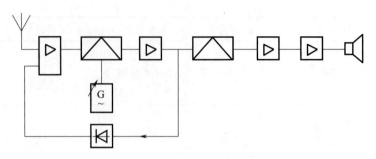

图 10-10 收音机工作过程框图

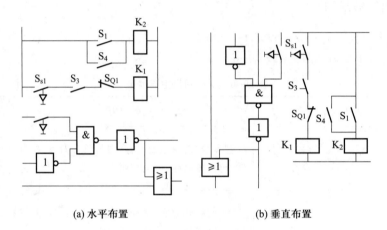

(a) 水平布置　　　　　　　　(b) 垂直布置

图 10-11 图线的布置方式

五、电路图常见表达方法

（一）电路电源表示法

1）用图形符号表示电源，如图 10-12 所示。

2）用线条表示电源，如图 10-13 所示。

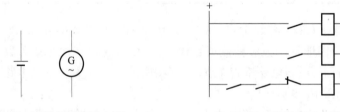

图 10-12 图形符号表示电源　　　图 10-13 线条表示电源

3）用电压值表示电源，如图 10-14 所示。

4）用符号表示电源。在单线表达时，直流符号为"—"，交流符号为"～"；在多线表达时，直流正、负极分别用符号"+""-"，三相交流相序符号"L_1""L_2""L_3"和中性线符号"N"等，如图 10-15 所示。

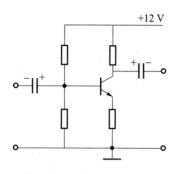

图 10-14 电压值表示电源

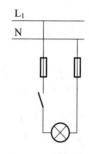

图 10-15 符号表示电源

5）同时用线条和符号表示电源。

（二）导线连接形式表示法

导线连接有 T 形连接和十字形连接两种形式。T 形连接可加实心圆点"·"，也可不加实心圆点。十字形连接表示两导线相交时，必须加实心圆点"·"，如图 10-16b 所示；表示交叉而不连接（跨越）的两导线，在交叉处不加实心圆点，如图 10-16c 所示。

（三）元、器件和设备可动部分的表示

通常应表示在非激励或不工作的状态或位置。

例如（图 10-9），开关在断开位置。带零位的手动控制开关在零位位置，不带零位的手动控制开关在图中规定位置。继电器、接触器、电磁铁等在非激励位置。机械操作开关例如行程开关在非工作的状态和位置（搁置时的情况），即没有机械力作用的位置。

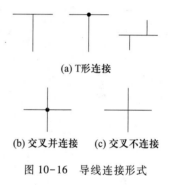

(a) T 形连接

(b) 交叉并连接　　(c) 交叉不连接

图 10-16 导线连接形式

多重开关器件的各组成部分必须表示在互相一致的位置上，而不管电路的实际工作状态。

（四）简化电路表示方法

1. 并联电路的简化

多个相同的支路并联时，可用标有公共连接符号的一个支路来表示，公共连接符号如图 10-17 所示。符号的折弯方向与支路的连接情况相符。因为简化而未画出的各项目的代号，则在对应的图形符号旁全部标注出来，公共连接符号旁加注并联支路的总数。

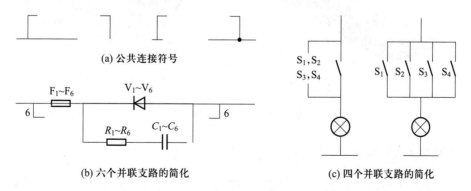

(a) 公共连接符号

(b) 六个并联支路的简化

(c) 四个并联支路的简化

图 10-17 并联电路的简化

2. 相同电路的简化

重复出现的电路仅需详细地画出其中的一个,并加画围框表示范围。相同的电路画出空白的围框,在框内注明必要的文字注释即可,如图 10-18 所示。

(五)元、器件技术数据表示方法

技术数据(如元、器件的型号、规格、额定值等)可直接标在图形符号的近旁,必要时,应放在项目代号的下方,如图 10-9 所示。技术数据也可标在继电器线圈、仪表、集成块等的方框符号或简化外形符号内,还可以用表格的形式给出,见表 10-7。

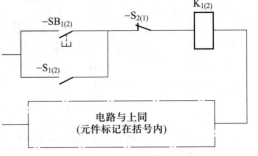

图 10-18　相同电路的简化

表 10-7　设　备　表

项目代号	名称	型号、技术数据	数量	备注
C1	电容器	0.1 μF/400 V 瓷介电容	1	
C2	电容器	0.1 μF/400 V 瓷介电容	1	
⋮	⋮	⋮	⋮	⋮

§10-3　表面展开图

在机械、化工、冶金等行业中,经常出现由金属板材拼接或者折弯等方式成形的产品或设备,如图 10-19 所示的热水器内胆、U 形支架。工程技术人员在开展这类结构的设计过程中,需要根据各表面的实际形状和大小绘制出图样,这种将几何体各表面展开依次连续地画在同一平面内的图形被称作立体的表面展开图。

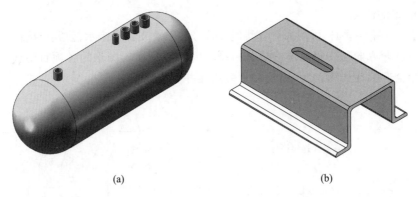

(a)　　　　　　　　　　　　(b)

图 10-19　钣金件三维模型

一、旋转法求线段实长

在进行立体的表面展开表达时,可以通过旋转法求一般位置线段的实长。如图 10-20a 所示,一般位置线段 AB 在正垂面和铅垂面的投影线 $a'b'$ 和 ab 均没有反映实长,但是,可以将线段 AB 围绕过 A 点的铅垂线旋转至与正垂面平行的新位置 AB_1 处,而正垂面内的投影新线段 $a'b_1'$ 反映了一般位置线段 AB 的实长,平面内作图过程如图 10-20b 所示。

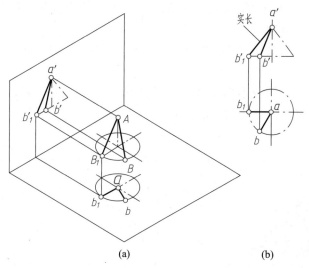

| (a) | (b) |

图 10-20　旋转法求一般位置线段实长

二、平面立体的表面展开画法

平面立体的展开是将立体表面的多边形按照一定的顺序绘制在同一平面内的过程,且展开后的轮廓轨迹反映相对应表面的物体实形。如图 10-21a 所示一薄壁斜口四棱柱管,其前面和左面为长方形,后面和右面为梯形,主视图分别反映了前、后两个面的实形,左视图分别反映了左、右两个面的实形,其三视图如图 10-21b 所示,可按照如下作图步骤绘制表面展开图:

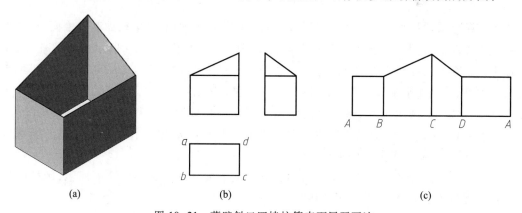

| (a) | (b) | (c) |

图 10-21　薄壁斜口四棱柱管表面展开画法

（1）沿着主视图的底线（底面的积聚线）绘制一条线段,同时分别量取各表面底边的长度（取 $AB=ab$, $BC=bc$, $CD=cd$, $DA=da$ ）,找到对应的端点;

（2）分别过五个顶点作该线段的垂线,垂线的长度分别为相应棱柱线的高度,确定棱柱线的顶点位置,然后依次连接五个顶点,即可获得薄壁斜口四棱柱管的展开图,如图 10-21c 所示。

另外,我们再来求作如图 10-22a 所示的薄壁四棱锥管的表面展开图。薄壁四棱锥管的四个等长棱柱线交汇于顶点 O,在主视图和俯视图中四个棱柱线均不反映实长,故可通过旋转法求实长;而上、下底面在俯视图中反映实形。如图 10-22b 所示,利用旋转法将棱柱线 $C3$ 投影到主视图,则有 $c'_13'_1$ 即为棱柱线 $C3$ 的实长。然后,可按照如下作图步骤绘制表面展开图:

(1) 以点 O 为圆心,分别以 $o'c'_1$ 和 $o'3'_1$ 为半径作圆弧;

(2) 分别在两段圆弧上取点,其中 $AB = ab$、$BC = bc$、$CD = cd$、$DA = da$,以此类推,找到 1、2、3、4、1 五个点;

(3) 薄壁四棱锥管的四个表面均为等腰梯形,依次连接四个点,即可形成四个等腰梯形,即 $1AB2$、$2BC3$、$3CD4$、$4DA1$,如图 10-22c 所示。

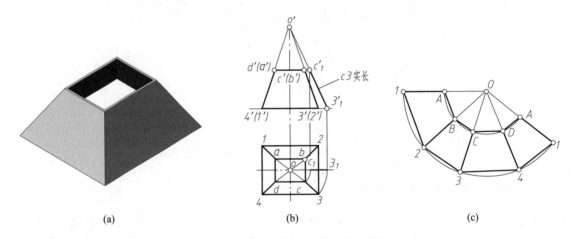

(a)　　　　　　　　　　(b)　　　　　　　　　　(c)

图 10-22　薄壁四棱锥管表面展开画法

三、可展曲面的表面展开画法

由无数条素线通过平行或者相交所形成的曲面属于可展曲面,如圆柱面和圆锥面,接下来我们将以这两类曲面为例来介绍可展曲面的表面展开画法。如图 10-23a 所示的斜圆柱,圆柱体可看成由无限多的棱柱线组成的"棱柱体",主视图上的各素线投影均反映实长,考虑到其展开图具有对称性,故只作半个圆柱面的展开图,作图步骤如下所示:

(1) 圆柱体底面圆周长为 $2\pi r$,故绘制一条长为 $2\pi r$ 的线段,并将该线段等分成 12 份;

(2) 取 6 份,确定 7 个端点,由于主视图反映各素线实长,故过 7 个端点作垂线,长度直接在主视图中量取,进而确定各素线的顶点,即点 A、B、C、D、E、F、G;

(3) 依次光滑连接各素线的顶点即可得到圆柱面的展开图,如图 10-23b 所示,圆柱面的另一半可用同样的方法完成,在此不再赘述。

对于斜圆锥表面展开图的画法,如图 10-24a 所示,斜圆锥的主视图只反映最左边和最右边两条素线的实长,而其他素线的长度需要通过旋转法求得。同样,斜圆锥的展开图具有对称性,故在此只作一半展开,具体作图过程如下所示:

(1) 以点 O 为圆心、$o'a'$为半径画圆弧,由于圆锥角为 60°,故可以作一半圆,并分成 8 份;

(2) 取 4 份,确定 5 个端点,即点 A、B、C、D、E,如图 10-24c 所示。由于主视图中,$a'1'$ 和

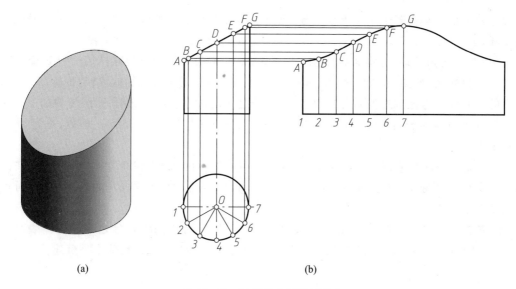

(a)　　　　　　　　　　　　　(b)

图 10-23　斜圆柱表面展开画法

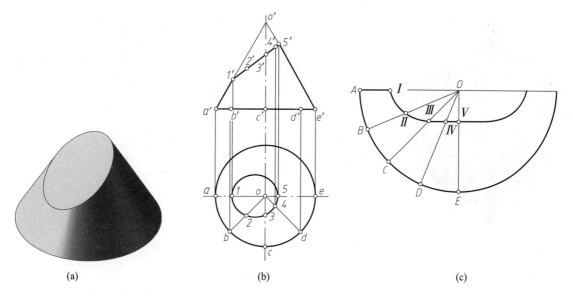

(a)　　　　　　　　　(b)　　　　　　　　　(c)

图 10-24　斜圆锥表面展开画法

$e'5'$均反映素线实长,故分别在线段 OA 和 OE 上取 $AI=a'1'$ 和 $EV=e'5'$;

（3）利用旋转法求 $B\,\mathrm{II}$、$C\,\mathrm{III}$ 和 $D\,\mathrm{IV}$ 的实长;

（4）再分别在 OB、OC 和 OD 上按照 $B\,\mathrm{II}$、$C\,\mathrm{III}$ 和 $D\,\mathrm{IV}$ 的实长确定端点 II、III、IV;

（5）光滑连接各素线的顶点 I、II、III、IV、V,即可得到一半斜圆锥表面的展开图,如图 10-24c 所示,斜圆锥面的另一半可用同样的方法完成,在此不再赘述。

四、不可展开曲面的表面展开画法

实际问题中会遇到球和圆环这样的形体,而这类结构的表面属于不可展开曲面,但是可以将球和圆环的表面分割成若干个均等小部分,每一小部分近似于可展开曲面,则按照可展开曲面近似地展开。

图 10-25a 所示的球,可将球等分成 8 个条块,每一个条块可看成与球体表面等直径的圆柱面上的一部分曲面,如图 10-25b 所示,其中 AD、BE 和 CF 可看成圆柱面的素线,而 $N123$ 可看成圆柱面的中间线。考虑到球的对称性,仅作十六分之一的球体表面展开图,作图步骤如下所示:

(1) 球表面的周长为 $2\pi R$,取 $CF=\pi R/4$,画一线段 CF,然后过中点作一垂线,垂足为点 3,取 $N3=\pi R/2$;

(2) 然后取 AD 为俯视图 ad 的弧长,BE 为俯视图 be 的弧长,在 $N3$ 中心线上按照"高平齐"的投影规律找到点 1 和点 2,然后分别过点 1 和点 2 作长为 AD 和 BE 的对称线段(对称中心线为 $N3$);

(3) 依次光滑连接各素线的顶点 N、A、B、C、D、E、F,即可得到十六分之一的球体表面的展开图,如图 10-25c 所示,球体剩余表面的展开图可用同样的方法完成,在此不再赘述。

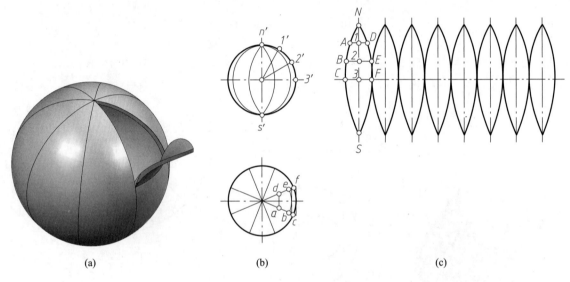

(a)　　　　　　　　　　(b)　　　　　　　　　　(c)

图 10-25　球体表面展开画法

第十一章　AutoCAD 计算机绘图基础

AutoCAD 是由美国 Autodesk 公司开发的计算机绘图与辅助设计软件。它具有简便易学、使用方便、体系结构开放等优点,目前已广泛应用于机械、建筑、电子、航天、造船等领域。本章将简要介绍该软件一些常用、基本的绘图方法。

§11-1　AutoCAD 的基本操作

一、AutoCAD 的启动

本书使用的绘图软件为 AutoCAD 2020 简体中文版。启动 AutoCAD,可以从"开始"菜单中选择该程序或双击 Windows 桌面上的 AutoCAD 图标。

二、AutoCAD 的工作界面

软件在安装完成启动后的默认界面为"草图与注释"工作空间界面,如图 11-1 所示。

1. "菜单浏览器"按钮

菜单浏览器是应用程序主菜单,单击该按钮 ,将弹出 AutoCAD 菜单,如图 11-2 所示,包含了"新建""打开""保存""输出"和"打印"等命令,用户选择命令后即可执行相应操作。

2. 快速访问工具栏

快速访问工具栏中包含最常用操作的快捷按钮,如"新建""打开""保存""另存为""打印""放弃"和"重做",如图 11-2 所示。

3. 标题栏

标题栏位于应用程序窗口的上端,可显示当前正在运行的程序名、文件名等信息,如果是 AutoCAD 默认的图形文件,其名称为"DrawingN. dwg(N 是数字)"。单击标题栏右端的按钮,可以最小化、最大化或关闭应用程序窗口。

4. 菜单栏与快捷菜单

菜单栏由"文件""编辑""视图"等菜单组成,几乎包含了 AutoCAD 中全部的功能和命令。

在绘图区、工具栏、状态栏、模型与布局选项卡以及一些对话框上点击鼠标右键时,将弹出相应的快捷菜单,该快捷菜单中的命令与 AutoCAD 当前状态相关。使用它们可以在不启动菜单栏的情况下快速、高效地完成某些操作。

5. 功能区

功能区由多个面板和选项卡组成,包含绘图过程中的大部分命令,可直接单击面板上的按钮激活对应命令,如图 11-3 所示。

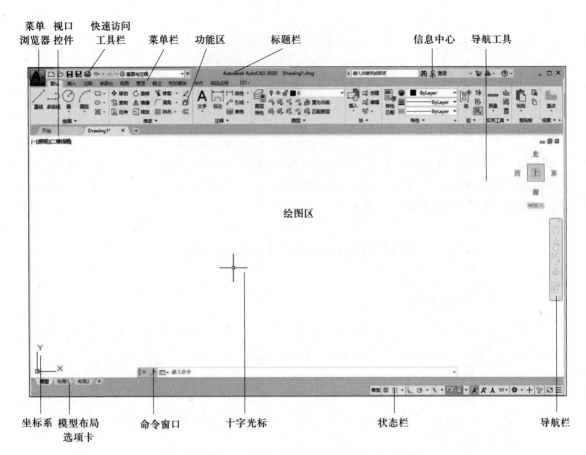

图 11-1 AutoCAD 2020 的"草图与注释"工作空间界面

图 11-2 快速访问工具栏

图 11-3 AutoCAD 的功能区

6. 工具栏

工具栏是应用程序调用命令的另一种方式,它包含许多由图标表示的命令按钮。在 AutoCAD 2020 中,系统共提供了 50 多个工具栏。默认情况下,"标准""属性""绘图"和"修改"等工具栏全部隐藏,用户可以根据需要打开或关闭。

7. 绘图区

绘图区是用户绘图的工作区域,所有的绘图结果都反映在这个区域中。绘图区有视口控件、ViewCube 导航工具、导航栏、坐标系和十字光标等工具元素。

8. 命令窗口

命令窗口位于绘图区的底部,用于接收用户输入的命令,并显示 AutoCAD 的提示信息。在 AutoCAD 2020 中,命令窗口可改变命令行的大小,还可以拖放为浮动窗口。在窗口左侧有"自定义"按钮,可对命令行进行相关操作。通过按"F2"功能键,可查看已执行的命令。

9. 状态栏

状态栏位于操作界面的下方,用来显示 AutoCAD 当前的状态,如当前十字光标的坐标、命令和功能按钮的说明等,如图 11-4 所示。

图 11-4　AutoCAD 的状态栏

三、命令输入方式

在 AutoCAD 中,用户选择某一项或单击某个工具时,在大多数情况下都相当于执行了一个带选项的命令(通常情况下,每个命令都不止一个选项)。因此,命令是 AutoCAD 的核心。在绘图时,基本上都是以命令形式来进行的。

1. 使用鼠标输入命令

AutoCAD 光标通常为"+"字形式,而当光标移至菜单选项、工具或对话框内时,它会变成一个箭头。不管光标是"+"字形式还是箭头形式,当单击或者按住鼠标键时,都会执行相应的命令或动作。鼠标键通常定义如下:

1)左键为拾取按钮,用于单击窗口对象、AutoCAD 对象工具栏和菜单项。

2)右键为回车按钮,即结束命令。

3)中键为单击按钮,是 Shift 键和鼠标右键的组合,按下中键系统将弹出一个快捷菜单,用于指明将光标定位至已有对象的何处(如中点、终点、中心)。

2. 使用键盘输入命令与参数

大部分的 AutoCAD 功能都可以通过键盘在命令行输入对应命令完成,而且键盘是输入文本对象、坐标以及各种参数的唯一方法。

我们可以在"命令:"提示处通过键盘输入命令名,按 Enter 键,以调用任一 AutoCAD 命令。在输入命令之前,一定要确保"命令:"提示处于命令提示区的最后一行。如果"命令:"提示尚未被显示,那么必须通过按 Esc 键取消前一个命令。方括号"[　　]"里的内容表示可进行的其他操作选项,如有多个选项,用"/"分开,大写字母表示执行该操作的参数。尖括号"<　　>"里的内容表示该操作的默认值。

如果我们输入一个命令后,需要重复这个命令,可直接按空格键或 Enter 键。

四、绘图设置

1. 设置绘图单位和精度

在 AutoCAD 中,用户可以采用 1∶1 的比例因子绘图,因此所有的直线、圆和其他对象都可以以真实大小来绘制。用户可以使用各种标准单位进行绘图,不管采用何种单位,在绘图时只能以图形单位计算绘图尺寸,在需要打印出图时,再将图形按图纸大小进行缩放。

在 AutoCAD 中,可以单击"菜单浏览器"按钮,在弹出的菜单中选择"图形实用工具"→"单位"菜单项,在打开的"图形单位"对话框中设置绘图时使用的长度单位、角度单位以及单位的显示格式和精度等参数,如图 11-5 所示。

2. 设置绘图界限

现实中图纸都有一定的规格尺寸,如 A3,为了将绘制的图纸方便地输出打印,需要在绘图前设置好图形界限。在 AutoCAD 中,单击"格式"下拉菜单中"图形界限"按钮或在命令行中输入"LIMITS"来设置图形界限。这时命令行提示如下:

指定左下角点或[开(ON)/关(OFF)]<0.0000,0.0000>:

回车后命令提示要求指定右上角点:

指定右上角点<420.0000,297.0000>:

3. 设置图层

AutoCAD 中的图层相当于完全重合在一起的透明纸,用户可以任意选择其中一个图层绘制图形,而不会

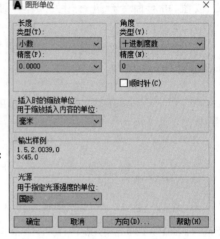

图 11-5 "图形单位"对话框

受到其他层上图形的影响。在 AutoCAD 中每个图层都以一个名称作为标识,并具有颜色、线型、线宽等各种特性和开/关、冻结/解冻、锁定/解锁等不同的状态。层命令用于进行图层的建立、删除、更名、设置图层属性和有关图层控制的操作。调用图层命令有如下几种方式:

① 单击功能区"默认"选项卡,然后单击"图层"面板中的"图层特性"按钮 ;

② 单击"图层"工具栏中的"图层特性"按钮 ;

③ 下拉菜单:"格式"→"图层";

④ 在命令行中输入"LAYER"或"LA"命令。

调用该命令后,系统将弹出"图层状态管理器"对话框,如图 11-6 所示。可进行图层的创建、设置当前层、删除、更名、状态设置、特性设置等操作。

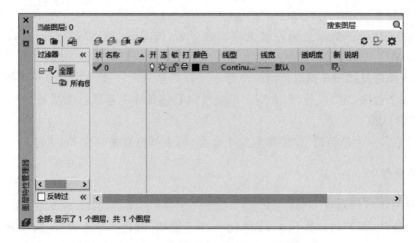

图 11-6 "图层状态管理器"对话框

1）名称：单击"图层状态管理器"对话框中"新建"按钮 ，创建一个新图层，默认名称以"图层 1""图层 2"的顺序命名，也可以根据需要为图层命名一个直观、规范的名称。创建新图层前所选中的图层的状态和特性，将复制到新建图层。若要在一个图层上进行绘图，则需设置该图层为当前层。

2）颜色：不同图层可以具有相同或不同的颜色特性，单击图层列表中图层所对应的颜色名图标，弹出"选择颜色"对话框，可以在该对话框中选择该层的颜色。

3）线型：修改选定图层的线型。单击图层列表中图层所对应的线型图标，弹出"选择线型"对话框，如果所需的线型已经加载，则可以直接从线型列表中选择。如果当前线型不能满足要求，则可单击"加载"按钮，待加载后再进行选择。

4）线宽：修改选定图层上所绘制的对象的线宽。单击图层列表中图层所对应的线宽名称，显示"线宽"对话框，可重新进行选择设置。注意：只有当层上的对象线宽为"随层"时，该线宽项才有效。

五、图形文件管理

1. 新建图形文件

启动 AutoCAD 后，用户可以调用新建命令来创建新图形，该命令的调用有如下几种方式：

① 单击快速访问工具栏中的"新建"按钮 ；

② 单击"标准"工具栏中的"新建"按钮 ；

③ 下拉菜单："文件"→"新建"；

④ 在命令行中输入"New"命令。

调用新建命令后将出现"选择样板"对话框，如图 11-7 所示。在"选择样板"对话框中，选择对应的样板后（初学者一般选择样板文件 acadiso. dwt 即可），单击"打开"按钮，可以以选中的样板文件为样板创建新图形，此时会显示图形文件的布局。

2. 保存图形文件

对于新建图形或修改后的图形，用户可将其保存起来。该命令的调用有如下几种方式：

① 单击快速访问工具栏中的"保存"按钮 ；

② 单击"标准"工具栏中的"保存"按钮 ；

③ 菜单："文件"→"保存"；

④ 在命令行输入"SAVE"或"QSAVE"命令；

⑤ 在键盘上按"Ctrl+S"组合键。

调用该命令后，如果当前图形已经命名，则系统将该图形的改变自动保存。如果当前图形还没有命名，则系统将弹出"图形另存为"对话框，提示用户指定保存的文件名称、类型和路径，如图 11-8 所示。

在 AutoCAD 中，用户还可以将当前的图形文件保存为一个新的文件，该命令的调用有如下几种方式。

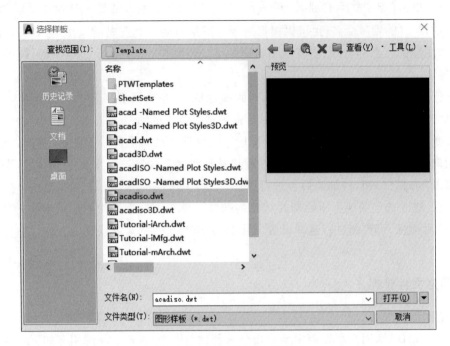

图 11-7　"选择样板"对话框

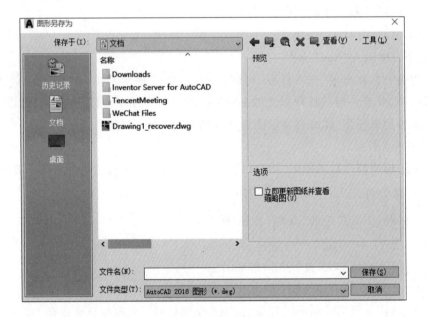

图 11-8　"图形另存为"对话框

① 单击快速访问工具栏中的"另存为"按钮 📄；

② 菜单："文件"→"另存为"；

③ 在命令行输入"SAVEAS"命令；

④ 在键盘上按"Ctrl+Shift+S"组合键。

调用该命令后,系统将弹出"图形另存为"对话框(图 11-8)。

此外,AutoCAD 还提供了保存命令,用于保存一个未命名的图形文件,如果一个图形文件已经被命名,那么该命令与"另存为"命令相同。

3. 打开图形文件

用户可利用打开命令在 AutoCAD 中打开已有的图形文件,该命令的调用有如下几种方式:

① 单击快速访问工具栏中的"打开"按钮;

② 单击"标准"工具栏中的"打开"按钮;

③ 菜单:"文件"→"打开";

④ 在命令行输入"OPEN"命令。

调用该命令后,系统将弹出"选择文件"对话框,如图 11-9 所示。

图 11-9　"选择文件"对话框

在"选择文件"对话框的文件列表框中,选择需要打开的图形文件,在右侧的"预览"框中将显示该图形的预览图像。

§ 11-2　AutoCAD 绘制二维图形

一、任务导入

平面图形的绘制和修改是 AutoCAD 制图的基础。下面通过绘制吊钩(图 11-10),来学习和掌握 AutoCAD 中基本的平面图形绘制及修改命令。

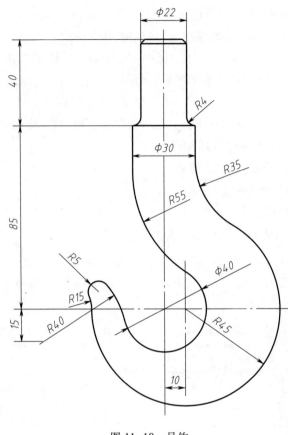

图 11-10   吊钩

二、基本二维图形的绘制

绘制二维图形的常用命令如下所示：

1. 绘制点

在 AutoCAD 中，点对象有单点、多点、定数等分和定距等分 4 种，用户可以根据需要绘制各种类型的点。

（1）"点"命令执行途径

执行绘制点的途径有如下几种方式：

① 单击"绘图"面板中的"多点"按钮 ⁛ ；

② 单击"绘图"工具栏中的"多点"按钮 ⁛ ；

③ 菜单："绘图"→"点"；

④ 在命令行输入"POINT"命令（绘制单点）。

（2）调整点的形式和大小

调整点的形式和大小有如下几种方式：

① 菜单："格式"→"点样式"；

② 在命令行输入"DDPT"命令。

执行点命令后将弹出"点样式"对话框,如图 11-11 所示。在该对话框中,用户可以选择所需要的点的形式(例如十字形点),在"点大小"栏内调整点的大小。

2. 绘制直线

直线是各种绘图中最常用、最简单的一类图形对象,在几何学中,两点决定一条直线。执行直线命令时,用户只需给定起点和终点,即可画出一条线段。

执行绘制直线的途径有如下几种方式:

① 单击"绘图"面板中的"直线"按钮 ╱ ;

② 单击"绘图"工具栏中"直线"按钮 ╱ ;

③ 菜单:"绘图"→"直线";

④ 在命令行输入"L"命令。

3. 绘制矩形

用户可直接绘制矩形,也可以对矩形倒角或倒圆角,还可以改变短形的线宽。

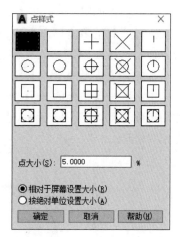

图 11-11   "点样式"对话框

(1) 执行绘制矩形的途径

① 单击"绘图"面板中的"矩形"按钮 ▭ ;

② 单击"绘图"工具栏中"矩形"按钮 ▭ ;

③ 菜单:"绘图"→"矩形";

④ 在命令行输入"REC"命令。

(2) 操作说明

执行绘制矩形命令后,根据系统提示选择不同的选项卡可绘制带有倒角,倒圆角,指定宽度、厚度和旋转角度的矩形,如图 11-12 所示。

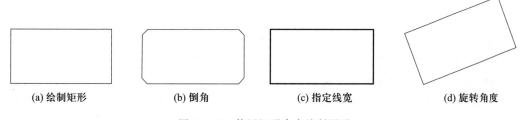

(a) 绘制矩形   (b) 倒角   (c) 指定线宽   (d) 旋转角度

图 11-12   使用矩形命令绘制图形

4. 绘制正多边形

创建正多边形是绘制正方形、等边三角形和八边形等图形的简单方法。在 AutoCAD 中可以绘制边数为 3 至 1024 的正多边形。

(1) 执行绘制正多边形的途径

① 单击功能区"绘图"面板中的"矩形"按钮 ⬠ ;

② 单击"绘图"工具栏"正多边形"按钮 ⬠ ;

③ 菜单："绘图"→"正多边形";

④ 在命令行输入"POL"命令。

（2）操作说明

执行绘制正多边形命令后,系统有如下提示:

输入侧面数<4>:输入正多边形的边数

指定正多边形的中心点或[边(E)]:

用户可根据系统的提示选择多边形数量,指定中心点,最后指定参照圆的半径(内接于圆或外切于圆),如图 11-13 所示,也可输入边的第一个端点和第二个端点,即可由边数和一条边确定正多边形。

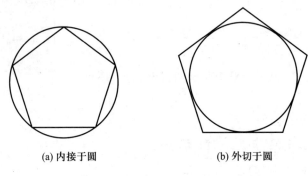

　　　　(a) 内接于圆　　　　　　　　　　　　(b) 外切于圆

图 11-13　使用正多边形命令绘制图形

5. 绘制圆

AutoCAD 提供了多种画圆方式,用户可根据需要选择不同的方法。

（1）执行绘制圆的途径

① 单击"绘图"面板中的"圆"按钮 ⊙;

② 单击"绘图"工具栏中"圆"按钮 ⊙;

③ 菜单："绘图"→"圆";

④ 在命令行输入"C"命令。

（2）操作说明

执行画圆命令,命令行显示如下提示:

指定圆的圆心或[三点(3P)/两点(2P)/切点、切点、半径(T)]:

1）三点(3P):根据三点画圆。依次输入三个点,即可绘制出一个圆。

2）两点(2P):根据两点画圆。依次输入两个点,即可绘制出一个圆,两点间的距离为圆的直径。

3）切点、切点、半径(T):画与两个对象相切,且半径已知的圆。输入"T"后,根据命令行提示,指定相切对象并给出半径后,即可画出一个圆。在机械制图中,常使用该方法绘制连接弧。

4）切点、切点、切点:通过依次指定与圆相切的三个对象来绘制圆。

6. 绘制圆弧

AutoCAD 提供了多种画圆弧的方法,用户可根据需要选择不同的方法。

（1）执行绘制圆弧途径

① 单击"绘图"面板中的"圆弧"按钮 ⌒；

② 单击"绘图"工具栏 中"圆弧"按钮 ⌒；

③ 菜单："绘图"→"圆弧"；

④ 在命令行输入"A"命令。

（2）操作说明

1）指定三点画圆弧：依次指定圆弧的起点、圆弧上的第二点和圆弧的端点，三点须不在一条直线上。

2）指定起点、圆心、端点画圆弧：将逆时针画圆弧（逆弧）。

3）指定起点、圆心、角度画圆弧：将逆时针画圆弧。如果角度为负，将顺时针绘制圆弧（顺弧）。

4）指定起点、圆心、长度（弦长）画圆弧：将逆时针画圆弧。弦长为负值，画大于半圆的圆弧（优弧）；弦长为正值，画小于半圆的圆弧（劣弧）。

5）指定起点、端点、角度画圆弧：起点与端点的包含角的角度为正，从起点到端点逆时针画弧；角度为负，从起点到端点顺时针画弧。

6）指定起点、端点、方向画圆弧：所生成的圆弧与方向点和圆弧起点两者之间的连线相切。这将绘制从起点开始到端点结束的任何圆弧，而不考虑是劣弧、优弧还是顺弧、逆弧。

7）指定起点、端点、半径画圆弧：将逆时针画弧。半径为负值，画大于半圆的圆弧（优弧）；半径为正值，画小于半圆的圆弧（劣弧）。

8）指定圆心、起点、端点画圆弧：同方式2）。

9）指定圆心、起点、角度面圆弧：同方式3）。

10）指定圆心、起点、长度面圆弧：同方式4）。

11）连续方式画圆弧：选择菜单的"继续"命令，或在"指定圆弧起点"的提示下按回车键。所画圆弧将以上段线条的端点为起点，且在该点处与上段线条相切。

三、二维图形的基本编辑方法

1. 删除命令（ERASE）

删除命令可以在图形中删除用户所选择的一个或多个对象。对于一个已删除对象，虽然用户在屏幕上看不到它，但在图形文件还没有被关闭之前该对象仍保留在图形数据库中，用户可利用"UNDO"或"OOPS"命令进行恢复。当图形文件被关闭后，该对象将被永久性地删除。调用该命令有如下几种方式：

① 单击功能区"修改"面板中的"删除"按钮 ✎；

② 单击"修改"工具栏中的"删除"按钮 ✎；

③ 菜单："修改"→"删除"；

④ 在命令行输入"E"命令。

调用该命令后，系统将提示用户选择对象，用户可在此提示下构造对象选择集，并回车确定。

2. 移动命令（MOVE）

移动命令可以将用户所选择的一个或多个对象平移到其他位置，但不改变对象的方向和大小。调用该命令有如下几种方式：

① 单击功能区"修改"面板中的"移动"按钮 ✛；

② 单击"修改"工具栏中的"移动"按钮 ✛；

③ 菜单："修改"→"移动"；

④ 在命令行输入"M"命令。

调用该命令后，系统将提示用户选择对象，用户可在此提示下构造要移动的对象的选择集，并按回车确定，系统将进一步提示，要求用户指定一个基点，用户可通过键盘输入或鼠标选择来确定基点。

3. 复制命令（COPY）

复制命令可以将用户所选择的一个或多个对象生成一个副本，并将该副本放置到其他位置。调用该命令有如下几种方式：

① 单击功能区"修改"面板中的"复制"按钮 ❏❏；

② 单击"修改"工具栏中的"复制"按钮 ❏❏；

③ 菜单："修改"→"复制"；

④ 在命令行输入"CO"命令。

调用该命令后，系统将提示用户选择对象，用户可在此提示下构造要复制的对象的选择集，并按回车键确定。

4. 旋转命令（ROTATE）

旋转命令可以改变用户所选择的一个或多个对象的方向（位置）。用户可通过指定一个基点和一个相对或绝对的旋转角来对选择对象进行旋转。调用该命令有如下几种方式：

① 单击"修改"面板中的"旋转"按钮 ↻；

② 单击"修改"工具栏中的"旋转"按钮 ↻；

③ 菜单："修改"→"旋转"；

④ 在命令行输入"RO"命令。

调用该命令后，系统首先提示用户选择对象，并按回车确定，系统将进一步提示，指定一个基点，即旋转对象时的中心点，然后指定旋转的角度，并且确认是否保留原来的图案。

5. 缩放命令（SCALE）

缩放命令可以改变用户所选择的一个或多个对象的大小，即在 X、Y 方向等比例放大或缩小对象。调用该命令有如下几种方式：

① 单击"修改"面板中的"缩放"按钮 ❐；

② 单击"修改"工具栏中的"缩放"按钮 ❐；

③ 菜单："修改"→"缩放"；

④ 在命令行输入"SC"命令。

调用该命令后，系统首先提示用户选择对象。用户可在此提示下构造要比例缩放的对象的选择集，并按回车确定，系统将进一步提示用户首先需要指定一个基点，即进行缩放时的中心点，然后指定比例因子,并且确认是否保留原来的图案。

6. 放弃命令(UNDO)

放弃命令可以取消用户上一次的操作,该命令有如下几种调用方式:

① 单击快速访问工具栏中"放弃"按钮 ⇦ ;

② 单击"标准"工具栏中"放弃"按钮 ⇦ ;

③ 快捷菜单:无命令运行和无对象选定的情况下,在绘图区域单击鼠标右键弹出快捷菜单,单击"放弃"按钮;

④ 在命令行输入"U"命令。

调用该命令后,系统将自动取消用户上一次的操作。同时用户可连续调用该命令,逐步返回图形最初载入时的状态。

7. 重做命令(REDO)

重做命令用于恢复执行放弃命令所取消的操作,该命令必须紧跟着放弃命令执行。该命令有如下几种调用方式:

① 单击快速访问工具栏中"重做"按钮 ⇨ ;

② 单击"标准"工具栏中"重做"按钮 ⇨ ;

③ 快捷菜单:无命令运行和无对象选定的情况下,在绘图区域单击鼠标右键弹出快捷菜单,单击"重做"按钮;

④ 在命令行输入"R"命令。

8. 恢复命令(OOPS)

恢复命令用于恢复已被删除的对象可在命令行输入"OOPS"命令调用该命令。

调用该命令后,系统将恢复被最后一个删除命令删除的对象。

9. 修剪命令(TRIM)

修剪命令用来修剪图形实体。该命令的用法很多,不仅可以修剪相交或不相交的二维对象,还可以修剪三维对象。该命令有如下几种调用方式:

① 单击功能区"修改"面板中的"修剪"按钮 ✂ ;

② 单击"修改"工具栏中的"修剪"按钮 ✂ ;

③ 菜单:"修改"→"修剪";

④ 在命令行输入"TR"命令。

调用该命令后,系统首先显示修剪命令的当前设置,并提示用户选择修剪边界,用户确定修剪边界后,系统进一步提示选择要修剪的对象。

10. 延伸命令(EXTEND)

延伸命令用来延伸图形实体。该命令的用法与修剪命令几乎完全相同。该命令有如下几种调用方式:

① 单击"修改"面板中的"延伸"按钮 ⇥ ;

② 单击"修改"工具栏中的"延伸"按钮 ⇥ ;

③ 菜单:"修改"→"延伸";

④ 在命令行输入"EX"命令。

调用该命令后,系统首先显示延伸命令的当前设置,并提示用户选择延伸边界。用户确定延伸边界后,系统进一步提示选择要延伸的对象。

11. 偏移命令(OFFSET)

偏移命令可利用两种方式对选中对象进行偏移操作,从而创建新的对象:一种是按指定的距离进行偏移,另一种则是通过指定点来进行偏移。该命令常用于创建同心圆、平行线和平行曲线等。该命令有如下几种调用方式:

① 单击"修改"面板中的"偏移"按钮 ⊆ ;

② 单击"修改"工具栏中的"偏移"按钮 ⊆ ;

③ 菜单:"修改"→"偏移";

④ 在命令行输入"O"命令。

调用该命令后,系统首先要求用户指定偏移的距离或选择"通过"选项指定"通过点"方式。然后系统提示用户选择需要进行偏移操作的对象或选择"退出"按钮结束命令。

12. 阵列命令(ARRAY)

阵列命令可利用两种方式对选中对象进行阵列操作,从而创建新的对象:一种是矩形阵列(rectangular array),另一种是环形阵列(polor array)。本节中讲述环形阵列操作。该命令的调用方式如下所示:

① 单击"修改"面板中的"阵列"按钮 ;

② 单击"修改"工具栏中的"阵列"按钮 ;

③ 菜单:"修改"→"阵列";

④ 在命令行输入"AR"命令。

调用该命令后,系统弹出"阵列"对话框,如图 11-14 所示。首先选择对象,按回车键,此时功能区显示"阵列创建"对话框,设置整列的行数、列数及间距等。

图 11-14　"阵列"对话框

13. 镜像命令(MIRROR)

镜像命令可围绕用两点定义的镜像轴线来创建选择对象的镜像。该命令的调用方式如下所示:

① 单击"修改"面板中的"镜像"按钮 ⚠ ;

② 单击"修改"工具栏中的"镜像"按钮 ⚠ ;

③ 菜单:"修改"→"镜像";

④ 在命令行输入"MI"命令。

调用该命令后,系统首先提示用户选择进行镜像操作的对象,然后系统提示用户指定两点来定义的镜像轴线,最后用户可选择是否删除源对象。

14. 圆角命令(FILLET)

圆角命令用来创建圆角,可以通过一个指定半径的圆弧来光滑地连接两个对象。可以进行圆角处理的对象包括直线、多段线的直线段、样条曲线、构造线、射线、圆、圆弧和椭圆等。其中,直线、构造线和射线在相互平行时也可进行圆角。在 AutoCAD 中也可以为所有真实(三维)实体创建圆角。该命令的调用方式如下所示:

① 单击"修改"面板中的"圆角"按钮 ;

② 单击"修改"工具栏中的"圆角"按钮 ;

③ 菜单:"修改"→"圆角";

④ 在命令行输入"F"命令。

调用该命令后,系统首先显示圆角命令的当前设置,并提示用户选择进行圆角操作的对象。

15. 倒角命令(CHAMFER)

倒角命令用来创建倒角,即将两个非平行的对象通过延伸或修剪操作使它们相交或利用斜线连接。用户可使用两种方法来创建倒角:一种是指定倒角两端的距离,另一种是指定一端的距离和倒角的角度。该命令的调用方式如下所示:

① 单击"修改"面板中的"倒角"按钮 ;

② 单击"修改"工具栏中的"倒角"按钮 ;

③ 菜单:"修改"→"倒角";

④ 在命令行输入"CHA"命令。

四、任务实施

绘制吊钩的实施步骤(图 11-10)如下所示:

① 进行单位、图形界限、图层等绘图设置。选择中心线层作为当前层。

② 打开"正交"模式。单击"直线"按钮,绘制一条水平线和竖直线。单击"偏移"按钮,绘制向上 85 和 40 的定位线以及向下 15 的定位线,如图 11-15a 所示。

③ 单击"矩形"按钮,绘制矩形;单击"倒角"按钮,绘制 C2 倒角,单击"直线"按钮绘制 $\phi30$ 的线框,单击"圆角"按钮,绘制 R4 圆角。如图 11-15b 所示。

④ 单击"偏移"按钮,绘制向右 10 的定位线。单击"圆"按钮,绘制 $\phi40$ 和 R45 的圆,如图 11-15c 所示。

⑤ 利用对象捕捉模式和相切、相切、半径方式,绘制 R55 和 R35 的圆。如图 11-15d 所示。

⑥ 单击"修剪"按钮,修剪多余线条。单击"圆"按钮,以 $\phi40$ 圆的圆心为中心,绘制 $\phi60$ 的圆,此圆与步骤②中 15 的定位线的交点为 R40 的圆心,再绘制 R40 的圆。如图 11-15e 所示。

⑦ 单击"圆"按钮,绘制 R15 的圆。单击"修剪"按钮,修剪多余线条。单击"圆"按钮,利用对象捕捉模式和相切、相切、半径方式绘制 R5 的圆,如图 11-15f 所示。

⑧ 单击"修剪"按钮,修剪多余线条。用夹点编辑功能,调整中心线的长度。保存图形文件,完成作图,如图 11-15g 所示。

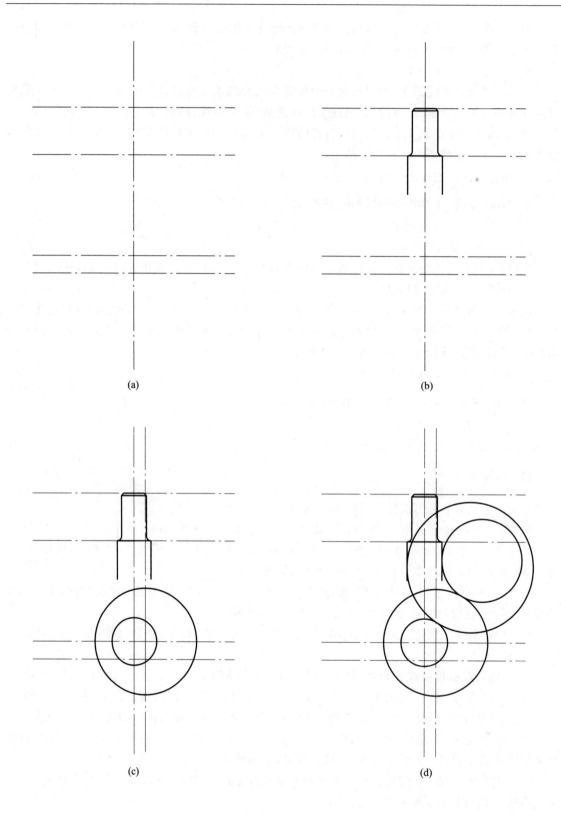

(a)

(b)

(c)

(d)

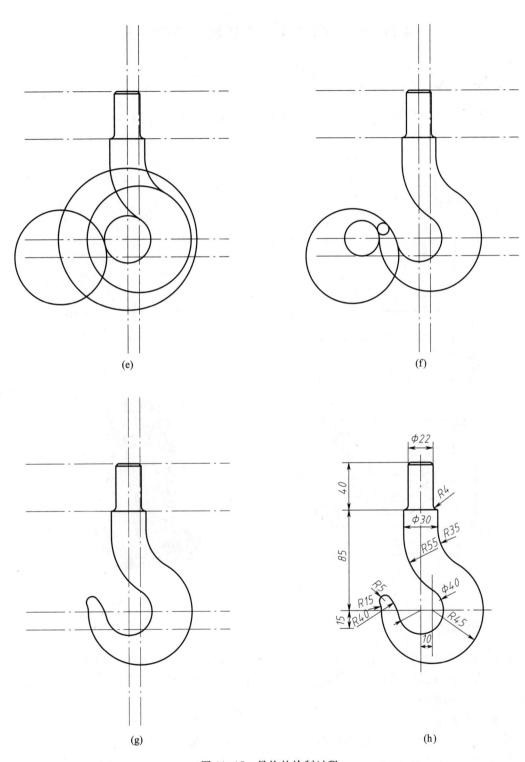

(e)　　　　　　　　　　　(f)

(g)　　　　　　　　　　　(h)

图 11-15　吊钩的绘制过程

§11-3　AutoCAD 绘制视图与剖视图

一、任务导入

通过绘制图 11-16 所示的机件和图 11-17 所示的泵盖,强化对已学命令的掌握。

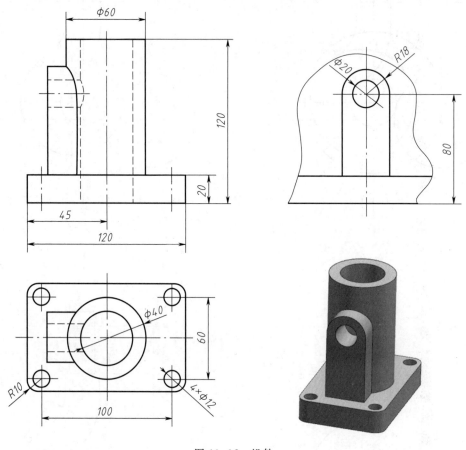

图 11-16　机件

二、绘制视图

用 AutoCAD 绘制视图与用手工绘制视图的要求相同,绘图方法也基本相同。在绘制时,应灵活、恰当地运用 AutoCAD 的对象捕捉、对象追踪及极轴追踪功能,减少绘图辅助线,提高绘图速度,保证绘图的精准性。

1. 捕捉和栅格

捕捉用于设定鼠标指针移动的间距,使光标按设定的间距跳跃着移动。栅格是一些标定位置的小点,它可以提供直观距离和位置参照。栅格点分布在图形界限内,有助于将图形边界可视化、对齐对象。开启与关闭捕捉功能的方法:状态栏"捕捉模式"按钮 ⠿ 、F9 键、"Ctrl+B"组合

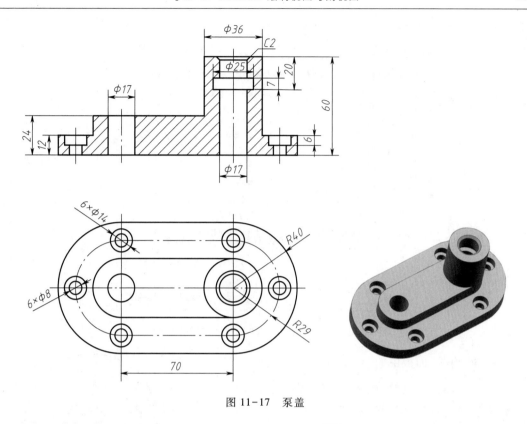

图 11-17 泵盖

键。显示与关闭栅格的切换方法:状态栏"栅格显示"按钮 ⊞ 、F7 键、"Ctrl+G"组合键。

2. 正交模式

正交模式可实现限制鼠标在水平方向和垂直方向上的移动。开启与关闭正交功能的方法:
单击状态栏"正交模式"按钮 ⌐ 、按 F8 键。输入点坐标值或启用对象捕捉这两种方法不受正交
影响。

3. 对象捕捉

绘制图形时,经常需要精确定位到已有图形的特殊部位,如圆心、中点、切点、垂足等,或需要从
这些部位追踪出特殊的角度。对象捕捉功能就是用来捕捉这些部位,对象追踪功能就是用来从这
些部位追踪出特殊的角度。使用较多的是固定对象捕捉功能,其开启与关闭的方法:单击状态栏
"对象捕捉"按钮、按 F3 键。固定对象捕捉功能的设置可通过右击状态栏"对象捕捉"按钮,在弹出
的菜单中进行设置,也可通过"草图设置"窗口的"对象捕捉"对话框进行设置,如图 11-18 所示。

4. 极轴追踪

极轴追踪功能能够使光标追踪到指定的角度。利用极轴追踪功能,还可以通过鼠标导向输入
距离来确定点的位置。开启与关闭极轴追踪功能的方法:单击状态栏"极轴追踪"按钮 ⟳ 、按 F10 键。

5. 图案填充

在机械制图中,图案填充被用来显示零件的断面结构。AutoCAD 为用户提供了图案填充功
能。在进行图案填充时,用户需要确定的内容有三个:一是填充的区域;二是填充的图案;三是图
案填充方式。该功能的调用方式如下所示:

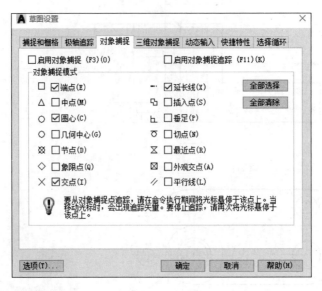

图 11-18 "草图设置"窗口的"对象捕捉"对话框

① 单击"绘图"面板中的"图案填充"按钮 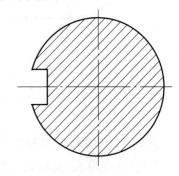 ；

② 单击"绘图"工具栏"图案填充"按钮 ⬚ ；

③ 菜单："绘图"→"图案填充"；

④ 在命令行输入"H"命令。

绘制如图 11-19 所示的移出断面图的步骤如下所示：

（1）启动图案填充命令。功能区默认显示"图案填充创建"面板，如图 11-20 所示，命令行显示：拾取内部点或 [选择对象（S）放弃（U）设置（T）]。

图 11-19 "移出断面图"填充示例

图 11-20 "图案填充创建"面板

（2）选择填充区域。通过"边界"面板中"拾取点"和"选择"完成。"拾取点"是拾取闭合图形内部点进行填充，"选择"是拾取闭合图形外部边界进行填充。拾取断面图轮廓线内任意点即可。

（3）选择图案。在"图案"面板内根据零件的材质选择对应的图案，如选择"ANSI31"图案。

（4）参数设置。在"特性"面板内设置图案填充类型、角度和比例等。"角度"用于设置图案的旋转角，系统默认值为 0，需要变换角度时设置为 90°。"比例"用于设置图案中线的间距，保证剖面线有适当的疏密程度。其他设置则根据实际情况确定，设置好后单击"关闭"按钮，完成图案填充。

三、任务实施

1. 绘制图 11-16 所示机件的视图

绘图方法和步骤如下所示：

（1）画底板主、俯视图（图 11-21a）

① 利用矩形命令绘制俯视图矩形轮廓；利用圆角命令倒圆角；利用画圆命令绘制底部四个圆，指定圆心时应捕捉圆角、圆心；利用直线命令绘制中心线；

② 利用矩形命令绘制主视图中的矩形轮廓；利用直线命令绘制中心线。

（2）画圆柱的主、俯视图（图 11-21b）

① 利用画圆命令绘制俯视图的圆形轮廓；

② 利用直线或多段线的命令，绘制圆柱主视图的对应轮廓，绘图时应追踪俯视图中的相应点，圆柱内孔应调整为细虚线。

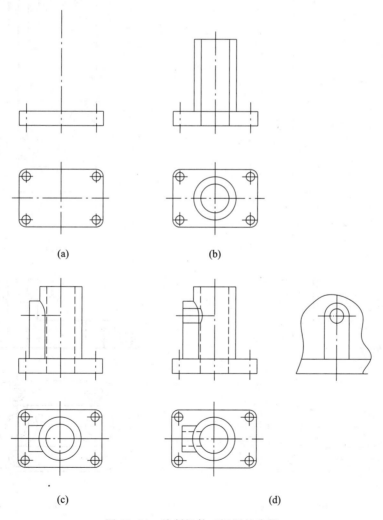

図 11-21　绘制机件三视图的步骤

（3）画凸台的主、俯视图（图 11-21c）

① 利用直线或多段线命令绘制凸台在俯视图的投影；

② 利用画圆、直线或多段线命令绘制凸台的轮廓与相贯线，绘图时应追踪俯视图中的相应点。

（4）补全视图（图 11-21d）

利用画圆、多段线或直线命令绘制凸台的对应局部剖视图，并补齐凸台上的圆孔在主视图的对应投影，注意圆孔内壁应用细虚线表示。

2. 绘制图 11-17 所示泵盖的剖视图

绘图方法和步骤如下所示：

（1）画泵盖主体的主、俯视图（图 11-22a）

① 利用画圆命令、多段线或直线命令绘制俯视图的轮廓，画圆时注意两圆心间的中心距，指

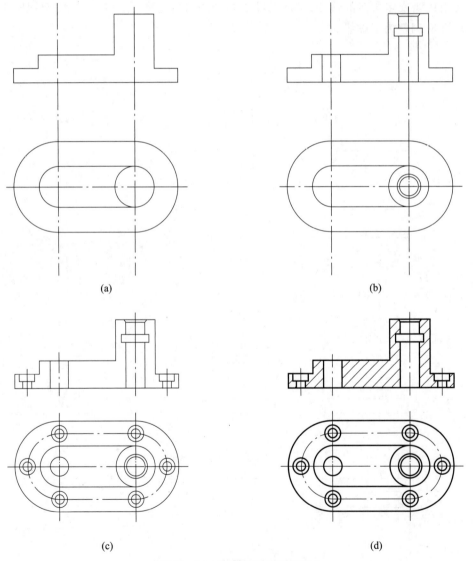

(a)　　　　　　　　　　　　(b)

(c)　　　　　　　　　　　　(d)

图 11-22　绘制剖视图的步骤

定圆心时应捕捉圆弧、圆心;利用修剪命令删除多余的线条;利用直线命令绘制俯视图的中心线。

② 利用直线命令绘制主视图的轮廓线;利用直线命令绘制竖直中心线,绘图时应追踪俯视图中的相应点。

(2) 画泵盖的中心通孔(图 11-22b)

泵盖主体前后对称,所以采用全剖的表达方式。

① 利用画圆命令绘制中心通孔,并绘制倒角圆;

② 利用直线命令绘制主视图孔的投影;利用偏移命令绘制内部台阶孔的投影线;利用倒角命令绘制倒角,绘图时应追踪俯视图中的对应点。

(3) 画泵盖的底端沉头孔(图 11-22c)

① 在中心线层用画圆和直线命令绘制俯视图沉头孔的定位线,然后用画圆指令绘制沉头孔,绘制出一个沉头孔后可使用复制指令补齐六个沉头孔。

② 利用直线命令在主视图上绘制出对应沉头孔的投影线,绘图时应追踪俯视图中的相应点。

(4) 补全视图(图 11-22d)

① 选择泵盖的轮廓线,调整相应的线宽;

② 通过图案填充功能调出对应的剖面线符号。

§11-4   AutoCAD 绘制零件图

一、任务导入

通过绘制图 11-23 所示轴的零件图,强化对已学命令的掌握。

二、零件图的尺寸标准

1. 文字样式

在 AutoCAD 中,文字字符和符号的外观,如字体、文字倾斜角度、字符宽度都是由文字样式决定的,"Standard"被默认为当前样式。使用文字样式命令可以定义新的文字样式或修改已有的样式。其调用方式如下所示:

① 单击"注释"面板中的"文字样式"按钮 **A** ;

② 单击"注释"选项卡中"文字样式"按钮 ↘ ;

③ 单击"文字"工具栏"文字样式"按钮 ↘ ;

④ 菜单:"格式"→"文字样式";

⑤ 在命令行输入"ST"命令。

激活文字样式命令后,显示"文字样式"对话框,如图 11-24 所示。可以按照国家制图标准设置文字样式的字体特征。例如:

在该对话框中可以对已存在的文字样式进行修改,也可新建一个文字样式。AutoCAD 提供多种字体,符合国家制图标准的长仿宋体就包含在 gbcbig. shx 文件内。同样 AutoCAD 本身还提供了对应的符合国家制图标准的英文字体:gbenor. shx 和 gbeitc. shx,其中,gbenor. shx 用于标注

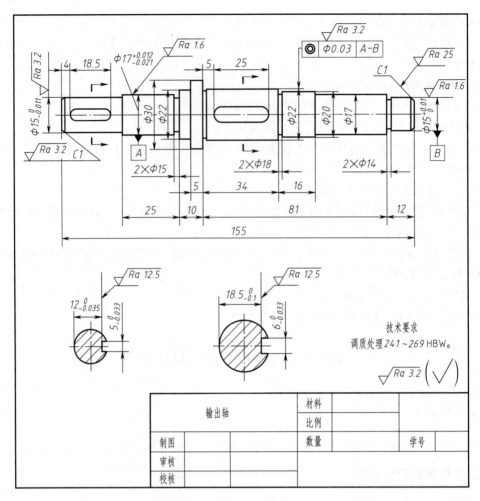

图 11-23 轴的零件图

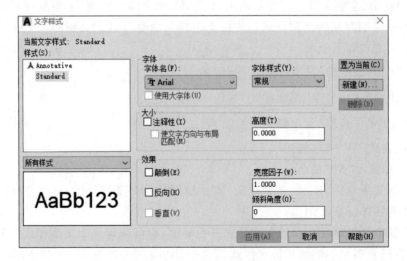

图 11-24 "文字样式"对话框

正体,gbeitc. shx 则用于标注斜体。

2. 设置标注样式

尺寸标注中的尺寸线、尺寸界线、箭头和文字为一个整体,以块的形式存储在图形中。这些尺寸元素的外观形式由尺寸样式控制,AutoCAD 中的标注与相定的标注样式关联。通过标注样式,用户可进行如下定义:

1) 尺寸线、尺寸界线、箭头和圆心标记的格式和位置;

2) 标注文字的外观、位置等;

3) AutoCAD 放置文字和尺寸线的管理规则;

4) 全局标注比例;

5) 主单位、换算单位和角度标注单位的格式和精度;

6) 公差值的格式和精度。

在 AutoCAD 中新建图形文件时,系统将根据样板文件来创建一个默认的标注样式,用户可通过标注样式管理器(dimension style manager)来创建新的标注样式或对标注样式进行修改和管理。启动标注样式管理器的方式如下:

① 单击"注释"面板中的"标注样式"按钮 ⊬ ;

② 单击"注释"选项卡中"标注样式"按钮 ⬎ ;

③ 单击"标注"工具栏"标注样式"按钮 ⬎ ;

④ 菜单:"格式"→"标注样式";

⑤ 在命令行输入"D"命令。

激活文字样式命令后,显示"标注样式管理器"对话框,如图 11-25 所示。

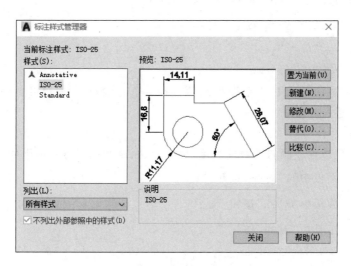

图 11-25 "标注样式管理器"对话框

该对话框显示了当前的标注样式以及在样式列表中被选中项目的预览图和说明。单击"修改"按钮后,将弹出"修改标注样式"对话框,如图 11-26 所示。

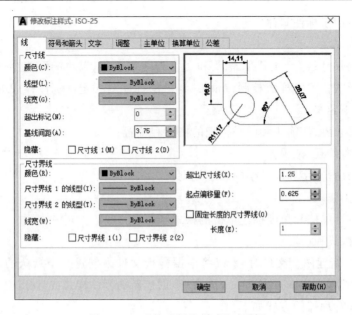

图 11-26　"修改标注样式"对话框

3. 常见的尺寸标注

（1）标注水平、垂直和旋转尺寸

线性标注命令可以标注水平、垂直和指定角度旋转的线性尺寸。该命令的调用方式如下所示：

① 单击"注释"面板中的"线性"按钮 ╟╢；

② 单击"注释"选项卡"标注"面板中"线性"按钮 ╟╢；

③ 单击"标注"工具栏"线性"按钮 ╟╢；

④ 菜单："标注"→"线性"；

⑤ 在命令行输入"DLI"命令。

调用该命令后，系统提示用户指定两点，或选择某个对象，然后用户可直接指定标注的位置，也可使用其他选项进一步设置。

（2）标注对齐尺寸

对齐标注命令可以标注倾斜直线的长度尺寸。该命令的调用方式如下所示：

① 单击"注释"面板中的"对齐"按钮 ↖；

② 单击"标注"面板中"对齐"按钮 ↖；

③ 单击"标注"工具栏"对齐"按钮 ↖；

④ 菜单："标注"→"对齐"；

⑤ 在命令行输入"DAI"命令。

该命令的用法同线性标注，在此不再赘述。

（3）标注基线尺寸

基线标注命令用于以第一个标注的第一条界线为基准，连续标注多个线性尺寸。每个新尺寸线会自动偏移一个距离以避免重复。该命令调用方式如下所示：

① 单击"标注"面板中"基线"按钮 ⊢ ；

② 单击"标注"工具栏中"基线"按钮 ⊢ ；

③ 菜单："标注"→"基线"；

④ 在命令行输入"DBA"命令。

调用该命令后，系统将自动以最后一次标注的第一条界线为基准来创建标注，并提示用户指定第二条界线。

（4）标注连续尺寸

连续标注用于以前一个标注的第二条界线为基准，连续标注多个线性尺寸。该命令的调用方式如下所示：

① 单击"标注"面板中"连续"按钮 ⊩ ；

② 单击"标注"工具栏"连续"按钮 ⊩ ；

③ 菜单："标注"→"连续"；

④ 在命令行输入"DCO"命令。

（5）标注半径尺寸

半径标注用于测量和标记圆或圆弧的半径。该命令的调用方式如下所示：

① 单击"注释"面板中的"半径"按钮 ⟋ ；

② 单击"注释"选项卡"标注"面板中"半径"按钮 ⟋ ；

③ 单击"标注"工具栏"半径"按钮 ⟋ ；

④ 菜单："标注"→"半径"；

⑤ 在命令行输入"DRA"命令。

调用该命令后，系统提示选择圆或圆弧对象，其他选项同线性标注命令。生成的尺寸标注文字以"R"引导，以表示半径尺寸。圆形或圆弧的圆心标记可自动绘出。

（6）标注直径尺寸

直径标注用于测量和标记圆或圆弧的直径。该命令的调用方式如下所示：

① 单击"注释"面板中的"直径"按钮 ⊘ ；

② 单击"标注"面板中"直径"按钮 ⊘ ；

③ 单击"标注"工具栏"直径"按钮 ⊘ ；

④ 菜单："标注"→"直径"

⑤ 在命令行输入"DDI"命令。

该命令用法与半径标注相同。

（7）标注角度尺寸

角度标注用于测量和标记角度值，该命令的调用方式如下：

① 单击"注释"面板中的"角度"按钮 △ ；

② 单击"标注"面板中"角度"按钮 △ ；

③ 单击"标注"工具栏"角度"按钮 △ ；

④ 菜单："标注"→"角度"；

⑤ 在命令行输入"DAN"命令。

三、零件技术要求的注写

1. 表面粗糙度的标注

在 AutoCAD 绘图环境下，表面粗糙度不能直接标注，需要事先按照机械制图国家标准对表面粗糙度标注的要求，画出表面粗糙度符号，然后定义成带属性的块，在标注时用插入块的方法进行标注。

下面以用去除材料的方法，在 AutoCAD 绘图环境下应用带属性块的方法来制作表面粗糙度符号，并将其标注在技术图样中。步骤如下：

1）首先根据表面粗糙度基本符号的画法及其尺寸绘制表面粗糙度符号，如图 11-27 所示。

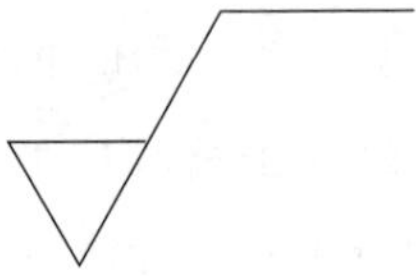

2）单击"默认"选项卡中"块"面板，打开"属性定义"对话框，具体设置如图 11-28 所示。设置完成后单击"确定"按钮。

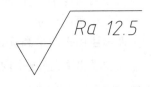

图 11-27　表面粗糙度符号

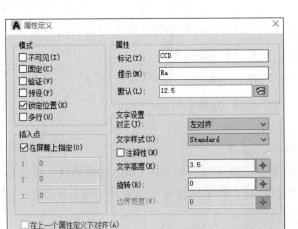

图 11-28　"属性定义"对话框

3）单击"默认"选项卡中"块"面板，打开"块定义"对话框，在"名称"下拉列表框输入块名"表面粗糙度"。

4）单击"基点"中的"拾取点"按钮，一般选择表面粗糙度符号的下角点为基点。

5）单击"选择对象"按钮，选择要生成块的图块，按"Enter"键确定。

6）单击"确定"按钮，可以对表面粗糙度值进行设置，完成粗糙度符号的制作，如图 11-29 所示。

标注表面粗糙度的过程就是插入表面粗糙度符号图块的过程，即将已制作好的表面粗糙度符号图块插入到机械图样中需要标注的位置。

图 11-29　完成的表面粗糙度符号

单击"插入图块"按钮,选择设置好的块,把块移动到合适的位置后单击鼠标,此时弹出"编辑属性"对话框,输入需要修改的值即可。

2. 尺寸公差标注

尺寸公差是零件图上经常标注的内容之一,标注尺寸公差时一般应先标出尺寸,然后通过尺寸编辑加注公差。编辑的方法如下所示:

① 双击标注的尺寸文字或输入"ED"命令,编辑文字;

② 选定需要标注公差的尺寸,单击鼠标右键打开尺寸"特性"对话框,在"公差"面板中添加上下偏差值,如图 11-30 所示。

3. 几何公差标注

AutoCAD 有两个命令可以标注几何公差。

(1)公差命令,用于标注无指引线的几何公差框格。其调用方法如下所示:

① 单击"标注"面板中"公差"按钮 🔳;

② 单击"标注"工具栏"公差"按钮 🔳;

③ 菜单:"标注"→"公差";

④ 在命令行输入"TOLERANCE"命令。

执行命令后,显示如图 11-31 所示的"形位公差"对话框,在该对话框中输入要标注的选项,单击"确定"按钮。移动鼠标指定一点,确定公差框格的位置,即可完成几何公差框格的标注。

图 11-30　尺寸"特性"对话框

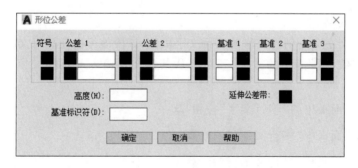

图 11-31　"形位公差"对话框

(2)快速引线几何公差标注

在命令行输入"LE"后,选择"设置 S"选项,显示"引线设置"对话框,在"注释"选项卡中选择"公差"单选项,如图 11-30 所示。单击"确定"按钮后,根据命令行提示指定几何公差引线的起点、第二点、第三点后,显示如图 11-32 所示的"引线设置"对话框,接下来的操作同前,在此不再赘述。

4. 注写技术要求

在机械图样中都会有文字内容,例如标题栏中的内容、技术要求等。AutoCAD 提供了完善的文字处理功能。下面主要介绍创建文字和编辑文字功能。

图 11-32 "引线设置"对话框

（1）创建单行文字

可以使用单行文字命令输入若干行文字，每行文字都是独立的对象，并且可以进行旋转、调整大小和格式修改等。其调用方式如下所示：

① 单击"注释"面板中的"单行文字"按钮 A ；

② 单击"文字"面板中"单行文字"按钮 A ；

③ 单击"文字"工具栏"单行文字"按钮 A ；

④ 菜单："绘图"→"文字"→"单行文字"；

⑤ 在命令行输入"TEXT"或"DT"命令。

单行文字命令激活后，按照 AutoCAD 提示指定文字的起点、文字高度、旋转角度，即可在光标闪烁处输入文字。

（2）创建多行文字

可以使用多行文字命令创建或修改多行文字段落，该段落可由任意行文字组成，所有文字是一个对象。但可以编辑段落中的文字，还可以从其他文件输入或粘贴文字。其调用方式如下所示：

① 单击"注释"面板中的"多行文字"按钮 A ；

② 单击"文字"面板中"多行文字"按钮 A ；

③ 单击"文字"工具栏"多行文字"按钮 A ；

④ 菜单："绘图"→"文字"→"多行文字"；

⑤ 在命令行输入"TEXT"或"DT"命令。

多行文字命令激活后，按照 AutoCAD 提示指定对角点确定一个输入文字的矩形，矩形确定文字对象的位置，矩形内的箭头指示段落文字的走向。矩形的宽度即文字行的宽度，但矩形的高度不限制文字沿竖直方向的延伸。

在指定对角点之后，AutoCAD 将显示多行文字编辑器，如图 11-33 所示。可以在其中输入文字、设置文字高度和对齐方式等多行文字操作，也可以在指定对角点前在命令行设置文字的高度和对齐方式等。

图 11-33　多行文字编辑器

四、任务实施

绘制零件图时不管输出后的图形比例为多少,均采用 1∶1 的比例绘制图形,这样可避免尺寸换算,提高绘图速度。需要时 AutoCAD 能很容易地改变图形比例。

下面以图 11-23 所示的输出轴为例,介绍绘制零件图的方法。

1. 创建新图形

根据图中输出轴的尺寸,选择使用已创建好的零件图样板文件创建一个新图形文件。

2. 保存图形文件

将创建的新图形文件保存在工作路径下,文件名为"输出轴"。在后续的绘图中适时单击"保存"按钮,避免文件内容意外丢失。

3. 绘制图形

(1) 绘制视图

绘制视图的步骤和方法如下(图 11-34):

1) 绘制轴线,如图 11-34a 所示。

2) 以轴线为界,绘制轴的一半轮廓,如图 11-34b 所示。

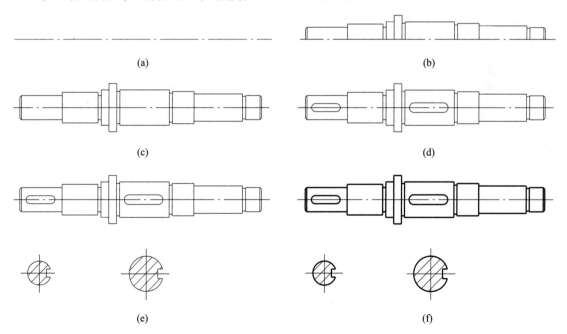

图 11-34　绘制视图的步骤

3）镜像复制轴的另一半轮廓,如图 11-34c 所示。

4）绘制键槽,如图 11-34d 所示。

5）绘制断面和剖面线,如图 11-34e 所示。

6）将图线按线型改变到相应的图层上,如图 11-34f 所示。

（2）标注尺寸和公差

1）利用标注样式命令选择要使用的尺寸标注样式,用尺寸标注命令标注尺寸。

2）利用特性命令标注尺寸公差。

3）利用快速引线标注命令标注倒角和形位公差。

（3）标注剖切符号、基准代号和表面粗糙度代号

1）利用多段线或快速引线标注命令绘制剖切符号和表示投射方向的箭头。

2）利用插入块命令插入基准代号和字母。

3）利用插入块命令插入表面粗糙度代号。

（4）插入并填写标题栏

利用插入块命令插入标题栏,并可用 EATTEDIT 编辑标题栏内容。

（5）书写技术要求

利用单行文字(或多行文字)命令书写技术要求。

4. 编辑、调整、清理图形

对图形作进一步编辑修改,调整视图布局,完成全图,如图 11-34 所示。

5. 保存文件并退出

附　　录

一、螺纹

附表 1　普通螺纹（GB/T 193—2003）

标　记　示　例

粗牙普通螺纹、公称直径 10 mm、右旋、中径公差带代号 5g、顶径公差带代号 6g、短旋合长度的外螺纹：

M10-5g6g-S

细牙普通螺纹、公称直径 10 mm、螺距 1 mm、左旋、中径和顶径公差带代号都是 6H、中等旋合长度的内螺纹：

M10×1-6H-LH

mm

公称直径 D、d		螺距 P		粗牙小径 D_1、d_1	公称直径 D、d		螺距 P		粗牙小径 D_1、d_1
第一系列	第二系列	粗牙	细牙		第一系列	第二系列	粗牙	细牙	
3		0.5	0.35	2.459		22	2.5	2,1.5,1,(0.75),(0.5)	19.294
	3.5	(0.6)		2.850	24		3	2,1.5,1,(0.75)	20.752
4		0.7	0.5	3.242		27	3	2,1.5,1,(0.75)	23.752
	4.5	(0.75)		3.688	30		3.5	(3),2,1.5,1,(0.75)	26.211
5		0.8		4.134		33	3.5	(3),2,1.5,(1),(0.75)	29.211
6		1	0.75,(0.5)	4.917	36		4	3,2,1.5,(1)	31.670
8		1.25	1,0.75,(0.5)	6.647		39	4		34.670
10		1.5	1.25,1,0.75,(0.5)	8.376	42		4.5	(4),3,2,1.5,(1)	37.129
12		1.75	1.5,1.25,1,(0.75),(0.5)	10.106		45	4.5		40.129
	14	2	1.5,(1.25),1,(0.75),(0.5)	11.835	48		5		42.587
16		2	1.5,1,(0.75),(0.5)	13.835		52	5	4,3,2,1.5,(1)	46.587
	18	2.5	2,1.5,1,(0.75),(0.5)	15.294	56		5.5		50.046
20		2.5		17.294					

注：1. 优先选用第一系列，括号内尺寸尽可能不用。

　　2. 公称直径 D、d 第三系列未列入。

附表 2　55°非密封管螺纹（GB/T 7307—2001）

标　记　示　例

尺寸代号 $1\frac{1}{2}$ 的左旋 A 级外螺纹：

$G1\frac{1}{2}A-LH$

mm

螺纹尺寸代号	每25.4 mm内的牙数	螺距 P	基本直径		螺纹尺寸代号	每25.4 mm内的牙数	螺距 P	基本直径	
			大径 d、D	小径 d_1、D_1				大径 d、D	小径 d_1、D_1
1/8	28	0.907	9.728	8.566	1 1/4		2.309	41.910	38.952
1/4	19	1.337	13.157	11.445	1 1/2		2.309	47.807	44.845
3/8		1.337	16.662	14.950	1 3/4		2.309	53.746	50.788
1/2	14	1.814	20.955	18.631	2		2.309	59.614	56.656
(5/8)		1.814	22.911	20.587	2 1/4	11	2.309	65.710	62.752
3/4		1.814	26.441	24.117	2 1/2		2.309	75.184	72.226
(7/8)		1.814	30.201	27.877	2 3/4		2.309	81.534	78.576
1	11	2.309	33.249	30.291	3		2.309	87.884	84.926
1 1/8		2.309	37.897	34.939	4		2.309	113.030	110.072

附表 3　普通螺纹的螺纹收尾、肩距、退刀槽、倒角（GB/T 3—1997）

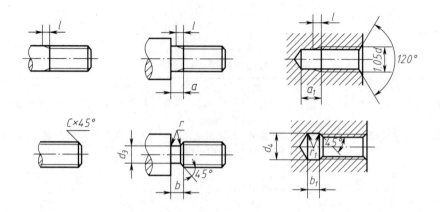

mm

螺距 P	粗牙螺纹大径 D、d	外　螺　纹								内　螺　纹					
		螺纹收尾 l（不大于）		肩距 a（不大于）			退　刀　槽			倒角 C	螺纹收尾 l（不大于）		肩距 a_1（不小于）			退　刀　槽		
							b	r $\approx$	d_3							b_1	r_1 $\approx$	d_4
		一般	短的	一般	长的	短的	一般				一般	短的	一般	长的	一般		
0.5	3	1.25	0.7	1.5	2	1	1.5		$d-0.8$	0.5	2	1	3	4	2		$d+0.3$
0.6	3.5	1.5	0.75	1.8	2.4	1.2	1.5		$d-1$		2.4	1.2	3.2	4.8	2.4		
0.7	4	1.75	0.9	2.1	2.8	1.4	2		$d-1.1$	0.6	2.8	1.4	3.5	5.6	2.8		
0.75	4.5	1.9	1	2.25	3	1.5	2		$d-1.2$		3	1.5	3.8	6	3		
0.8	5	2	1	2.4	3.2	1.6	2		$d-1.3$	0.8	3.2	1.6	4	6.4	3.2		
1	6,7	2.5	1.25	3	4	2	2.5		$d-1.6$	1	4	2	5	8	4		
1.25	8	3.2	1.6	4	5	2.5	3		$d-2$	1.2	5	2.5	6	10	5		
1.5	10	3.8	1.9	4.5	6	3	3.5		$d-2.3$	1.5	6	3	7	12	6		
1.75	12	4.3	2.2	5.3	7	3.5	4	0.5 P	$d-2.6$	2	7	3.5	9	14	7	0.5 P	
2	14,16	5	2.5	6	8	4	5		$d-3$		8	4	10	16	8		
2.5	18,20,22	6.3	3.2	7.5	10	5	6		$d-3.6$	2.5	10	5	12	18	10		
3	24,27	7.5	3.8	9	12	6	7		$d-4.4$		12	6	14	22	12		$d+0.5$
3.5	30,33	9	4.5	10.5	14	7	8		$d-5$	3	14	7	16	24	14		
4	36,39	10	5	12	16	8	9		$d-5.7$		16	8	18	26	16		
4.5	42,45	11	5.5	13.5	18	9	10		$d-6.4$	4	18	9	21	29	18		
5	48,52	12.5	6.3	15	20	10	11		$d-7$		20	10	23	32	20		
5.5	56,60	14	7	16.5	22	11	12		$d-7.7$	5	22	11	25	35	22		
6	64,68	15	7.5	18	24	12	13		$d-8.3$		24	12	28	38	24		

二、常用的标准件

附表 4　六角头螺栓—A 和 B 级（GB/T 5782—2016）
六角头螺栓—全螺纹—A 和 B 级（GB/T 5783—2016）

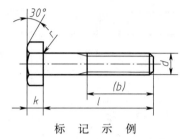

标　记　示　例

螺纹规格 d＝M12、公称长度 l＝80 mm、性能等级为 8.8 级、表面氧化、A 级的六角螺栓：

螺栓 GB/T 5782　M12×80

mm

螺纹规格	d		M3	M4	M5	M6	M8	M10	M12	(M14)	M16	(M18)	M20	(M22)	M24	(M27)	M30	M36
s	公称＝max		5.5	7	8	10	13	16	18	21	24	27	30	34	36	41	45	55
	A	min	5.32	6.78	7.78	9.78	12.73	15.73	17.73	20.67	23.67	26.67	29.67	33.38	35.38	—	—	—
	B		5.2	6.64	7.64	9.64	12.57	15.57	17.57	20.16	23.16	26.16	29.16	33.00	35.00	40	45	53.8
k	公称		2	2.8	3.5	4	5.3	6.4	7.5	8.8	10	11.5	12.5	14	15	17	18.7	22.5
	A	max	2.125	2.925	3.65	4.15	5.45	6.58	7.68	8.98	10.18	11.715	12.715	14.215	15.215		—	—
		min	1.875	2.675	3.35	3.85	5.15	6.22	7.32	8.62	9.82	11.285	12.285	13.785	14.785		—	—
	B	max	2.6	3.0	3.74	4.24	5.54	6.69	7.79	9.09	10.29	11.85	12.85	14.35	15.35	17.35	19.12	22.92
		min	1.8	2.6	3.26	3.76	5.06	6.11	7.21	8.51	9.71	11.15	12.15	13.65	14.65	16.65	18.28	22.08
r			0.1	0.2	0.2	0.25	0.4	0.4	0.6	0.6	0.6	0.6	0.8	0.8	0.8	1	1	1
e	A	min	6.01	7.66	8.79	11.05	14.38	17.77	20.03	23.36	26.75	30.14	33.53	37.72	39.98	—	—	—
	B		—	—	8.63	10.89	14.20	17.59	19.85	22.78	26.17	29.56	32.95	37.29	39.55	45.2	50.85	51.11
(b) GB/T 5782— 2016	$l \leqslant 125$		12	14	16	18	22	26	30	34	38	42	46	50	54	60	66	—
	$125 < l \leqslant 200$		—	—	—	—	28	32	36	40	44	48	52	56	60	66	72	84
	$l > 200$		—	—	—	—	—	—	—	57	61	65	69	73	79	85	97
l 范围（GB/T 5782— 2016）			20~ 30	25~ 40	25~ 50	30~ 60	40~ 80	45~ 100	50~ 120	60~ 160	65~ 160	70~ 180	80~ 200	90~ 220	90~ 240	100~ 260	110~ 300	140~ 360
l 范围（GB/T 5783— 2016）			6~ 30	8~ 40	10~ 50	12~ 60	16~ 80	20~ 100	25~ 120	30~ 140	30~ 150	35~ 150	40~ 150	45~ 150	50~ 150	55~ 200	60~ 200	70~ 200
l 系列			6,8,10,12,16,20,25,30,35,40,45,50,55,60,65,70,80,90,100,110,120,130,140,150,160,180,200, 220,240,260,280,300,320,340,360,380,400,420,440,460,480,500															

附表5　双头螺柱

$b_m = 1d(\text{GB/T }897\text{—}1988)$，$b_m = 1.25d(\text{GB/T }898\text{—}1988)$

$b_m = 1.5d(\text{GB/T }899\text{—}1988)$，$b_m = 2d(\text{GB/T }900\text{—}1988)$

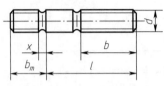
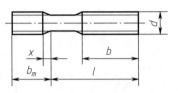

标　记　示　例

两端均为粗牙普通螺纹、螺纹规格 d = M10、公称长度 l = 50 mm、性能等级为 4.8 级、不经表面处理、b_m = 1d、B 型的双头螺柱：

螺柱 GB/T 897　M10×50

旋入机体一端为粗牙普通螺纹、旋入螺母一端为螺距 P = 1 mm 的细牙普通螺纹、$b_m = d$、螺纹规格 d = M10、公称长度 l = 50 mm、性能等级为 4.8 级、不经表面处理、A 型、b_m = 1d 的双头螺柱：

螺柱　GB/T 897　AM10−M10×1×50

mm

螺纹规格 d	b_m				l/b
	GB/T 897—1988	GB/T 898—1988	GB/T 899—1988	GB/T 900—1988	
M5	5	6	8	10	$\dfrac{16\sim20}{10}$，$\dfrac{25\sim50}{16}$
M6	6	8	10	12	$\dfrac{20}{10}$，$\dfrac{25\sim30}{14}$，$\dfrac{35\sim70}{18}$
M8	8	10	12	16	$\dfrac{20}{12}$，$\dfrac{25\sim30}{16}$，$\dfrac{35\sim90}{22}$
M10	10	12	15	20	$\dfrac{25}{14}$，$\dfrac{30\sim35}{16}$，$\dfrac{40\sim120}{26}$，$\dfrac{130}{32}$
M12	12	15	18	24	$\dfrac{25\sim30}{16}$，$\dfrac{35\sim40}{20}$，$\dfrac{45\sim120}{30}$，$\dfrac{130\sim180}{36}$
M16	16	20	24	32	$\dfrac{30\sim35}{20}$，$\dfrac{40\sim55}{30}$，$\dfrac{60\sim120}{38}$，$\dfrac{130\sim200}{44}$
M20	20	25	30	40	$\dfrac{35\sim40}{25}$，$\dfrac{45\sim60}{35}$，$\dfrac{70\sim120}{46}$，$\dfrac{130\sim200}{52}$
M24	24	30	36	48	$\dfrac{45\sim50}{30}$，$\dfrac{60\sim75}{45}$，$\dfrac{80\sim120}{54}$，$\dfrac{130\sim200}{60}$
M30	30	38	45	60	$\dfrac{60\sim65}{40}$，$\dfrac{70\sim90}{50}$，$\dfrac{95\sim120}{66}$，$\dfrac{130\sim200}{72}$，$\dfrac{210\sim250}{85}$
M36	36	45	54	72	$\dfrac{65\sim75}{45}$，$\dfrac{80\sim110}{60}$，$\dfrac{120}{78}$，$\dfrac{130\sim200}{84}$，$\dfrac{210\sim300}{97}$
l 系列	16,20,25,30,35,40,45,50,(55),60,(65),70,(75),80,(85),90,(95),100,110,120,130,140, 150,160,170,180,190,200,210,220,230,240,250,260,280,300				

附表 6　开 槽 螺 钉

开槽圆柱头螺钉（GB/T 65—2016）、开槽沉头螺钉（GB/T 68—2016）、开槽盘头螺钉（GB/T 67—2016）

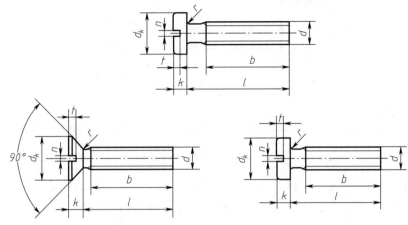

标　记　示　例

螺纹规格 $d=$ M5、公称长度 $l=20$ mm、性能等级为 4.8 级、不经表面处理的开槽圆柱头螺钉：

螺钉　GB/T 65　M5×20

mm

螺纹规格 d		M1.6	M2	M2.5	M3	M4	M5	M6	M8	M10
GB/T 65—2016	d_k					7	8.5	10	13	16
	k					2.6	3.3	3.9	5	6
	t　min					1.1	1.3	1.6	2	2.4
	r　min					0.2	0.2	0.25	0.4	0.4
	l					5~40	6~50	8~60	10~80	12~80
	全螺纹时最大长度					40	40	40	40	40
GB/T 67—2016	d_k	3.2	4	5	5.6	8	9.5	12	16	20
	k	1	1.3	1.5	1.8	2.4	3	3.6	4.8	6
	t　min	0.35	0.5	0.6	0.7	1	1.2	1.4	1.9	2.4
	r　min	0.1	0.1	0.1	0.1	0.2	0.2	0.25	0.4	0.4
	l	2~16	2.5~20	3~25	4~30	5~40	6~50	8~60	10~80	12~80
	全螺纹时最大长度	30	30	30	30	40	40	40	40	40
GB/T 68—2016	d_k	3	3.8	4.7	5.5	8.4	9.3	11.3	15.8	18.3
	k	1	1.2	1.5	1.65	2.7	2.7	3.3	4.65	5
	t　min	0.32	0.4	0.5	0.6	1	1.1	1.2	1.8	2
	r　max	0.4	0.5	0.6	0.8	1	1.3	1.5	2	2.5
	l	2.5~16	3~20	4~25	5~30	6~40	8~50	8~60	10~80	12~80
	全螺纹时最大长度	30	30	30	30	45	45	45	45	45
n		0.4	0.5	0.6	0.8	1.2	1.2	1.6	2	2.5
b				25				38		
l 系列		2,2.5,3,4,5,6,8,10,12,（14）,16,20,25,30,35,40,45,50,（55）,60,（65）,70,（75）,80								

附表7　内六角圆柱头螺钉（GB/T 70.1—2008）

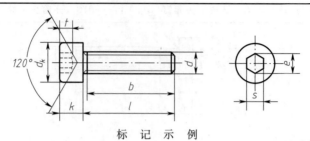

标 记 示 例

螺纹规格 d＝M5、公称长度 l＝20 mm、性能等级为 8.8 级、表面氧化的 A 级内六角圆柱头螺钉：

螺钉　GB/T 70.1　M5×20

mm

螺纹规格 d	M2.5	M3	M4	M5	M6	M8	M10	M12	(M14)	M16	M20	M24	M30	M36
d_k　max	4.5	5.5	7	8.5	10	13	16	18	21	24	30	36	45	54
k　max	2.5	3	4	5	6	8	10	12	14	16	20	24	30	36
t　min	1.1	1.3	2	2.5	3	4	5	6	7	8	10	12	15.5	19
r	0.1		0.2		0.25	0.4			0.6		0.8		1	
s	2	2.5	3	4	5	6	8	10	12	14	17	19	22	27
e	2.3	2.87	3.44	4.58	5.72	6.68	9.15	11.43	13.72	16	19.44	21.73	25.15	30.85
b(参考)	17	18	20	22	24	28	32	36	40	44	52	60	72	84
l 系列	2.5,3,4,5,6,8,10,12,16,20,25,30,35,40,45,50,55,60,65,70,80,90,100,110,120,130,140, 150,160,180,200													

注：1. b 不包括螺尾。

2. M3~M20 为商品规格，其他为通用规格。

附表8　开槽紧定螺钉

锥端（GB/T 71—2018）、平端（GB/T 73—2017）、长圆柱端（GB/T 75—2018）

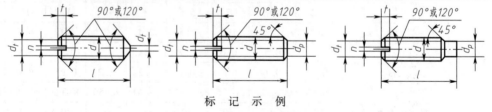

标 记 示 例

螺纹规格 d＝M5、公称长度 l＝12 mm、性能等级为 14H 级、表面氧化的开槽锥端紧定螺钉：

螺钉　GB/T 71　M5×12

mm

螺纹规格 d	M2	M2.5	M3	M4	M5	M6	M8	M10	M12
d_f	螺　纹　小　径								
d_t	0.2	0.25	0.3	0.4	0.5	1.5	2	2.5	3
d_p	1	1.5	2	2.5	3.5	4	5.5	7	8.5
n	0.25	0.4	0.4	0.6	0.8	1	1.2	1.6	2
t	0.84	0.95	1.05	1.42	1.63	2	2.5	3	3.6
z	1.25	1.5	1.75	2.25	2.75	3.25	4.3	5.3	6.3
l 系列	2,2.5,3,4,5,6,8,10,12,(14),16,20,25,30,35,40,45,50,(55),60								

附表9　1型六角螺母—C级(GB/T 41—2016)、**1型六角螺母**(GB/T 6170—2015)、**六角薄螺母**(GB/T 6172.1—2016)

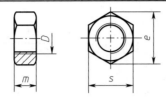

标　记　示　例

螺纹规格 D=M12、性能等级为5级、不经表面处理、C级的1型六角螺母：

螺母　GB/T 41　M12

mm

螺纹规格 D		M3	M4	M5	M6	M8	M10	M12	(M14)	M16	(M18)	M20	(M22)	M24	(M27)	M30	M36	M42	M48
e min	GB/T 41—2016	—	—	8.63	10.89	14.20	17.59	19.85	22.78	26.17	29.56	32.95	37.29	39.55	45.2	50.85	60.79	71.3	82.6
	GB/T 6170—2015	6.01	7.66	8.79	11.05	14.38	17.77	20.03	23.36	26.75	29.56	32.95	37.29	39.55	45.2	50.85	60.75	71.3	82.6
	GB/T 6172.1—2016	6.01	7.66	8.79	11.05	14.38	17.77	20.03	23.36	26.75	29.56	32.95	37.29	39.55	45.2	50.85	60.79	71.3	82.6
s		5.5	7	8	10	13	16	18	21	24	27	30	34	36	41	46	55	65	75
m max	GB/T 6170—2015	2.4	3.2	4.7	5.2	6.8	8.4	10.8	12.8	14.8	15.8	18	19.4	21.5	23.8	25.6	31	34	38
	GB/T 6172.1—2016	1.8	2.2	2.7	3.2	4	5	6	7	8	9	10	11	12	13.5	15	18	21	24
	GB/T 41—2016	—	—	5.6	6.4	7.9	9.5	12.2	13.9	15.9	16.9	19	20.2	22.3	24.7	26.4	31.5	34.9	38.9

注：1. 不带括号的为优先系列。

　　2. A级用于 D≤16 的螺母；B级用于 D>16 的螺母。

附表10　1型六角开槽螺母—A和B级(GB/T 6178—1986)

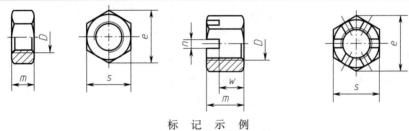

标　记　示　例

螺纹规格 D=M5、性能等级为8级、不经表面处理、A级的1型六角开槽螺母：

螺母　GB/T 6178　M5

mm

螺纹规格 D	M4	M5	M6	M8	M10	M12	(M14)	M16	M20	M24	M30
e	7.7	8.8	11.1	14.4	17.8	20	23.4	26.8	33	39.6	50.9
m	5	6.7	7.7	9.8	12.4	15.8	17.8	20.8	24	29.5	34.6
n	1.2	1.4	2	2.5	2.8	3.5	3.5	4.5	4.5	5.5	7
s	7	8	10	13	16	18	21	24	30	36	46
w	3.2	4.7	5.2	6.8	8.4	10.8	12.8	14.8	18	21.5	25.6
开口销	1×10	1.2×12	1.6×14	2×16	2.5×20	3.2×22	3.2×25	4×28	4×36	5×40	6.3×50

注：1. 尽可能不采用括号内的规格。

　　2. A级用于 D≤16 的螺母；B级用于 D>16 的螺母。

附表 11　平垫圈—A 级（GB/T 97.1—2002）、平垫圈　倒角型—A 级（GB/T 97.2—2002）

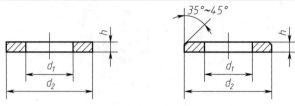

标 记 示 例

标准系列、公称尺寸 $d = 8$ mm、由钢制造的硬度等级为 200HV 级、不经表面处理、产品等级为 A 级的平垫圈：

垫圈　GB/T 97.1　8

mm

规格（螺纹直径）	2	2.5	3	4	5	6	8	10	12	14	16	20	24	30
内径 d_1	2.2	2.7	3.2	4.3	5.3	6.4	8.4	10.5	13	15	17	21	25	31
外径 d_2	5	6	7	9	10	12	16	20	24	28	30	37	44	56
厚度 h	0.3	0.5	0.5	0.8	1	1.6	1.6	2	2.5	2.5	3	3	4	4

附表 12　标准型弹簧垫圈（GB/T 93—1987）　轻型弹簧垫圈（GB/T 859—1987）

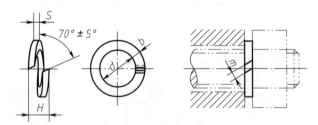

标 记 示 例

公称直径 16 mm、材料为 65 Mn、表面氧化的标准型弹簧垫圈：

垫圈　GB/T 93　16

mm

规格（螺纹直径）		2	2.5	3	4	5	6	8	10	12	16	20	24	30	36	42	48
d		2.1	2.6	3.1	4.1	5.1	6.1	8.1	10.2	12.2	16.2	20.2	24.5	30.5	36.5	42.5	48.5
H	GB/T 93—1987	1.2	1.6	2	2.4	3.2	4	5	6	7	8	10	12	15	18	21	24
	GB/T 859—1987	1	1.2	1.2	1.6	2.2	2.6	3.2	4	5	6.4	8	10	12			
$S(b)$	GB/T 93—1987	0.6	0.7	0.8	1.2	1.4	1.6	2	2.5	3	4	5	6	7.5	9	10.5	12
S	GB/T 859—1987	0.5	0.6	0.6	0.8	1.1	1.3	1.6	2	2.5	3.2	4	5	6			
$m \leqslant$	GB/T 93—1987		0.3		0.4	0.6	0.7	0.8	1.1	1.3	1.6	2.1	2.5	3	3.8	4.5	5.3	6
	GB/T 859—1987		0.3			0.4		0.6	0.7	0.8	1	1.3	1.6	2	2.5	3		
b	GB/T 859—1987		0.8		1	1.2	1.5	2	2.5	3	3.5	4.5	5.5	7	9			

附表 13　键和键槽的剖面尺寸（GB/T 1095—2003）、普通平键的形式尺寸（GB/T 1096—2003）

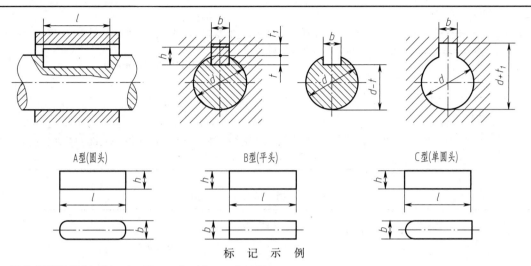

A 型(圆头)　　　　　　　　B 型(平头)　　　　　　　　C 型(单圆头)

标 记 示 例

圆头普通平键（A 型）　　$b = 16$ mm、$h = 10$ mm、$L = 100$ mm；

GB/T 1096　键 16×10×100

mm

轴径	键		键 槽				
			键 宽			深 度	
d	b	h	b	一般键连接偏差		轴 t	毂 t_1
				轴 N9	毂 JS9		
自 6~8	2	2	2	−0.004 −0.029	±0.0125	1.2	1
>8~10	3	3	3			1.8	1.4
>10~12	4	4	4	0 −0.030	±0.018	2.5	1.8
>12~17	5	5	5			3.0	2.3
>17~22	6	6	6			3.5	2.8
>22~30	8	7	8	0 −0.036	±0.018	4.0	3.3
>30~38	10	8	10			5.0	3.3
>38~44	12	8	12	0 −0.043	±0.0215	5.0	3.3
>44~50	14	9	14			5.5	3.8
>50~58	16	10	16			6.0	4.3
>58~65	18	11	18			7.0	4.4
>65~75	20	12	20	0 −0.052	±0.026	7.5	4.9
>75~85	22	14	22			9.0	5.4
>85~95	25	14	25			9.0	5.4
>95~110	28	16	28			10.0	6.4
>110~130	32	18	32	0 −0.062	±0.031	11.0	7.4
>130~150	36	20	36			12.0	8.4
>150~170	40	22	40			13.0	9.4
>170~200	45	25	45			15.0	10.4
l 系列	6,8,10,12,16,18,20,22,25,28,32,36,40,45,50,56,63,70,80,90,100,110,125,140,160,180, 200,220,250,280,320,360,400,450						

附表 14　圆柱销　不淬硬钢和奥氏体不锈钢(GB/T 119.1—2000)

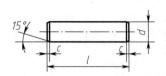

标 记 示 例

公称直径 $d=8$ mm、公差为 m6、长度 $l=30$ mm、材料 35 钢、不经淬火、不经表面处理的圆柱销:

销　GB/T 119.1　8 m6×30

mm

d	1	1.2	1.5	2	2.5	3	4	5	6	8	10	12
$c\approx$	0.20	0.25	0.30	0.35	0.40	0.50	0.63	0.80	1.2	1.6	2	2.5
l 系列	2,3,4,5,6,8,10,12,14,16,18,20,22,24,26,28,30,32,35,40,45,50,55,60,65,70,75,80,85, 90,95,100,120,140											

附表 15　圆锥销(GB/T 117—2000)①

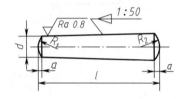

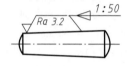

$$R_1 = d$$

$$R_2 \approx \frac{a}{2} + d + \frac{(0.021)^2}{8a}$$

标 记 示 例

公称直径 $d=10$ mm、长度 $l=60$ mm、材料 35 钢、热处理硬度 28~38 HRC、表面氧化处理的 A 型圆锥销:

销　GB/T 117　10×60

mm

d	1	1.2	1.5	2	2.5	3	4	5	6	8	10	12
$a\approx$	0.12	0.16	0.2	0.25	0.3	0.4	0.5	0.63	0.8	1	1.2	1.6
l 系列	2,3,4,5,6,8,10,12,14,16,18,20,22,24,26,28,30,32,35,40,45,50,55,60,65,70,75,80,85, 90,95,100,120,140,160,180											

附表 16　开口销(GB/T 91—2000)

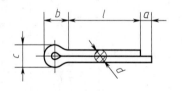

标 记 示 例

公称直径 $d=5$ mm、长度 $l=50$ mm、材料为 Q215 或 Q235,不经表面处理的开口销:

销　GB/T 91　5×50

mm

d		1	1.2	1.6	2	2.5	3.2	4	5	6.3	8	10	13
c	max	1.8	2	2.8	3.6	4.6	5.8	7.4	9.2	11.8	15	19	24.8
	min	1.6	1.7	2.4	3.2	4	5.1	6.5	8	10.3	13.1	16.6	21.7
$b\approx$		3	3	3.2	4	5	6.4	8	10	12.6	16	20	26
a　max		1.6		2.5			3.2		4			6.3	
l 系列		4,5,6,8,10,12,14,16,18,20,22,24,25,28,32,36,40,45,50,56,63,71,80,90,110,112,125, 140,160,180,200,224,250											

———————————

① GB/T 117—2000 发布时表面粗糙度的符号采用国家标准 GB/T 131—1993 规定的符号,而本书中采用的是国家标准 GB/T 131—2006 规定的表面粗糙度符号。

附表 17 深沟球轴承(GB/T 276—2013)

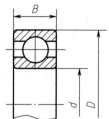

标 记 示 例

60000 型

滚动轴承 6012 GB/T 276—2013

mm

轴承代号	d	D	B	轴承代号	d	D	B
(0)1 尺寸系列				(0)3 尺寸系列			
606	6	17	6	634	4	16	5
607	7	19	6	635	5	19	6
608	8	22	7	6300	11	35	11
609	9	24	7	6301	12	37	12
6000	10	26	8	6302	15	42	13
6001	12	28	8	6303	17	47	14
6002	15	32	9	6304	20	52	15
6003	17	35	10	6305	25	62	17
6004	20	42	12	6306	30	72	19
6005	25	47	12	6307	35	80	21
6006	30	55	13	6308	40	90	23
6007	35	62	14	6309	45	100	25
6008	40	68	15	6310	50	110	27
6009	45	75	16	6311	55	120	29
6010	50	80	16	6312	60	130	31
6011	55	90	18				
6012	60	95	18				
(0)2 尺寸系列				(0)4 尺寸系列			
623	3	10	4	6403	17	62	17
624	4	13	5	6404	20	72	19
625	5	16	5	6405	25	80	21
626	6	19	6	6406	30	90	23
627	7	22	7	6407	35	100	25
628	8	24	8	6408	40	110	27
629	9	26	8	6409	45	120	29
6200	10	30	9	6410	50	130	31
6201	12	32	10	6411	55	140	33
6202	15	35	11	6412	60	150	35
6203	17	40	12	6413	65	160	37
6204	20	47	14	6414	70	180	42
6205	25	52	15	6415	75	190	45
6206	30	62	16	6416	80	200	48
6207	35	72	17	6417	85	210	52
6208	40	80	18	6418	90	225	54
6209	45	85	19	6419	95	240	55
6210	50	90	20				
6211	55	100	21				
6212	60	110	22				

附表 18　圆锥滚子轴承(GB/T 297—2015)

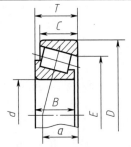

标 记 示 例

30000 型

滚动轴承　30204　GB/T 297—2015

mm

轴承代号	d	D	T	B	C	E	a	轴承代号	d	D	T	B	C	E	a
02 尺寸系列								22 尺寸系列							
30204	20	47	15.25	14	12	37.3	11.2	32206	30	62	21.25	20	17	48.9	15.4
30205	25	52	16.25	15	13	41.1	12.6	32207	35	72	24.25	23	19	57	17.6
30206	30	62	17.25	16	14	49.9	13.8	32208	40	80	24.75	23	19	64.7	19
30207	35	72	18.25	17	15	58.8	15.3	32209	45	85	24.75	23	19	69.6	20
30208	40	80	19.75	18	16	65.7	16.9	32210	50	90	24.75	23	19	74.2	21
30209	45	85	20.75	19	16	70.4	18.6	32211	55	100	26.75	25	21	82.8	22.5
30210	50	90	21.75	20	17	75	20	32212	60	110	29.75	28	24	90.2	24.9
30211	55	100	22.75	21	18	84.1	21	32213	65	120	32.75	31	27	99.4	27.2
30212	60	110	23.75	22	19	91.8	22.4	32214	70	125	33.25	31	27	103.7	28.6
30213	65	120	24.75	23	20	101.9	24	32215	75	130	33.25	31	27	108.9	30.2
30214	70	125	26.25	24	21	105.7	25.9	32216	80	140	35.25	33	28	117.4	31.3
30215	75	130	27.75	25	22	110.4	27.4	32217	85	150	38.5	36	30	124.9	34
30216	80	140	28.25	26	22	119.1	28	32218	90	160	42.5	40	34	132.6	36.7
30217	85	150	30.5	28	24	126.6	29.9	32219	95	170	45.5	43	37	140.2	39
30218	90	160	32.5	30	26	134.9	32.4	32220	100	180	49	46	39	148.1	41.8
30219	95	170	34.5	32	27	143.3	35.1								
30220	100	180	37	34	29	151.3	36.5								
03 尺寸系列								23 尺寸系列							
30304	20	52	16.25	15	13	41.3	11	32304	20	52	22.25	21	18	39.5	13.4
30305	25	62	18.25	17	15	50.6	13	32305	25	62	25.25	24	20	48.6	15.5
30306	30	72	20.75	19	16	58.2	15	32306	30	72	28.75	27	23	55.7	18.8
30307	35	80	22.75	21	18	65.7	17	32307	35	80	32.75	31	25	62.8	20.5
30308	40	90	25.25	23	20	72.7	19.5	32308	40	90	35.25	33	27	69.2	23.4
30309	45	100	27.75	25	22	81.7	21.5	32309	45	100	38.25	36	30	78.3	25.6
30310	50	110	29.25	27	23	90.6	23	32310	50	110	42.25	40	33	86.2	28
30311	55	120	31.5	29	25	99.1	25	32311	55	120	45.5	43	35	94.3	30.6
30312	60	130	33.5	31	26	107.7	26.5	32312	60	130	48.5	46	37	102.9	32
30313	65	140	36	33	28	116.8	29	32313	65	140	51	48	39	111.7	34
30314	70	150	38	35	30	125.2	30.6	32314	70	150	54	51	42	119.7	36.5
30315	75	160	40	37	31	134	32	32315	75	160	58	55	45	127.8	39
30316	80	170	42.5	39	33	143.1	34	32316	80	170	61.5	58	48	136.5	42
30317	85	180	44.5	41	34	150.4	36	32317	85	180	63.5	60	49	144.2	43.6
30318	90	190	46.5	43	36	159	37.5	32318	90	190	67.5	64	53	151.7	46
30319	95	200	49.5	45	38	165.8	40	32319	95	200	71.5	67	55	160.3	49
30320	100	215	51.5	47	39	178.5	42	32320	100	215	77.5	73	60	171.6	53

附表 19　单向平底推力球轴承（GB/T 301—2015）

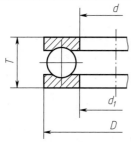

标　记　示　例

51000 型

滚动轴承　51214　GB/T 301—2015

mm

轴承代号	d	d_1	D	T	轴承代号	d	d_1	D	T
11 尺寸系列					12 尺寸系列				
51100	10	11	24	9	51214	70	72	105	27
51101	12	13	26	9	51215	75	77	110	27
51102	15	16	28	9	51216	80	82	115	28
51103	17	18	30	9	51217	85	88	125	31
51104	20	21	35	10	51218	90	93	135	35
51105	25	26	42	11	51219	100	103	150	38
51106	30	32	47	11	13 尺寸系列				
51107	35	37	52	12	51304	20	22	47	18
51108	40	42	60	13	51305	25	27	52	18
51109	45	47	65	14	51306	30	32	60	21
51110	50	52	70	14	51307	35	37	68	24
51111	55	57	78	16	51308	40	42	78	26
51112	60	82	85	17	51309	45	47	85	28
51113	65	65	90	18	51310	50	52	95	31
51114	70	72	95	18	51311	55	57	105	35
51115	75	77	100	19	51312	60	62	110	35
51116	80	82	105	19	51313	65	67	115	36
51117	85	87	110	19	51314	70	72	125	40
51118	90	92	120	22	51315	75	77	135	44
51120	100	102	135	25	51316	80	82	140	44
12 尺寸系列					51317	85	88	150	49
51200	10	12	26	11	14 尺寸系列				
51201	12	14	28	11	51405	25	27	60	24
21202	15	17	32	12	51406	30	32	70	28
51203	17	19	35	12	51407	35	37	80	32
51204	20	22	40	14	51408	40	42	90	36
51205	25	27	47	15	51409	45	47	100	39
51206	30	32	52	16	51410	50	52	110	43
51207	35	37	62	18	51411	55	57	120	48
51208	40	42	68	19	51412	60	62	130	51
51209	45	47	73	20	51413	65	68	140	56
51210	50	52	78	22	51414	70	73	150	60
51211	55	57	90	25	51415	75	78	160	65
51212	60	62	95	26	51416	80	83	170	68
51213	65	67	100	27	51417	85	88	180	72

三、极限与配合

附表 20　优先配合中轴的极限偏差（GB/T 1800.2—2020）　　　μm

公称尺寸 mm		公差带											
大于	至	c	d	f	g	h				k	n	p	s	u
		11	9	7	6	6	7	9	11	6	6	6	6	6
—	3	-60 / -120	-20 / -45	-6 / -16	-2 / -8	0 / -6	0 / -10	0 / -25	0 / -60	+6 / 0	+10 / +4	+12 / +6	+20 / +14	+24 / +18
3	6	-70 / -145	-30 / -60	-10 / -22	-4 / -12	0 / -8	0 / -12	0 / -30	0 / -75	+9 / +1	+16 / +8	+20 / +12	+27 / +19	+31 / +23
6	10	-80 / -170	-40 / -76	-13 / -28	-5 / -14	0 / -9	0 / -15	0 / -36	0 / -90	+10 / +1	+19 / +10	+24 / +15	+32 / +23	+37 / +28
10	14	-95 / -205	-50 / -93	-16 / -34	-6 / -17	0 / -11	0 / -18	0 / -43	0 / -110	+12 / +1	+23 / +12	+29 / +18	+39 / +28	+44 / +33
14	18	-95 / -205	-50 / -93	-16 / -34	-6 / -17	0 / -11	0 / -18	0 / -43	0 / -110	+12 / +1	+23 / +12	+29 / +18	+39 / +28	+44 / +33
18	24	-110 / -240	-65 / -117	-20 / -41	-7 / -20	0 / -13	0 / -21	0 / -52	0 / -130	+15 / +2	+28 / +15	+35 / +22	+48 / +35	+54 / +41
24	30	-110 / -240	-65 / -117	-20 / -41	-7 / -20	0 / -13	0 / -21	0 / -52	0 / -130	+15 / +2	+28 / +15	+35 / +22	+48 / +35	+61 / +48
30	40	-120 / -280	-80 / -142	-25 / -50	-9 / -25	0 / -16	0 / -25	0 / -62	0 / -160	+18 / +2	+33 / +17	+42 / +26	+59 / +43	+76 / +60
40	50	-130 / -290	-80 / -142	-25 / -50	-9 / -25	0 / -16	0 / -25	0 / -62	0 / -160	+18 / +2	+33 / +17	+42 / +26	+59 / +43	+86 / +70
50	65	-140 / -330	-100 / -174	-30 / -60	-10 / -29	0 / -19	0 / -30	0 / -74	0 / -190	+21 / +2	+39 / +20	+51 / +32	+72 / +53	+106 / +87
65	80	-150 / -340	-100 / -174	-30 / -60	-10 / -29	0 / -19	0 / -30	0 / -74	0 / -190	+21 / +2	+39 / +20	+51 / +32	+78 / +59	+121 / +102
80	100	-170 / -390	-120 / -207	-36 / -71	-12 / -34	0 / -22	0 / -35	0 / -87	0 / -220	+25 / +3	+45 / +23	+59 / +37	+93 / +71	+146 / +124
100	120	-180 / -400	-120 / -207	-36 / -71	-12 / -34	0 / -22	0 / -35	0 / -87	0 / -220	+25 / +3	+45 / +23	+59 / +37	+101 / +79	+166 / +144
120	140	-200 / -450	-145 / -245	-43 / -83	-14 / -39	0 / -25	0 / -40	0 / -100	0 / -250	+28 / +3	+52 / +27	+68 / +43	+117 / +92	+195 / +170
140	160	-210 / -460	-145 / -245	-43 / -83	-14 / -39	0 / -25	0 / -40	0 / -100	0 / -250	+28 / +3	+52 / +27	+68 / +43	+125 / +100	+215 / +190
160	180	-230 / -480	-145 / -245	-43 / -83	-14 / -39	0 / -25	0 / -40	0 / -100	0 / -250	+28 / +3	+52 / +27	+68 / +43	+133 / +108	+235 / +210
180	200	-240 / -530	-170 / -285	-50 / -96	-15 / -44	0 / -29	0 / -46	0 / -115	0 / -290	+33 / +4	+60 / +31	+79 / +50	+151 / +122	+265 / +236
200	225	-260 / -550	-170 / -285	-50 / -96	-15 / -44	0 / -29	0 / -46	0 / -115	0 / -290	+33 / +4	+60 / +31	+79 / +50	+159 / +130	+287 / +258
225	250	-280 / -570	-170 / -285	-50 / -96	-15 / -44	0 / -29	0 / -46	0 / -115	0 / -290	+33 / +4	+60 / +31	+79 / +50	+169 / +140	+313 / +284
250	280	-300 / -620	-190 / -320	-56 / -108	-17 / -49	0 / -32	0 / -52	0 / -130	0 / -320	+36 / +4	+66 / +34	+88 / +56	+190 / +158	+347 / +315
280	315	-330 / -650	-190 / -320	-56 / -108	-17 / -49	0 / -32	0 / -52	0 / -130	0 / -320	+36 / +4	+66 / +34	+88 / +56	+202 / +170	+382 / +350
315	355	-360 / -720	-210 / -350	-62 / -119	-18 / -54	0 / -36	0 / -57	0 / -140	0 / -360	+40 / +4	+73 / +37	+98 / +62	+226 / +190	+426 / +390
355	400	-400 / -760	-210 / -350	-62 / -119	-18 / -54	0 / -36	0 / -57	0 / -140	0 / -360	+40 / +4	+73 / +37	+98 / +62	+244 / +208	+471 / +435
400	450	-440 / -840	-230 / -385	-68 / -131	-20 / -60	0 / -40	0 / -63	0 / -155	0 / -400	+45 / +5	+80 / +40	+108 / +68	+272 / +232	+530 / +490
450	500	-480 / -880	-230 / -385	-68 / -131	-20 / -60	0 / -40	0 / -63	0 / -155	0 / -400	+45 / +5	+80 / +40	+108 / +68	+292 / +252	+580 / +540

附表 21　优先配合中孔的极限偏差（GB/T 1800.2—2020）　　　μm

公称尺寸 mm 大于	至	C 11	D 9	F 8	G 7	H 7	H 8	H 9	H 11	K 7	N 7	P 7	S 7	U 7
—	3	+120 / +60	+45 / +20	+20 / +6	+12 / +2	+10 / 0	+14 / 0	+25 / 0	+60 / 0	0 / −10	−4 / −14	−6 / −16	−14 / −24	−18 / −28
3	6	+145 / +70	+60 / +30	+28 / +10	+16 / +4	+12 / 0	+18 / 0	+30 / 0	+75 / 0	+3 / −9	−4 / −16	−8 / −20	−15 / −27	−19 / −31
6	10	+170 / +80	+76 / +40	+35 / +13	+20 / +5	+15 / 0	+22 / 0	+36 / 0	+90 / 0	+5 / −10	−4 / −19	−9 / −24	−17 / −32	−22 / −37
10	14	+205 / +95	+93 / +50	+43 / +16	+24 / +6	+18 / 0	+27 / 0	+43 / 0	+110 / 0	+6 / −12	−5 / −23	−11 / −29	−21 / −39	−26 / −44
14	18	+205 / +95	+93 / +50	+43 / +16	+24 / +6	+18 / 0	+27 / 0	+43 / 0	+110 / 0	+6 / −12	−5 / −23	−11 / −29	−21 / −39	−26 / −44
18	24	+240 / +110	+117 / +65	+53 / +20	+28 / +7	+21 / 0	+33 / 0	+52 / 0	+130 / 0	+6 / −15	−7 / −28	−14 / −35	−27 / −48	−33 / −54
24	30	+240 / +110	+117 / +65	+53 / +20	+28 / +7	+21 / 0	+33 / 0	+52 / 0	+130 / 0	+6 / −15	−7 / −28	−14 / −35	−27 / −48	−40 / −61
30	40	+280 / +120	+142 / +80	+64 / +25	+34 / +9	+25 / 0	+39 / 0	+62 / 0	+160 / 0	+7 / −18	−8 / −33	−17 / −42	−34 / −59	−51 / −76
40	50	+290 / +130	+142 / +80	+64 / +25	+34 / +9	+25 / 0	+39 / 0	+62 / 0	+160 / 0	+7 / −18	−8 / −33	−17 / −42	−34 / −59	−61 / −86
50	65	+330 / +140	+174 / +100	+76 / +30	+40 / +10	+30 / 0	+46 / 0	+74 / 0	+190 / 0	+9 / −21	−9 / −39	−21 / −51	−42 / −72	−76 / −106
65	80	+340 / +150	+174 / +100	+76 / +30	+40 / +10	+30 / 0	+46 / 0	+74 / 0	+190 / 0	+9 / −21	−9 / −39	−21 / −51	−48 / −78	−91 / −121
80	100	+390 / +170	+207 / +120	+90 / +36	+47 / +12	+35 / 0	+54 / 0	+87 / 0	+220 / 0	+10 / −25	−10 / −45	−24 / −59	−58 / −93	−111 / −146
100	120	+400 / +180	+207 / +120	+90 / +36	+47 / +12	+35 / 0	+54 / 0	+87 / 0	+220 / 0	+10 / −25	−10 / −45	−24 / −59	−66 / −101	−131 / −166
120	140	+450 / +200	+245 / +145	+106 / +43	+54 / +14	+40 / 0	+63 / 0	+100 / 0	+250 / 0	+12 / −28	−12 / −52	−28 / −68	−77 / −117	−155 / −195
140	160	+460 / +210	+245 / +145	+106 / +43	+54 / +14	+40 / 0	+63 / 0	+100 / 0	+250 / 0	+12 / −28	−12 / −52	−28 / −68	−85 / −125	−175 / −215
160	180	+480 / +230	+245 / +145	+106 / +43	+54 / +14	+40 / 0	+63 / 0	+100 / 0	+250 / 0	+12 / −28	−12 / −52	−28 / −68	−93 / −133	−195 / −235
180	200	+530 / +240	+285 / +170	+122 / +50	+61 / +15	+46 / 0	+72 / 0	+115 / 0	+290 / 0	+13 / −33	−14 / −60	−33 / −79	−105 / −151	−219 / −265
200	225	+550 / +260	+285 / +170	+122 / +50	+61 / +15	+46 / 0	+72 / 0	+115 / 0	+290 / 0	+13 / −33	−14 / −60	−33 / −79	−113 / −159	−241 / −287
225	250	+570 / +280	+285 / +170	+122 / +50	+61 / +15	+46 / 0	+72 / 0	+115 / 0	+290 / 0	+13 / −33	−14 / −60	−33 / −79	−123 / −169	−267 / −313
250	280	+620 / +300	+320 / +190	+137 / +56	+69 / +17	+52 / 0	+81 / 0	+130 / 0	+320 / 0	+16 / −36	−14 / −66	−36 / −88	−138 / −190	−295 / −347
280	315	+650 / +330	+320 / +190	+137 / +56	+69 / +17	+52 / 0	+81 / 0	+130 / 0	+320 / 0	+16 / −36	−14 / −66	−36 / −88	−150 / −202	−330 / −382
315	355	+720 / +360	+350 / +210	+151 / +62	+75 / +18	+57 / 0	+89 / 0	+140 / 0	+360 / 0	+17 / −40	−16 / −73	−41 / −98	−169 / −226	−369 / −426
355	400	+760 / +400	+350 / +210	+151 / +62	+75 / +18	+57 / 0	+89 / 0	+140 / 0	+360 / 0	+17 / −40	−16 / −73	−41 / −98	−187 / −244	−414 / −471
400	450	+840 / +440	+385 / +230	+165 / +68	+83 / +20	+63 / 0	+97 / 0	+155 / 0	+400 / 0	+18 / −45	−17 / −80	−45 / −108	−209 / −272	−467 / −530
450	500	+880 / +480	+385 / +230	+165 / +68	+83 / +20	+63 / 0	+97 / 0	+155 / 0	+400 / 0	+18 / −45	−17 / −80	−45 / −108	−229 / −292	−517 / −580

四、常用的金属材料与非金属材料

附表 22　金 属 材 料

标准	名称	牌号		应用举例	说明
GB/T 700—2006	碳素结构钢	Q215	A 级	金属结构件、拉杆、套圈、铆钉、螺栓、短轴、心轴、凸轮(载荷不大的)、垫圈、渗碳零件及焊接件	"Q"为碳素结构钢屈服点"屈"字的汉语拼音首位字母,后面数字表示屈服点数值。如 Q235 表示碳素结构钢屈服点为 235 N/mm² 新旧牌号对照: Q215—A2 Q235—A3 Q275—A5
			B 级		
		Q235	A 级	金属结构件,心部强度要求不高的渗碳或氰化零件,吊钩、拉杆、套圈、气缸、齿轮、螺栓、螺母、连杆、轮轴、楔、盖及焊接件	
			B 级		
			C 级		
			D 级		
		Q275		轴、轴销、刹车杆、螺母、螺栓、垫圈、连杆、齿轮以及其他强度较高的零件	
GB/T 699—2015	优质碳素结构钢	10F 10		用作拉杆、卡头、垫圈、铆钉及焊接零件	牌号的两位数字表示碳的质量分数,45 钢即表示碳的质量分数为 0.45%; 碳的质量分数 ≤0.25% 的碳钢属低碳钢(渗碳钢); 碳的质量分数为 0.25%~0.6% 的碳钢属中碳钢(调质钢); 碳的质量分数大于 0.6% 的碳钢属高碳钢。 沸腾钢在牌号后加符号"F"; 锰的质量分数较高的钢,须加注化学元素符号"Mn"
		15F 15		用于受力不大和韧性较高的零件、渗碳零件及紧固件(如螺栓、螺钉)、法兰和化工贮器	
		35		用于制造曲轴、转轴、轴销、杠杆、连杆、螺栓、螺母、垫圈、飞轮(多在正火、调质下使用)	
		45		用作要求综合力学性能高的各种零件,通常经正火或调质处理后使用。用于制造轴、齿轮、齿条、链轮、螺栓、螺母、销钉、键、拉杆等	
		65		用于制造弹簧、弹簧垫圈、凸轮、轧辊等	
		15Mn		制作心部力学性能要求较高且须渗碳的零件	
		65Mn		用作要求耐磨性高的圆盘、衬板、齿轮、花键轴、弹簧等	
GB/T 3077—2015	合金结构钢	30Mn2		起重机行车轴、变速箱齿轮、冷镦螺栓及较大截面的调质零件	钢中加入一定量的合金元素,提高了钢的力学性能和耐磨性,也提高了钢的淬透性,保证金属在较大截面上获得高的力学性能
		20Cr		用于要求心部强度较高、承受磨损、尺寸较大的渗碳零件,如齿轮、齿轮轴、蜗杆、凸轮、活塞销等,也用于速度较大、受中等冲击的调质零件	
		40Cr		用于受变载、中速、中载、强烈磨损而无很大冲击的重要零件,如重要的齿轮、轴、曲轴、连杆、螺栓、螺母等	
		35SiMn		可代替 40Cr 用于中小型轴类、齿轮等零件及 430 ℃ 以下的重要紧固件等	
		20CrMnTi		强度韧性均高,可代替镍铬钢用于承受高速、中等或重载荷以及冲击、磨损等重要零件,如渗碳齿轮、凸轮等	
GB/T 11352—2009	铸钢	ZG230—450		轧机机架、铁道车辆摇枕、侧梁、机座、箱体、锤轮、450 ℃ 以下的管路附件等	"ZG"为铸钢汉语拼音的首位字母,后面数字表示屈服点和抗拉强度。如 ZG230—450 表示屈服点为 230 N/mm²,抗拉强度为 450 N/mm²
		ZG310—570		联轴器、齿轮、气缸、轴、机架、齿圈等	
GB/T 9439—2010	灰铸铁	HT150		用于小载荷和对耐磨性无特殊要求的零件,如端盖、外罩、手轮、一般机床底座、床身及其复杂零件,滑台、工作台和低压管件等	"HT"为灰铁汉语拼音的首位字母,后面的数字表示抗拉强度。如 HT200 表示抗拉强度为 200 N/mm² 的灰铸铁

标准	名称	牌号	应用举例	说明
GB/T 9439—2010	灰铸铁	HT200	用于中等载荷和对耐磨性有一定要求的零件,如机床床身、立柱、飞轮、气缸、泵体、轴承座、活塞、齿轮箱、阀体等	"HT"为灰铁汉语拼音的首位字母,后面的数字表示抗拉强度。如 HT200 表示抗拉强度为 200 N/mm² 的灰铸铁
		HT250	用于中等载荷和对耐磨性有一定要求的零件,如阀壳、油缸、气缸、联轴器、机体、齿轮、齿轮箱外壳、飞轮、衬套、凸轮、轴承座、活塞等	
		HT300	用于受力大的齿轮、床身导轨、车床卡盘、剪床床身、压力机的床身、凸轮、高压油缸、液压泵和滑阀壳体、冲模模体等	
GB/T 1176—2013	5-5-5 锡青铜	ZCuSn5 Pb5Zn5	耐磨性和耐蚀性均好,易加工,铸造性和气密性较好。用于较高载荷、中等滑动速度下工作的耐磨、耐蚀零件,如轴瓦、衬套、缸套、油塞、离合器、蜗轮等	"Z"为铸造汉语拼音的首位字母,各化学元素后面的数字表示该元素含量的百分数,如 ZCuAl10Fe3 表示含 Al(8.5%~11%),Fe(2%~4%),余量为 Cu 的铸造铝青铜
	10-3 铝青铜	ZCuAl10 Fe3	力学性能好,耐磨性、耐蚀性、抗氧化性好,可焊接性好,不易钎焊,大型铸件自 700 ℃空冷可防止变脆。可用于制造强度高、耐磨、耐蚀的零件,如蜗轮、轴承、衬套、管嘴、耐热管配件等	
	25-6-3-3 铝黄铜	ZCuZn 25Al6 Fe3Mn3	有很好的力学性能,铸造性良好,耐蚀性较好,有应力腐蚀开裂倾向,可以焊接。可用于高强耐磨零件,如桥梁支承板、螺母、螺杆、耐磨板、滑块和蜗轮等	
	58-2-2 锰黄铜	ZCu58 Mn2Pb2	有较好的力学性能和耐蚀性,耐磨性较好,切削性良好。可用于一般用途的构件、船舶仪表等使用的外形简单的铸件,如套筒、衬套、轴瓦、滑块等	
GB/T 1173—2013	铸造铝合金	ZL102 ZL202	耐磨性中上等,用于制造载荷不大的薄壁零件	ZL102 表示含硅(10%~13%)、余量为铝的铝硅合金;ZL202 表示含铜(9%~11%)、余量为铝的铝铜合金
GB/T 3190—2020	硬铝	LY12	焊接性能好,用于制作中等强度的零件	LY12 表示含铜(3.8%~4.9%)、镁(1.2%~1.8%)、锰(0.3%~0.9%)、余量为铝的硬铝
	工业纯铝	L2	用于制作贮槽、塔、热交换器、防止污染及深冷设备等	L2 表示含杂质≤0.4%的工业纯铝

附表 23　非金属材料

标准	名称	牌号	说明	应用举例
GB/T 539—2008	耐油石棉橡胶板		有厚度为 0.4~3.0 mm 的十种规格	用于供航空发动机用的煤油、润滑油及冷气系统接合处的密封衬垫材料
GB/T 5574—2008	耐酸碱橡胶板	2707 2807	较高硬度	具有耐酸碱性能,在温度为 -30~+60 ℃的20%浓度的酸碱液体中工作,用作冲制密封性能较好的垫圈
		2709	中等硬度	
	耐油橡胶板	3707 3807 3709 3809	较高硬度	可在一定温度的机油、变压器油、汽油等介质中工作,适用于冲制各种形状的垫圈
	耐热橡胶板	4708 4808	较高硬度	可在 -30~+100 ℃且压力不大的条件下,于热空气、蒸汽介质中工作,用作冲制各种垫圈和隔热垫板
		4710	中等硬度	

参 考 文 献

[1] 全国技术产品文件标准化技术委员会.技术产品文件标准汇编:技术制图卷.2 版.北京:中国标准出版社,2018.

[2] 全国技术产品文件标准化技术委员会.技术产品文件标准汇编:机械制图卷.2 版.北京:中国标准出版社,2018.

[3] 何铭新,钱可强,徐祖茂.机械制图.7 版.北京:高等教育出版社,2016.

[4] 唐克中,郑镁.画法几何及机械制图.5 版.北京:高等教育出版社,2017.

[5] 谭建荣,张树有.图学基础教程.3 版.北京:高等教育出版社,2019.

[6] 陆国栋,张树有,谭建荣等.图学应用教程.2 版.北京:高等教育出版社,2010.

[7] 丁一,王健.工程图学基础.3 版.北京:高等教育出版社,2018.

[8] 范冬英,刘小年.机械制图.3 版.北京:高等教育出版社,2017.